零基础轻松学会自动化技术丛书

零基础轻松学会三菱FX系列PLC

李长军　关开芹　主　编
王　帆　李长城　副主编

机 械 工 业 出 版 社

本书是“零基础轻松学会自动化技术丛书”之一。本书共分六章，以三菱FX系列PLC为例介绍。第一章介绍PLC的基础知识，第二章介绍PLC的基本指令及应用实例，第三章介绍步进顺序控制，第四章介绍PLC的功能指令，第五章介绍模拟量控制，第六章介绍PLC的通信控制。

本书的编写注重实用性，突出应用能力的提高，起点低，内容结构完整，条理清晰，语言通俗，趣味性强，图文结合，易学易懂，结构安排符合认知规律。

本书适合作为从事自动化应用的电气技术人员自学或培训教材，也可作为大中专院校、技校及职业院校电气专业的教材和参考书。

图书在版编目（CIP）数据

零基础轻松学会三菱FX系列PLC/李长军，关开芹主编．—北京：机械工业出版社，2014.12（2016.5重印）
（零基础轻松学会自动化技术丛书）
ISBN 978-7-111-48483-7

Ⅰ.①零…　Ⅱ.①李…②关…　Ⅲ.①plc技术　Ⅳ.①TM571.6

中国版本图书馆CIP数据核字（2014）第260883号

机械工业出版社（北京市百万庄大街22号　邮政编码100037）
策划编辑：徐明煜　责任编辑：徐明煜　朱　林
版式设计：赵颖喆　责任校对：肖　琳
封面设计：路恩中　责任印制：常天培
北京机工印刷厂印刷（三河市南杨庄国丰装订厂装订）
2016年5月第1版第2次印刷
184mm×260mm·14.25印张·342千字
标准书号：ISBN 978-7-111-48483-7
定价：39.90元

凡购本书，如有缺页、倒页、脱页，由本社发行部调换

电话服务	网络服务
服务咨询热线：(010)88361066	机工官网：www.cmpbook.com
读者购书热线：(010)68326294	机工官博：weibo.com/cmp1952
(010)88379203	教育服务网：www.cmpedu.com
封面无防伪标均为盗版	金书网：www.golden-book.com

前　言

随着科技的迅速发展，生产生活中的电气自动化程度越来越高，越来越多的人正在或者将要从事自动控制工作。而 PLC 实现的工业控制应用尤为普遍，为了让大家能跟上新技术发展，迅速掌握 PLC 技术，我们编写了本书。

在本书的编写过程中，主要贯彻了以下编写原则：

1. 根据职业岗位需求入手，精选图书内容。本书以三菱 FX 系列 PLC 为例，主要介绍了 PLC 的基本知识、基本指令、步进顺控指令、功能指令、模拟量控制和通信控制，并在此基础上，深入浅出地介绍了相关的经典控制程序。

2. 本书突出以“图表”来说明问题。书中通过用不同形式的图片和表格，让读者轻松、快速、直观地学习 PLC 的有关知识，尽快适应电气工作岗位的需求。

3. 本书突出以技能为主，以能力为本位，淡化理论，强化实用性。书中较好地处理了理论与实践技能的关系，在“理论够用”的基础上，突出应用性和职业性的特点，注重对分析实际问题、解决实际问题能力的培养。

本书突出职业技术教育特色，可作为初、中、高等电气技术人员指导用书和中等职业学校、高职院校电类专业参考用书。

本书由李长军、关开芹任主编，王帆、李长城任副主编，肖云、张朝胜、沈东辉、卢强、李宗金、郭庆玲、卢旭辰参编。

在编写中，由于作者水平有限，书中错误在所难免，恳切希望广大读者对本书提出宝贵的意见和建议，并发送到邮箱 lydgxh@ 163. com，以便今后加以修改完善。

编　者

目　录

第一章

PLC的基础知识

第一节　认识PLC

一、初学PLC应具有的设备

PLC（可编程序控制器）是一种数字运算操作的电子系统，专为在工业环境下应用而设计的。常见西门子系列、三菱系列PLC的外形如图1.1-1所示。它采用可编程序的存储器，用来在其内部存储执行逻辑运算、顺序控制、定时、计数和算术运算等操作的指令，并通过数字、模拟的输入和输出，控制各种类型的机械或生产过程。可编程序控制器及其有关设备，都应按易于与工业控制系统形成一个整体，易于扩充其功能的原则设计。

a)

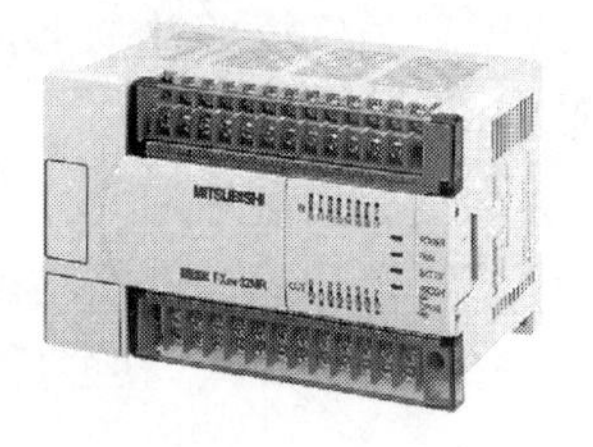

b)

图1.1-1　常见PLC外形图

a）西门子S7-200系列　b）三菱FX系列

初学PLC应该具有以下设备：

1. 硬件设备

1）个人计算机（台式机或笔记本电脑）。

2）三菱FX系列PLC或其他品牌的PLC。

3）数据传输线。

数据传输线是连接计算机与PLC之间的线。个人计算机如果是台式机，则计算机应使用COM1端口，三菱FX系列PLC所用数据传输线为SC-09电缆，计算机端口是串口RS232，PLC一端是RS-422圆形插头，如图1.1-2a所示；西门子S7-200系列PLC所用数据传输线为PC-PPI电缆，计算机端口是串口RS-232，PLC一端是RS-485端口，如图1.1-2b所示。如果计算机是笔记本电脑，则使用数据传输线一端是USB端口，三菱FX系列PLC所用数据传输线为USB-SC-09电缆，计算机端口为USB口，PLC一端是RS-422圆形插头，如图1.1-2c，西门子S7-200系列PLC所用数据传输线为USB-PC-PPI电缆，计算机端口为

USB 口，PLC 一端是 RS-485 端口，如图 1.1-2d 所示。

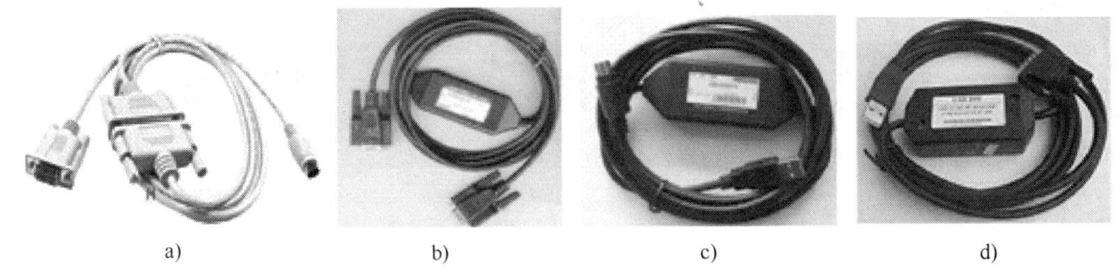

a) b) c) d)

图 1.1-2 PLC 的数据传输线

2. 编程软件

不同品牌的 PLC 都有各自的编程软件，这些编程软件之间是不能通用的。相关编程软件可从官方网站下载。

1）学习三菱系列 PLC 必备三菱编程软件，如：GX Developer Ver.8 软件；仿真软件 GX Simulator。

2）学习西门子 S7-200 系列 PLC 应具备 STEP7-Micro/WIN V4.0 编程软件和 S7-200 仿真软件。

二、常见 PLC 简介

下面以国内应用较为广泛的几款 PLC 为例来认识一下 PLC 的外形。

1. 三菱系列 PLC

如图 1.1-3 所示是三菱系列的 PLC 产品。日本三菱公司在 F1/F2 的基础上推出了 FX 系列，在容量、速度、特殊功能、网络功能等方面都有了全面的加强。目前 FX 系列新推出的 FX3U 和 FX3G 系列的两款 PLC，其容量更大，控制功能也更强。

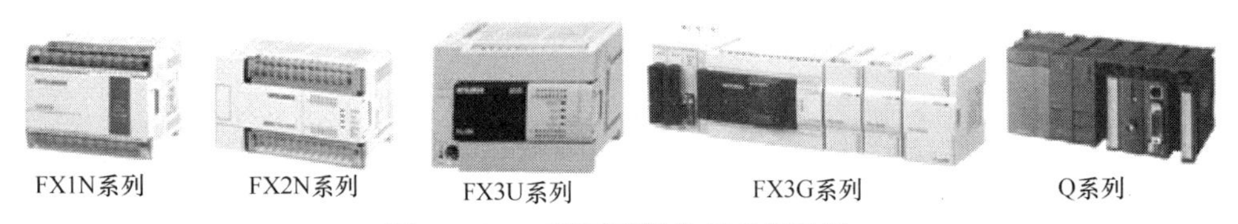

图 1.1-3 三菱系列部分 PLC 实物图

2. 西门子 S7 系列 PLC

德国的西门子（SIEMENS）公司是欧洲著名的 PLC 制造商，其电子产品以性能精良而久负盛名。在大、中型 PLC 产品领域与美国的 A-B（罗克韦尔）公司齐名。

西门子 PLC 的主要产品有 S5 及 S7 系列，其中 S7 系列是近年来开发的代替 S5 的新产品。S7 系列含 S7-200、S7-300 及 S7-400 系列，如图 1.1-4 所示。其中 S7-200 是微型机，S7-300 是中、小型机，S7-400 是大型机。S7 系列 PLC 性价比比较高，近年来在我国市场上的占有率极高。

3. 欧姆龙系列 PLC

欧姆龙（OMRON）公司的产品，大、中、小、微型规格齐全。微型机以 SP 系列为代表；小型机有 P 型、H 型、CPM1A、CPM2A 系列及 CPM1C、CQM1 系列等；中型机有 C200H、C200HS、C200HX、C200HG、C200HE 及 CSI 等系列，如图 1.1-5 所示。

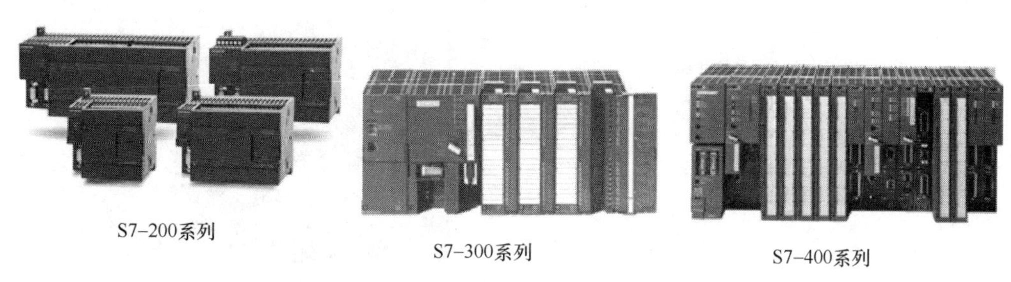

图 1. 1-4　西门子系列部分 PLC 实物图

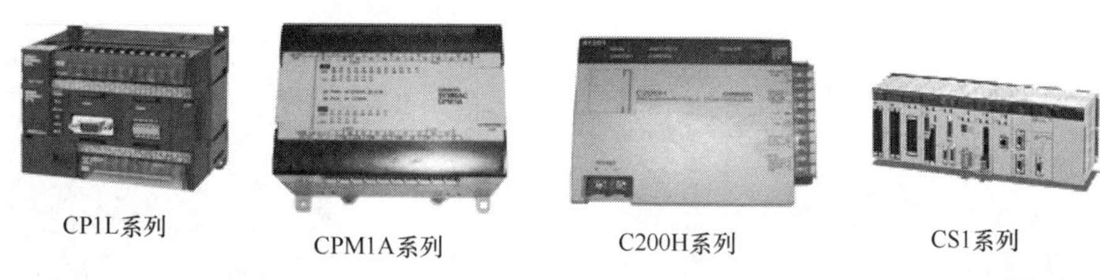

图 1. 1-5　欧姆龙系列部分 PLC 实物图

4. 松下系列 PLC

松下公司的 PLC 产品中，FP0 为微型机，FP1 为整体式小型机，FP3 为中型机，FP5/FP10、FP10S、FP20 为大型机，如图 1. 1-6 所示。

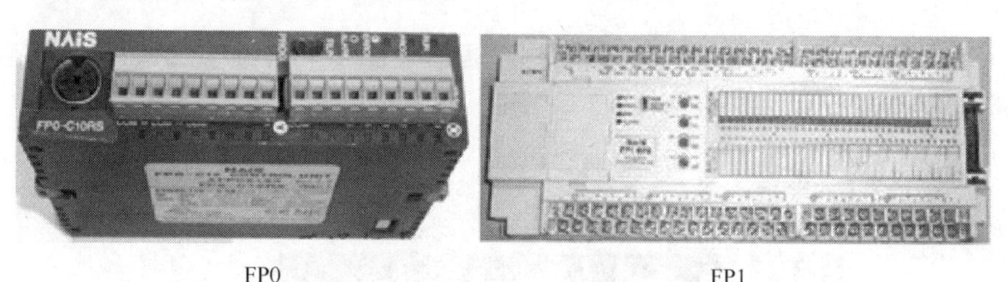

图 1. 1-6　松下公司的 PLC

5. 国产 PLC

我国有许多厂家及科研院所从事 PLC 的研制及开发工作，如中国科学院自动化研究所的 PLC-0088，上海机床电器厂的 CKY-40，苏州机床电器厂的 YZ-PC-001A，原机电部北京工业自动化研究所的 MPC-001/20、KB20/40，北京腾控科技有限公司生产的 T9 系列 PLC，天津中环自动化仪表公司的 DJK-S-84/86/480，上海香岛机电制造有限公司的 ACMY-S80、ACMY-S256，无锡华光电子工业有限公司（合资）的 SR-10、SR-10/20 等。如图 1. 1-7 所示为国产三洋 PLC 产品，如图 1. 1-8 所示为国产益达有壳 PLC 产品，如图 1. 1-9 所示为国产益达无壳 PLC 产品，如图 1. 1-10 所示为腾控 PLC 产品。

近年来，国产 PLC 的推广占据了部分小型 PLC 市场，国产 PLC 的优势如下：

1）绝大多数是小型机，性价比较高，发展潜力很大，主要控制小规模的设备系统。

2）国产 PLC 价格非常低廉，比国外便宜 1/3 以上。

3）PLC 功能及稳定性相当成熟，一般小型设备的功能都能满足。

4）其编程软件与国外某些品牌非常类似，虽然形式上稍有不同，但是学过国外 PLC 的技术人员只需简单看一下相关手册就能使用。

图 1.1-7　国产三洋 PLC 产品

图 1.1-8　国产益达 YD2n 系列有壳 PLC

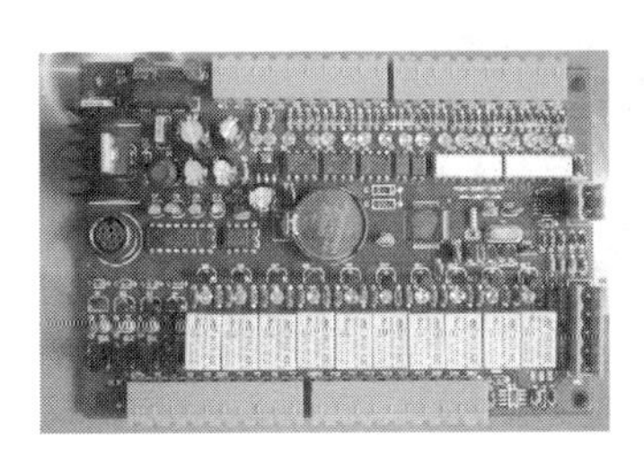

图 1.1-9　国产益达无壳 YD2n-30MRT-4AD-2DA

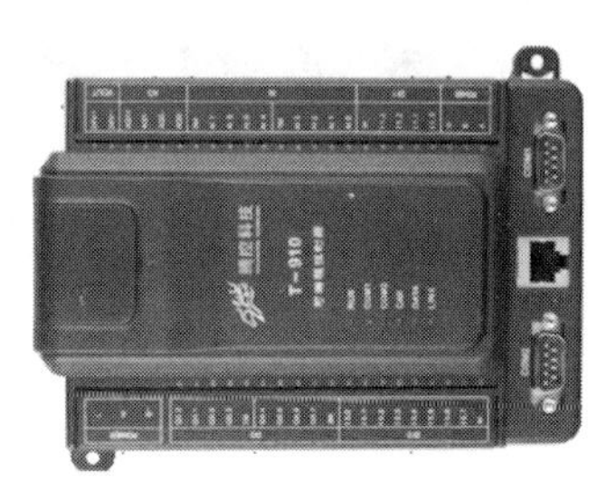

图 1.1-10　腾控 T-910PLC

三、认识 FX 系列 PLC 面板

如图 1.1-11 所示为 FX2N-32MR 小型 PLC 面板，大致可以分为 4 部分：输入接线端、输出接线端、操作面板和状态指示栏。

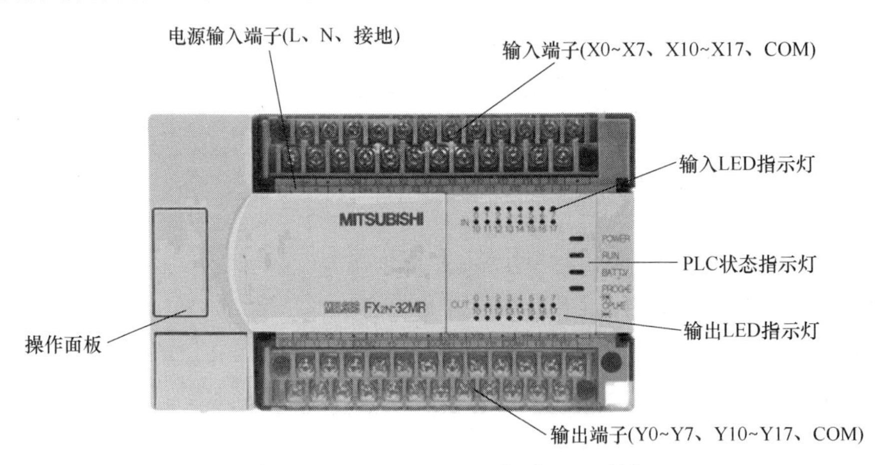

图 1.1-11　FX2N-32MR 小型 PLC 面板

1. 型号介绍

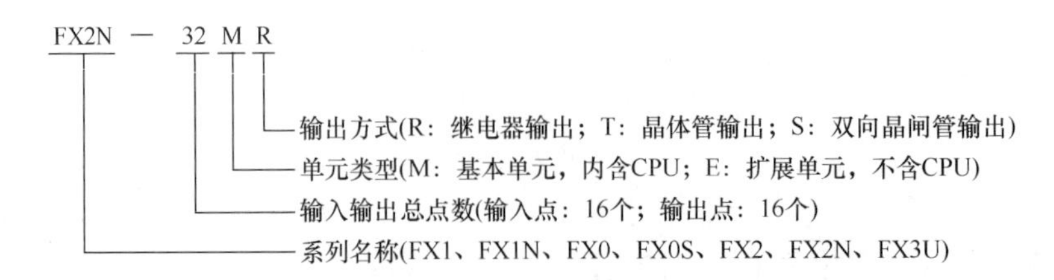

2. 输入接线端

输入接线端可分为电源输入端、电源输出端、输入公共端（COM）和输入接线端子（X）3 部分，如图 1.1-12 所示。

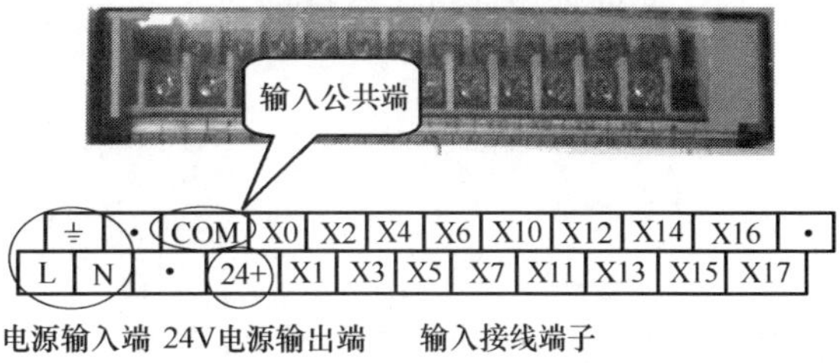

电源输入端：接线端子 L 接电源的相线，N 接电源的中线，PE 接地。电源电压一般为 50Hz 的单相交流电，电压范围为 100～240V，为 PLC 提供工作电压。

电源输出端：为传感器或其他小容量负载供给 24V 直流电源。

图 1.1-12　PLC 输入接线端

输入接线端子和公共端：在 PLC 控制系统中，各种按钮、行程开关和传感器等主令电器直接接到 PLC 输入接线端子和公共端之间。PLC 每个输入接线端子的内部都对应一个输入继电器，形成输入接口电路，如图 1.1-13 所示。

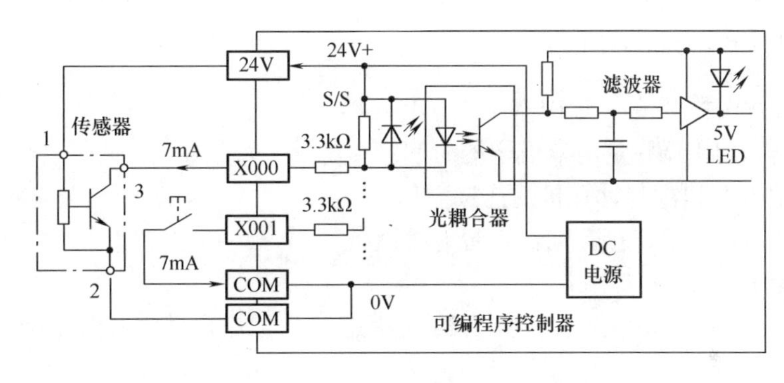

图 1.1-13　PLC 输入接口电路

3. 输出接线端

PLC 输出接线端分为公共端（COM）和输出接线端子（Y），如图 1.1-14 所示。

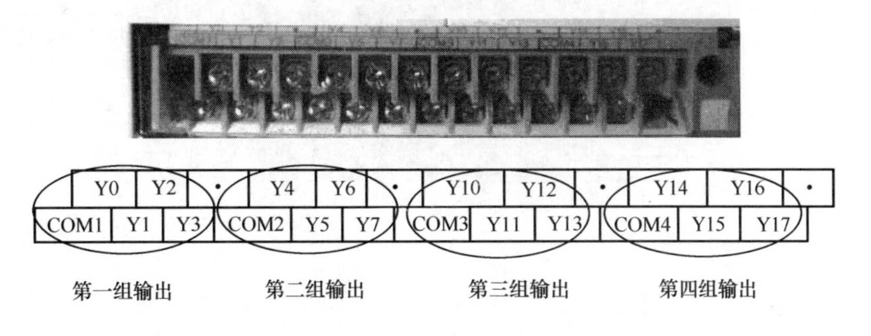

图 1.1-14　PLC 输出接线端

输出接线端子和公共端子：FX2N-32MR PLC 共有 16 个输出端子，分别与不同的 COM 端子组成一组，可以接不同电压等级的负载，如图 1.1-14 所示。在 PLC 内部，几个输出 COM 端之间没有联系。PLC 每个输出接线端子的内部都对应一个输出继电器，形成输出接口电路，如图 1.1-15 所示。

4. 操作面板

如图 1.1-16 所示，PLC 的操作面板上主要包括 PLC 工作方式选择开关、可调电位器、通信接口、选件连接插口 4 部分。

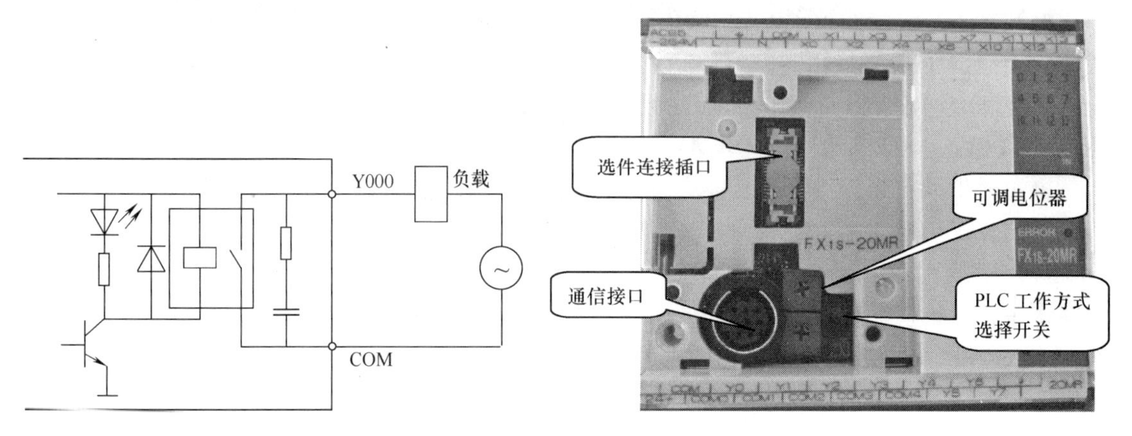

图 1.1-15　PLC 输出接口电路　　　　图 1.1-16　PLC 的操作面板

PLC 工作方式选择开关：有 RUN 和 STOP 两挡。

可调电位器：用于调整定时器设定的时间。

通信接口：用于 PLC 与计算机的连接通信。

选件连接插口：用于连接存储盒、智能扩展板等。

5. 状态指示栏

如图 1.1-17 所示，状态指示栏分为输入状态指示、输出状态指示、运行状态指示 3 部分。

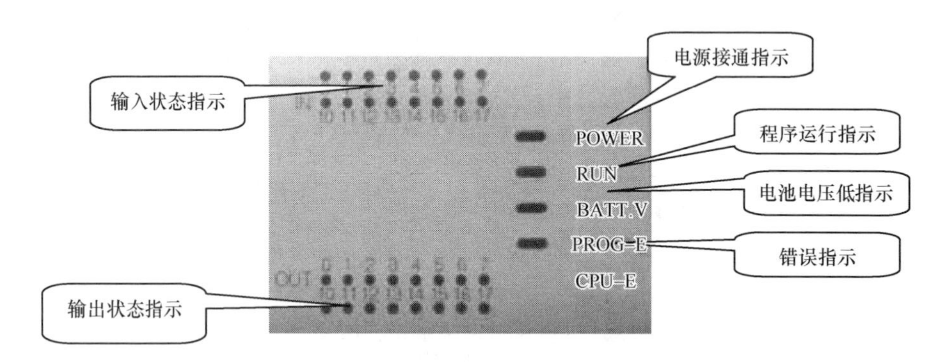

图 1.1-17　PLC 状态指示栏

输入状态指示：当输入端子有信号输入时，对应的 LED 灯亮。

输出状态指示：当输出端子有信号输出时，对应的 LED 灯亮。

运行状态指示：

POWER 指示灯亮，表示 PLC 已接通电源。

RUN 指示灯亮，表示 PLC 处于运行状态。

BATTV 指示灯亮，表示 PLC 电池电压低。

PROG-E 指示灯亮，表示 PLC 程序错误时指示灯会闪烁，CPU-E 错误时指示灯亮。

四、PLC 的特点及性能指标

PLC 具有可靠性高、灵活性强的特点，其平均故障间隔时间为 3 万 ~5 万 h 以上；电气设备配置了 PLC 以后，在硬件设备基本不变的情况下，只需编写不同应用软件程序就可满足不同的控制要求。所以相对于传统的电气控制线路，PLC 为改进和修订原设计提供了很大方便，另外 PLC 还具有以下几个特点：

1）触点利用率提高。传统继电器接触器控制电路中，一个继电器只能提供几对触点用于联锁，但是在 PLC 控制中，一个输入开关量或程序中的一个“线圈”可提供给用户无限个常开和常闭触点，也就是说触点在程序中的使用次数不受任何限制。

2）具有丰富的 I/O 接口。PLC 除了具有计算机的基本部分如 CPU、存储器等以外，还有丰富的 I/O 接口模块。对不同的现场信号都有相应的 I/O 模块与现场器件或设备连接。

3）可以进行模拟调试。PLC 能对所控功能在实验室内进行模拟调试，缩短现场的调试时间，而传统电气线路是无法在实验室进行调试的，只能花费大量的现场调试时间。

4）对现场进行微观监视。在 PLC 系统中，操作人员能通过显示器观测到所控每个触点的运行情况，可随时监视事故的发生点。

5）动作响应迅速。传统继电器触点的响应时间一般需要几百毫秒，而 PLC 里触点的反应很快，内部是 μs 级的，外部是 ms 级的。

6）由于 PLC 内部采用半导体集成电路，与传统控制系统相比较，PLC 控制系统体积小、质量轻、功耗低。

7）编程简单、使用方便。PLC 采用面向控制过程的方式，目前的 PLC 大多采用梯形图语言编程方式，它继承了传统控制线路的清晰直观感，考虑到大多数电气技术人员的读图习惯及应用计算机的水平，很容易被专业技术人员所接受。

PLC 的性能指标包括硬件指标和软件指标两部分。

硬件指标主要包括环境温度、环境湿度、抗振、抗冲击力、抗噪声干扰、耐压、接地要求和使用环境等。由于 PLC 是专门为适应恶劣的工业环境而设计的，因此 PLC 一般都能满足以上硬件要求，可以在温度 0 ~55℃，湿度小于 80% 的条件下工作。

PLC 的软件指标包括以下几个部分：

1）编程语言。不同机型的 PLC，具有不同的编程语言，常用的编程语言有梯形图、指令语句表和顺序功能图 3 种。

2）用户存储器容量和类型。用户存储器用来存储用户通过编程器输入的程序，其存储容量通常以字或步为单位计算，例如 FX2N 的存储容量为 2k 步。常用的用户程序存储器类型包括 RAM、EEPROM 和 EPROM 3 种。

3）I/O 总数。PLC 有开关量和模拟量两种输入、输出形式。对开关量输入/输出（I/O）总数，通常用最大 I/O 点数表示；对模拟量的 I/O 总数，通常用最大 I/O 通道数来表示。

4）指令数。指令数的多少用来表示 PLC 的功能强弱，指令的数量越多，其功能也就越强大。

5）软元件的种类和点数。软元件是指输入继电器（X）、输出继电器（Y）、辅助继电器（M）、定时器（T）、计数器（C）、状态继电器（S）、数据寄存器（D）和其他各种特殊继电器等。

6）扫描速度。扫描速度以“μs/步”表示。例如，0.48μs/步表示扫描一步用户程序所需要的时间为0.48μs。PLC 的扫描速度越快，其输出对输入的响应速度也就越快。

7）其他指标。如 PLC 的运行方式、输入/输出方式、自诊断功能、通信联网功能、远程监控等。

五、PLC 的硬件结构

PLC 实质上是一种工业控制计算机，有着与通用计算机相类似的结构，PLC 也是由硬件和软件两大部分组成。

PLC 硬件结构主要由中央处理器（CPU）、存储器、输入/输出单元（I/O 接口）、扩展接口、通信接口及电源等组成，如图 1.1-18 所示。

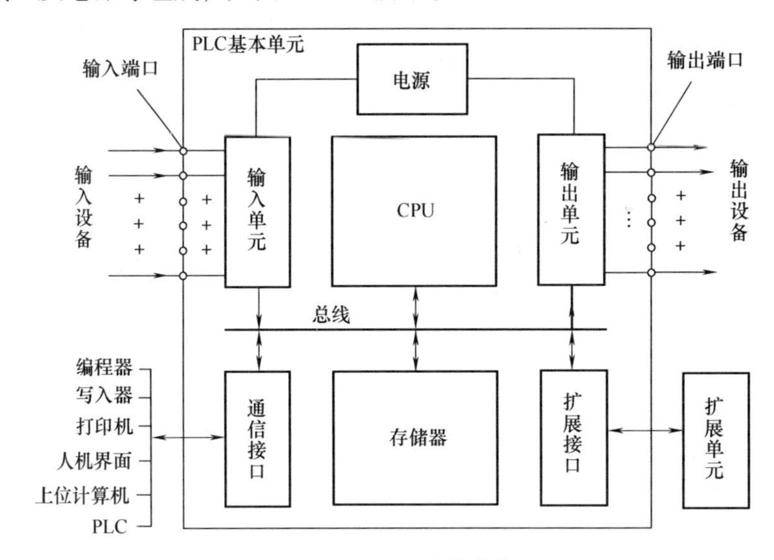

图 1.1-18　PLC 硬件结构

1. 中央处理器（CPU）

CPU 是 PLC 的逻辑运算和控制指挥中心，它通过控制总线、地址总线和数据总线与存储器、输入/输出单元、通信接口等联系。CPU 由通用微处理器、单片机或位片式微处理器组成。

2. 存储器

存储器主要用来存放系统程序、用户程序以及工作数据。PLC 的 ROM（只读存储器）中固化了系统程序，用户不能更改其中的内容。RAM（随机存取存储器）中存放用户程序和工作数据，用户可对用户程序进行修改。为保证掉电时不会丢失 RAM 存储的信息，一般用锂电池作为备用电源供电。

3. 输入/输出单元（I/O 接口）

输入/输出单元通常也称为输入/输出接口（I/O 接口），是 PLC 与工业生产现场之间连接的部件。

（1）输入接口

输入接口的作用是将用户输入设备产生的信号（开关量输入或模拟量输入），经过光电隔离、滤波和电平转换等处理，变成 CPU 能够接收和处理的信号，并送给输入映像寄存器。

为了防止各种干扰信号和高电压信号进入 PLC，输入接口电路一般由光耦合电路进行电气隔离，由 RC 滤波器消除输入触点的抖动和外部噪声干扰。

PLC 输入接口电路有直流输入、交流输入和交流/直流混合输入 3 种。输入接口的电源可以由外部提供，也可以由 PLC 内部提供。

如图 1.1-19 所示为直流输入接口电路，图中只画出对应于一个点的输入电路，各个输入点所对应的输入电路均相同。其中外接的直流电源极性可以为任意极性。

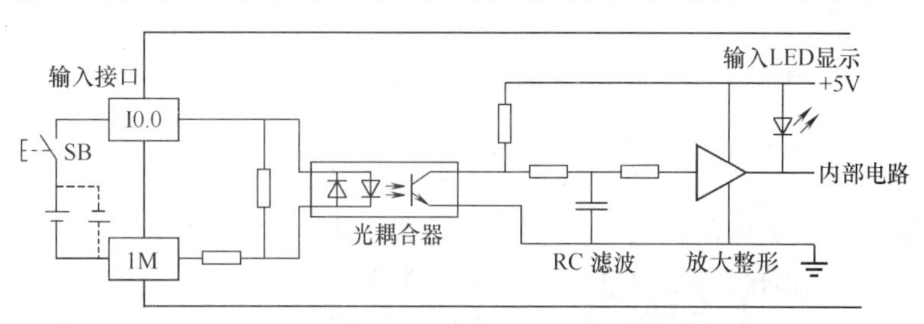

图 1.1-19 直流输入接口电路

图 1.1-19 中，SB 为输入元件按钮，当 SB 闭合时，发光二极管有驱动电流流过而导通发光，光敏晶体管接收到光线，由截止变为导通，将高电平经 RC 滤波、放大整形送入 PLC 内部电路中，同时点亮 LED。当 CPU 在循环的输入阶段输入该信号时，将该输入点对应的映像寄存器状态置 1；当 SB 断开时，LED 熄灭，对应的映像寄存器状态置 0。其中，光耦合器中的发光二极管是电流驱动元件，要有足够的能量才能驱动。而干扰信号虽然有的电压值很高，但能量较小，不能使发光二极管导通发光，所以不能进入 PLC 内，实现了电气隔离。

（2）输出接口

输出接口的作用是将经过 CPU 处理的信号通过光电隔离和功率放大等处理，转换成外部设备所需要的驱动信号（数字量输出或模拟量输出），以驱动如接触器、指示灯、报警器、电磁阀、电磁铁、调节阀、调速装置等各种执行机构。

输出接口电路就是 PLC 的负载驱动回路。为适应控制的需要，输出接口的形式有继电器输出型、大功率晶体管或场效应晶体管（MOSFET）输出型及双向晶闸管输出型 3 种，如图 1.1-20 所示。为提高 PLC 抗干扰能力，每种输出电路都采用了光电或电气隔离技术。

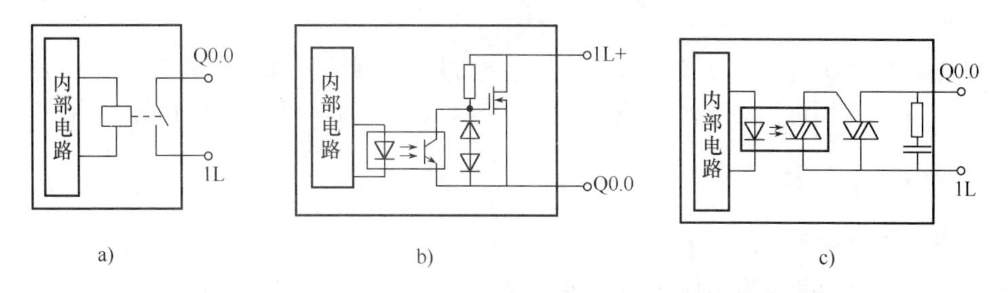

图 1.1-20 输出接口的形式

a）继电器输出 b）场效应晶体管输出 c）双向晶闸管输出

图 1.1-20a 所示继电器输出型为有触点的输出方式，既可驱动直流负载，又可驱动交流负载，驱动负载的能力在 2A 左右。其优点是适用电压范围比较宽，导通压降小，承受瞬时

过电压和过电流的能力强。缺点是动作速度较慢，响应时间长，动作频率低。建议在输出量变化不频繁时优先选用，不能用于高速脉冲的输出。其电路工作原理是：当内部电路的状态为 1 时，使继电器线圈通电，产生电磁吸力，触点闭合，则负载得电，同时点亮输出指示灯 LED（图中负载、输出指示灯 LED 未画出），表示该路输出点有输出。当内部电路的状态为 0 时，使继电器 K 的线圈无电流，触点断开，则负载断电，同时 LED 熄灭，表示该路输出点无输出。

图 1.1-20b 所示场效应晶体管输出形式，只可驱动直流负载。驱动负载的能力是每一个输出点为 750mA。其优点是可靠性强，执行速度快，寿命长。缺点是过载能力差。适用高速（可达 20kHz）、小功率直流负载。其电路工作原理是：当内部电路的状态为 1 时，光耦合器导通，使晶体管饱和导通，场效应晶体管也饱和导通，则负载得电，同时点亮 LED（图中负载、LED 未画出），表示该路输出点有输出。当内部电路的状态为 0 时，光耦合器断开，晶体管截止，场效应晶体管也截止，则负载失电，LED 熄灭，表示该路输出点无输出。图中的稳压管用来抑制关断过电压和外部的浪涌电压，以保护场效应晶体管。

图 1.1-20c 所示双向晶闸管输出形式，适合驱动交流负载，驱动负载的能力为 1A 左右。由于双向晶闸管和晶体管同属于半导体材料器件，所以优缺点与晶体管输出形式的相似。双向晶闸管输出形式适用高速、大功率交流负载。其电路工作原理是：当内部电路的状态为 1 时，发光二极管导通发光，双向二极管导通，给双向晶闸管施加了触发信号，无论外接电源极性如何，双向晶闸管均导通，负载得电，同时输出指示灯 LED 点亮（图中负载、输出指示灯 LED 未画出），表示该输出点接通；当内部电路的状态为 0 时，双向晶闸管无触发信号，双向晶闸管关断，此时负载失电，LED 熄灭，表示该路输出点无输出。

4. 扩展接口

扩展接口用来扩展 PLC 的 I/O 端子数，当用户所需要的 I/O 端子数超过 PLC 基本单元（即主机，带 CPU）的 I/O 端子数时，可通过此接口用扁平电缆线将 I/O 扩展接口（不带有 CPU）与 PLC 基本单元相连接，以增加 PLC 的 I/O 端子数，从而适应控制系统的要求。其他很多的智能单元也通过该接口与 PLC 基本单元相连。

5. 通信接口

通信接口是专用于数据通信的，主要实现“人-机”对话。PLC 通过通信接口可与打印机、监视器以及其他的 PLC 或计算机等设备实现通信。

6. 电源

小型整体式 PLC 内部有开关式稳压电源，电源一方面为 CPU、I/O 接口及扩展单元提供 DC 5V电源，另一方面可为外部输入元件提供 DC 24V 电源，而驱动 PLC 负载的电源由用户提供。

六、PLC 的分类

1. 按结构形式分

PLC 按结构形式可分为整体式和模块式两种。

1）整体式。整体式 PLC 是将电源、中央处理器、输入/输出部件等集中配置在一起，有的甚至全部安装在一块印制电路板上。整体式 PLC 结构紧凑、体积小、质量轻、价格低、I/O 点数固定、使用不灵活，小型的 PLC 常使用这种结构。

2）模块式。模块式 PLC 是把 PLC 的各部分以模块形式分开，如电源模块、CPU 模块、输入模块、输出模块等。把这些模块插入机架底板上，组装在一个机架内。这种结构配置灵活、装配方便、便于扩展。一般中型和大型PLC常采用这种结构。

2. 按输入、输出点数和存储容量分

按输入、输出点数和存储容量来分，PLC大致可分为大、中、小型3种。

1）小型PLC。小型PLC的输入输出点数在256点以下，单CPU、8位或16位处理器，用户程序存储容量在4KB以下。目前，常见的小型PLC有美国通用电气（GE）公司的GE-Ⅰ型，美国德州仪器公司的TI100型，日本三菱电气公司的F型、F1型、F2型，日本立石公司（欧姆龙）的C20、C40型，德国西门子公司的S7-200型等。

2）中型PLC。中型PLC的输入输出点数在256～2048点，双CPU，用户程序存储容量一般为2～10KB。目前，常见的中型PLC有美国通用电气（GE）公司的GE-Ⅲ型，德国西门子公司的S7-300型、SU-5型、SU-6型，日本立石公司（欧姆龙）的C500型，中外合资无锡华光电子工业有限公司的SR-400型等。

3）大型PLC。大型PLC的输入输出点数在2048点以上，多CPU、16位或32位处理器，用户程序存储容量达10KB以上。目前常见的大型PLC如美国通用电气（GE）公司的GE-Ⅳ型，德国西门子公司的S7-400型，日本立石公司（欧姆龙）的C2000型，日本三菱电气公司的K3等。

3. 按PLC功能强弱分

按功能强弱分，PLC一般可分为低档机、中档机和高档机三种。

1）低档PLC具有逻辑运算、定时、计数等功能，有的还增设模拟量处理、算术运算、数据传送等功能。

2）中档PLC除具有低档机的功能外，还具有较强的模拟量输入输出、算术运算、数据传送等功能，可完成既有开关量又有模拟量控制的任务。

3）高档PLC增设有带符号算术运算及矩阵运算等功能，使运算能力更强，还具有模拟调节、联网通信、监视、记录和打印等功能，使PLC的功能更多更强。能进行远程控制、构成分布式控制系统，成为整个工厂的自动化网络。

七、PLC的基本工作原理

PLC在本质上虽然是一台微型计算机，其工作原理与普通计算机类似，但是PLC的工作方式却与计算机有很大的不同。计算机一般采用等待输入——响应（运算和处理）——输出的工作方式，如果没有输入，它就一直处于等待状态。而PLC采用的是周期性循环扫描的工作方式，每一个周期要按部就班地完成相同的工作，与是否有输入或输入是否变化无关。

1. PLC的扫描工作方式

PLC是一种存储程序的控制器。用户根据某一被控制对象的具体控制要求，用编程器编制好控制程序后，将程序输入（或下载）到PLC的用户程序存储器中寄存。PLC的控制功能就是通过运行用户程序来实现的。而PLC从0号存储地址所存放的第一条用户程序开始，在无中断或跳转的情况下，按存储地址号递增的方向顺序逐条执行用户程序，直到END指令结束。然后再从头开始执行，并周而复始地重复，直到停机或从运行（RUN）切换到停止（STOP）工作状态。PLC这种执行程序的方式被称为循环扫描工作方式，整个扫描工作过程执行一遍所需的时间称为扫描周期。

2. PLC 的扫描工作过程

PLC 采用周期循环扫描的工作方式，其扫描工作过程一般包括输入采样、程序执行、通信操作、内部处理、输出刷新 5 个阶段，如图 1.1-21 所示。

（1）输入采样

输入采样又称为读输入。在每次扫描周期开始时，CPU 集中采样所有输入端的当前输入值，并将其存入内存中各对应的输入映像寄存器。此时，输入映像寄存器被刷新，那些没有使用的输入映像寄存器位被清零。此后，输入映像寄存器与外界隔离，无论输入信号如何变化，都不会再影响输入映像寄存器，其内容将一直保持到下一扫描周期的输入采样阶段，才会被重新刷新。

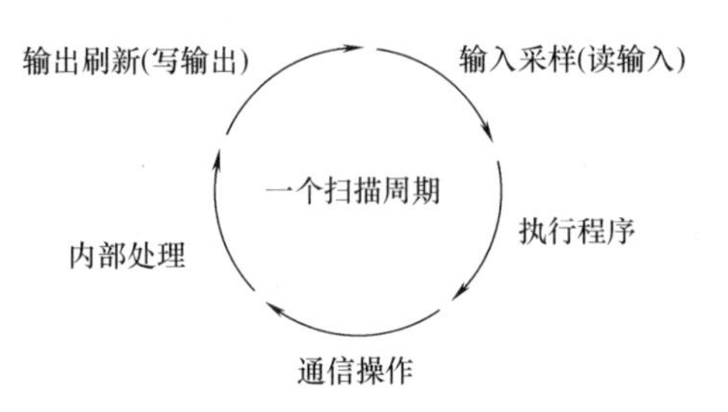

图 1. 1-21　PLC 的扫描工作过程

（2）执行程序

CPU 执行用户程序是从第一条指令开始顺序执行，直到最后一条指令结束（遇到程序中断或跳转除外）。对于梯形图程序是按先左后右、先上后下的语句顺序逐句扫描运算的。

当执行输入指令时，CPU 就从输入映像寄存器中读取数据，然后进行相应的运算，运算结果再存入元件映像寄存器中。当执行输出指令时，CPU 只是将输出值存放在输出映像寄存器中，并不会真正输出。

（3）通信操作

CPU 处理从通信端口接收到的任何信息，完成数据通信任务。即检查是否有计算机、编程器的通信请求，若有则进行相应处理。

（4）内部处理

在此阶段，CPU 检查其硬件和所有 I/O 模块的状态。在 RUN 模式下，还要检查用户程序存储器。若发现故障，将点亮故障指示灯和判断故障性质。若没有故障，则继续下一步骤。

（5）输出刷新

输出刷新即写输出阶段。CPU 将存放在输出映像寄存器中所有输出继电器的状态（接通/断开）集中输出到输出锁存器中，并送给物理输出点以驱动外部负载，如指示灯、电磁阀、接触器等，这才是 PLC 真正的实际输出。

整个扫描工作过程中，PLC 对用户程序的循环扫描有输入采样、程序执行和输出刷新这三个阶段，如图 1. 1-22 所示，图中的序号表示梯形图程序的执行顺序。

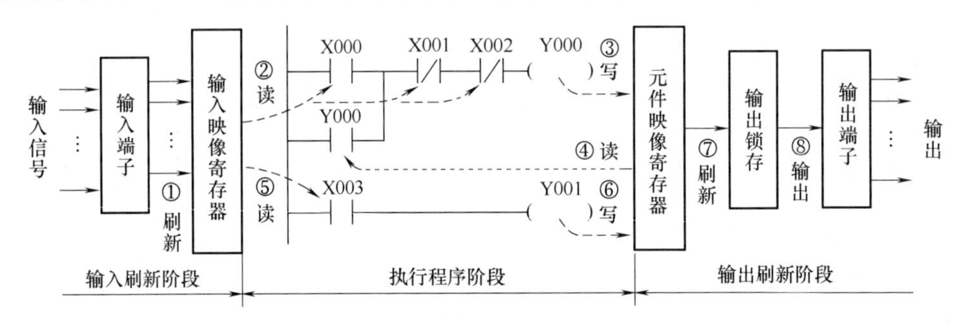

图 1. 1-22　PLC 的扫描工作方式示意图

应用实例　认识简单的 PLC 控制系统

如图 1.1-23 所示为三相异步电动机的点动控制线路，用 PLC 进行改造后的接线图和梯形图如图 1.1-24 所示。

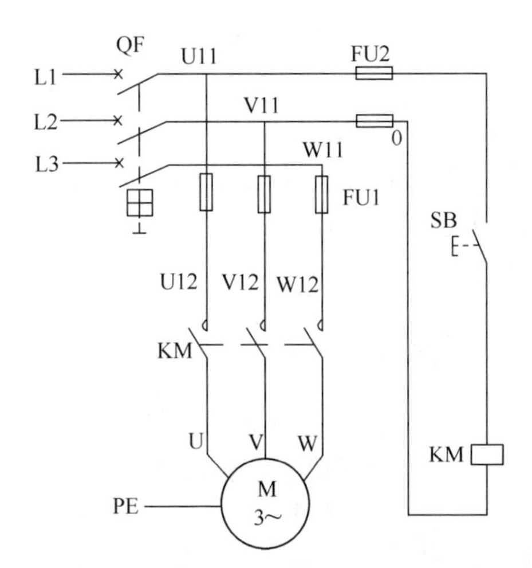

图1.1-23　三相异步电动机的点动控制线路图

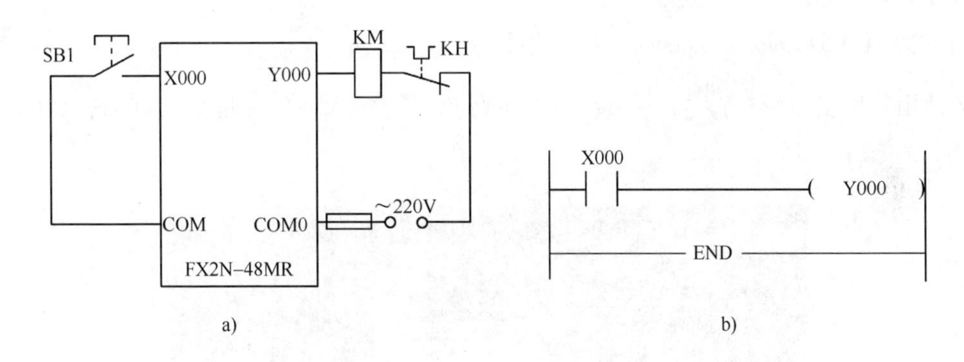

图 1.1-24　三相异步电动机的点动控制 PLC 接线图和梯形图
a）接线图　b）梯形图

结合前面学习的 PLC 的工作原理可知：

在输入采样阶段，CPU 把按钮 SB1 常开触点的状态读入到相应的输入映像寄存器中，当按下 SB1 时，读入到 X000 的输入映像寄存器的数据为 1；在执行程序阶段，根据程序内容，执行线圈输出指令，并将运算结果的值存入到输出映像寄存器中，遇到 END 指令，则程序结束，转入输出处理阶段；在输出刷新阶段，再将输出映像寄存器的值 1 送到输出模块，输出模块使 Y000 接通从而去驱动外部的交流接触器的线圈 KM，最终使电动机能够得电运行。

同样，当松开按钮 SB1，通过输入采样、执行程序和输出刷新三个阶段，最终是 Y000 的状态为 0，从而使 KM 失电，其主触头断开，电动机失电停止。

第二节　认识 GX Developer 编程软件

GX Developer Version8 编程软件是三菱公司设计的 Windows 环境下使用的 PLC 编程软件，它能够完成 Q 系列、QnA 系列、A 系列、FX 系列 PLC 的梯形图、指令表、顺序功能图等的编程，支持当前所有三菱系列 PLC 的软件编程。该软件简单易学，具有丰富的工具箱和直观形象的视窗界面。编程时，既可用键盘操作，也可以用鼠标操作；操作时可联机编程；该软件还可以对以太网、MELSECNET/10(H)、CC-Link 等网络进行参数设定，具有完善的诊断功能，能方便地实现网络监控，程序的上传、下载不仅可通过 CPU 模块直接连接完成，也可以通过网络系统，如以太网、MELSECNET/10(H)、CC-Link、电话线等完成。

一、GX Developer 编程软件的安装

在进行 PLC 上机编程设计前，必须先进行编程软件的安装。GX Developer Version 8 中文编程软件的安装主要包括三部分：使用环境、编程环境和仿真运行环境。其安装的具体方法和步骤如下：

1. 使用环境的安装

在安装软件前，首先必须先安装使用（通用）环境，否则编程软件将无法正常安装使用。其安装的具体方法及步骤如下：

1）打开 GX Developer Version8 中文软件包，找到 EnvMEL 文件夹并打开，然后双击其中的使用环境安装图标 SETUP Setup Launcher InstallShield So.，数秒后，会进入使用环境安装画面，如图 1.2-1 所示。

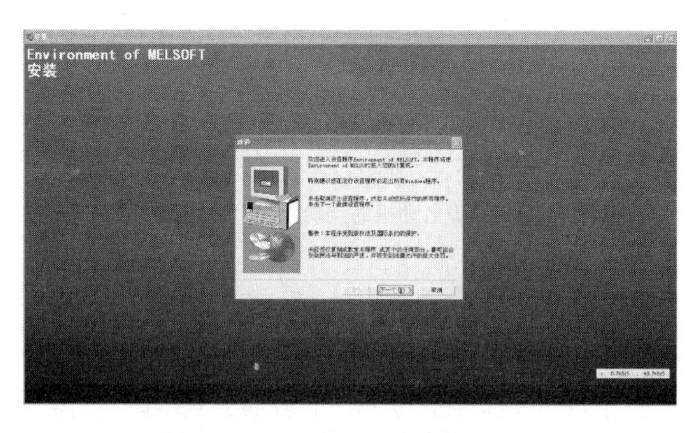

图 1.2-1　进入使用环境安装的画面

2）按照安装提示依次单击画面里的“下一个（N）>”按钮即可完成使用环境的安装。

2. 编程软件的安装

安装好使用环境后就可以实施软件安装了。在安装软件的过程中，会要求输入一个序列号，并对一些选项进行选择。具体方法及步骤如下：

1）打开 GX Developer Version8 中文软件包中的“记事本”文档，复制安装序列号，以备安装使用。

2）双击 GX Developer Version8 中文软件包中的软件安装图标 SETUP Setup Launcher InstallShield So.，进入软件安装画面，然后进行一步一步的安装，进入用户信息画面，如图 1.2-2 所示。

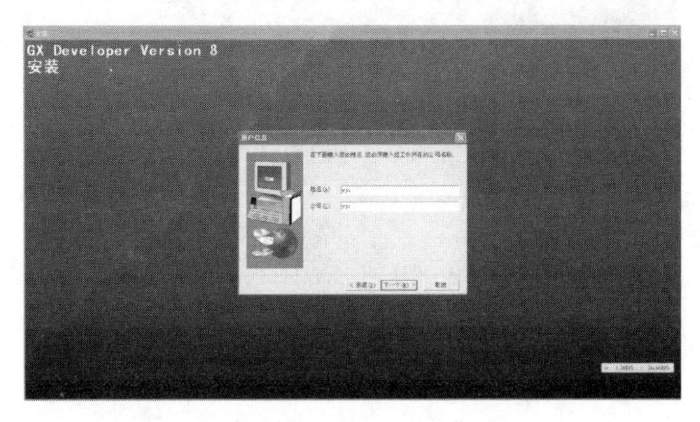

图 1.2-2　输入用户信息的画面

3）单击图 1.2-2 所示对话框里的“下一个（N）>”按钮，会出现如图 1.2-3 所示的“注册确认”对话框，单击“是（Y）”按钮，将出现“输入产品序列号”对话框，输入之前复制的产品序列号，如图 1.2-4 所示。

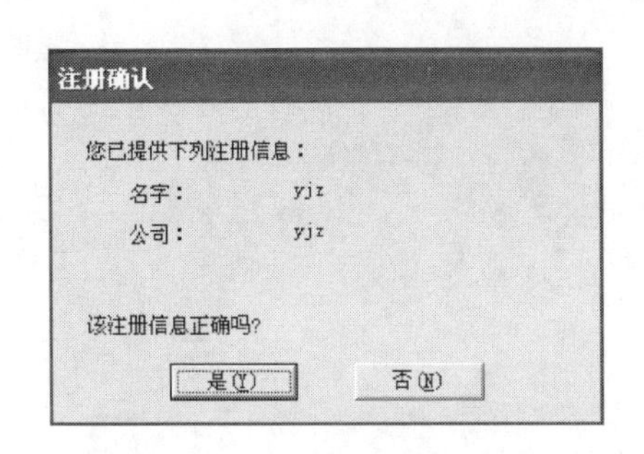

图 1.2-3　注册确认画面

图 1.2-4　输入产品序列号的画面

4）软件安装的项目选择。单击图 1.2-4 中的“下一个（N）>”按钮，会出现如图 1.2-5 所示的“选择部件”对话框。由于 ST 语言是在 IEC 61131-3 规范中被规定的结构化文本语言，在此也可不做选择，直接单击“下一个（N）>”按钮，会出现如图 1.2-6 所示的监视专用选择画面后单击“下一个（N）>”按钮。

5）当所有安装选项的选择部件确认完毕后，就会进入如图 1.2-7 所示的等待安装过程，直至出现如图 1.2-8 所示的“本产品安装完毕”对话框，软件才算安装完毕，然后单击对话框里的“确定”按钮，结束编程软件的安装。

3. 安装注意事项

1）在进行 GX Developer Version8 编程软件的安装时，需要先进行使用环境的安装，然后再进行软件的安装，否则将导致编程软件无法正确安装和使用。

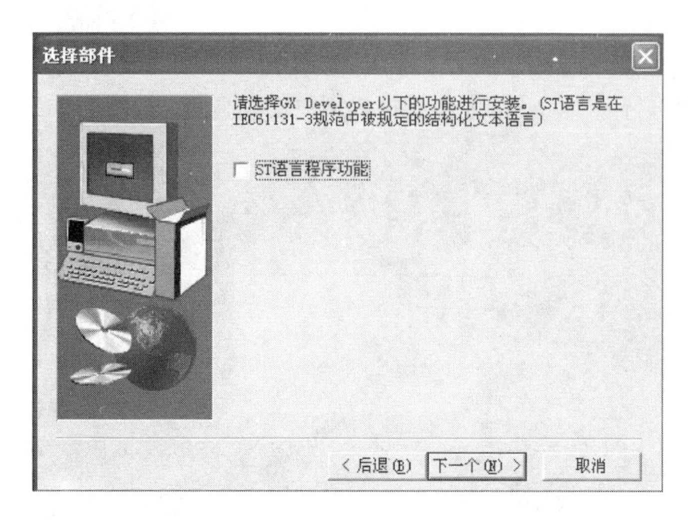

图 1.2-5　ST 语言选择画面

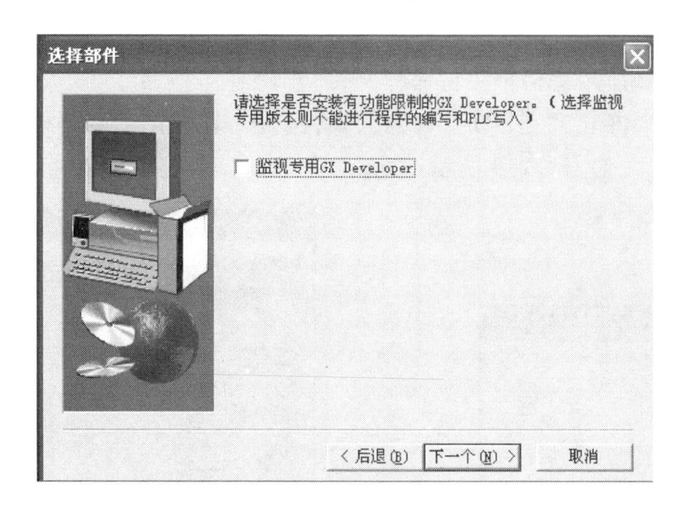

图 1.2-6　监视专用选择画面

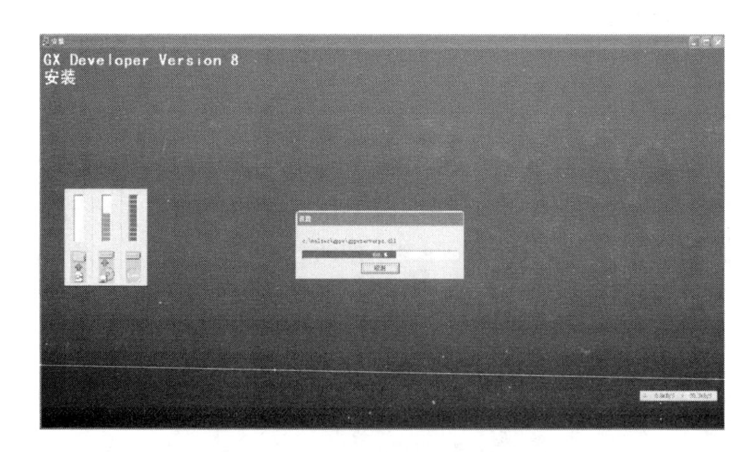

图 1.2-7　软件等待安装过程画面

2）进行 GX Developer Version8 编程软件的安装过程中，在软件安装的项目选择时，错误地对“ST 语言程序功能”和“监视 GX Develop”进行选项，将导致编程软件无法进行编程，只能做监视用。

图 1.2-8 软件安装完毕画面

二、GX Simulator6 中文仿真软件的安装

使用仿真软件的目的是在没有 PLC 的情况下，通过仿真软件来对编写完的程序进行模拟测试。GX Simulator6 中文仿真软件的安装与编程软件的安装类似，具体方法及步骤如下：

1. 使用环境的安装

与编程软件的安装一样，在安装仿真软件时，也应首先进行使用环境的安装，否则将会造成仿真软件不能使用。其安装方法如下：

打开 GX Simulator6 中文软件包，找到 EnvMEL 文件夹并打开，然后双击其中的使用环境安装图标 SETUP Setup Launcher InstallShield So.，首先出现如图 1.2-9 所示的画面，数秒后，会出现如图 1.2-10 所示的信息对话框，单击对话框里的“确定”按钮，即可完成仿真软件使用环境的安装。

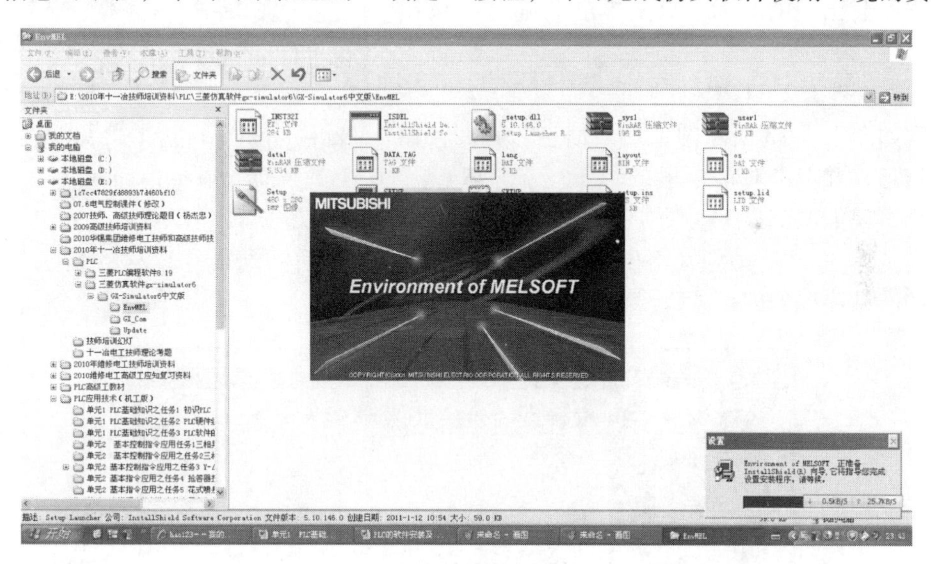

图 1.2-9 进入仿真软件使用环境安装的画面

2. 仿真软件的安装

1）打开 GX Simulator6 中文软件包中的“记事本”文档，复制安装序列号，以备安装使用。

2）双击 GX Simulator6 中文软件包中的软件安装图标 SETUP Setup Launcher InstallShield So.，进入软件安装画面，然后按照安装提示进行一步一步的安装，直至进入 SWnD5-LLT 程序设置安装画面，如图 1.2-11 所示。

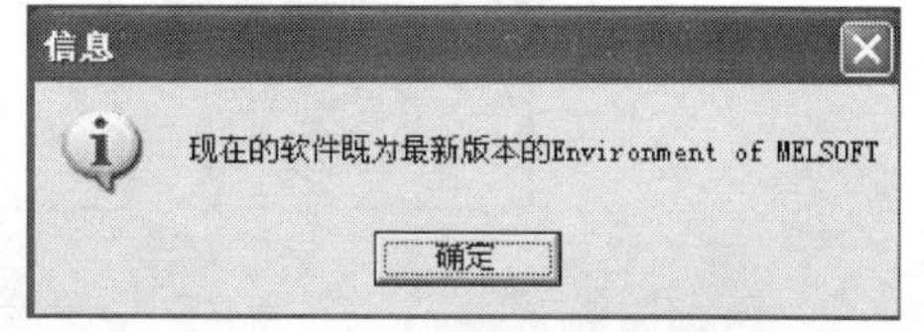

图 1.2-10 仿真软件使用环境安装完毕的对话框

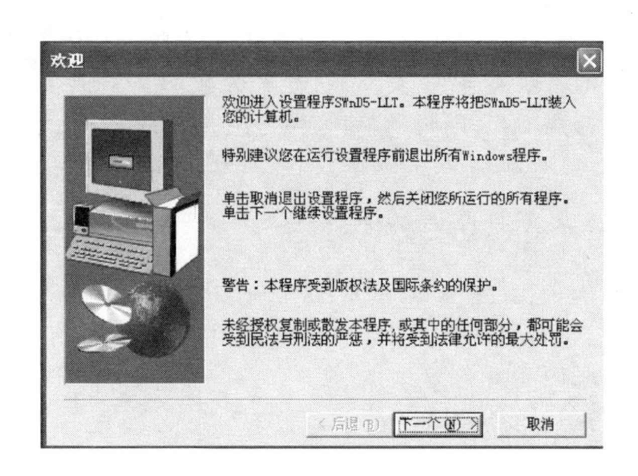

图 1.2-11　SWnD5-LLT 程序设置安装画面

特别注意：在安装时，最好把其他应用程序关掉，包括杀毒软件、防火墙、IE、办公软件。因为这些软件可能会调用系统的其他文件，影响安装的正常进行。如图 1.2-12 所示就是未关掉其他应用程序会出现的画面，只要单击“确定”按钮即可。

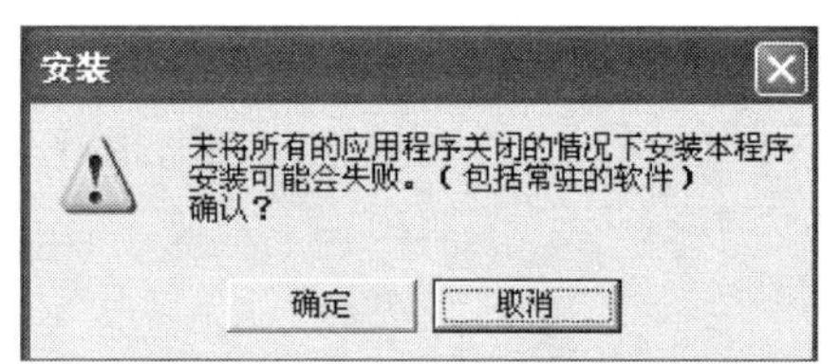

图 1.2-12　未关掉其他应用程序软件安装时会出现的画面

3）单击图 1.2-11 中的“下一个（N）>”按钮，出现如图 1.2-13 所示的“用户信息”画面，输入用户信息，并单击对话框里的“下一个（N）>”按钮，会出现如图 1.2-14 所示的“注册确认”对话框，单击“是（Y）”按钮，将出现“输入产品 ID 号”对话框，如图 1.2-15 所示，输入之前复制的产品序列号即可。

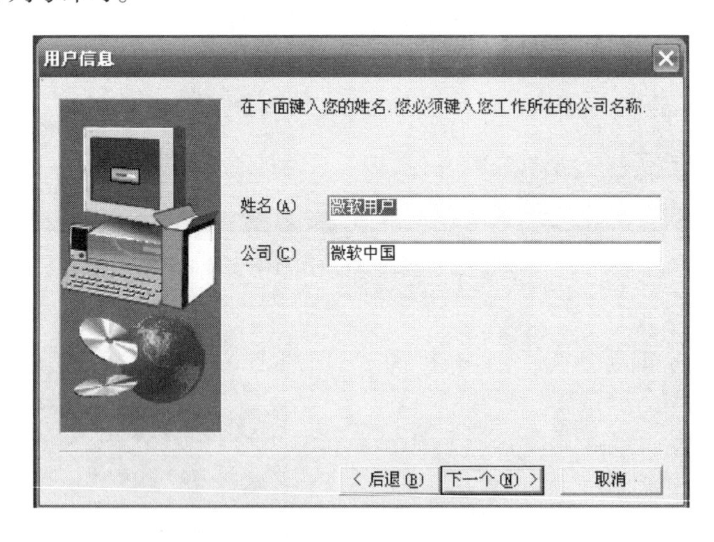

图 1.2-13　用户信息

4）单击“输入产品 ID 号”对话框里的“下一个（N）>”按钮，会出现如图 1.2-16

所示的选择目标位置画面。然后单击对话框里的“下一个（N）>”按钮，会出现类似图 1.2-7的软件等待安装过程画面，数秒后，软件安装完毕，会弹出类似图 1.2-10 的软件安装完毕的对话框，此时只要单击对话框中的“确定”按钮，即可完成仿真运行软件的安装。

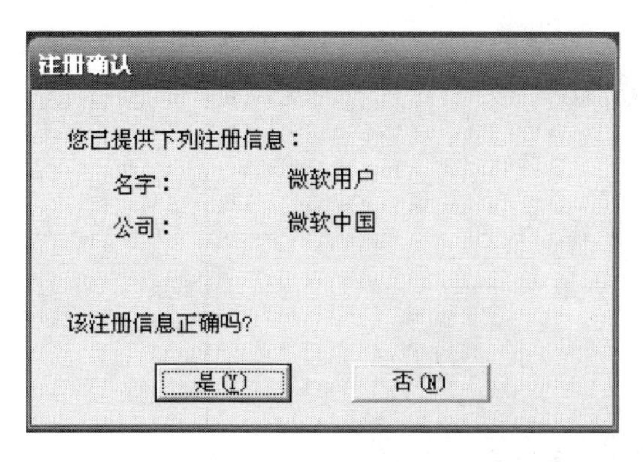

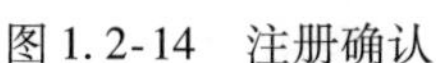
图 1.2-14　注册确认

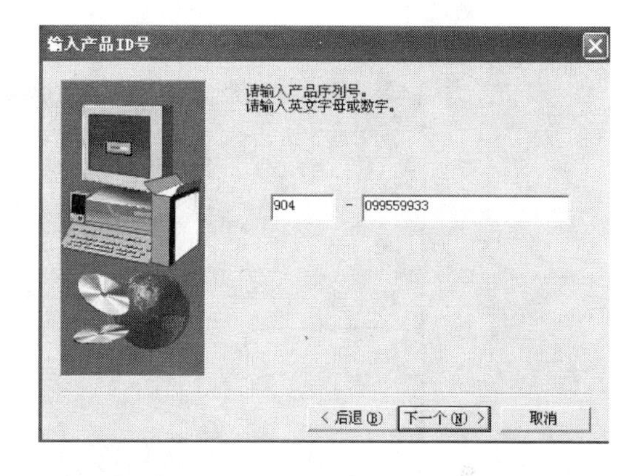

图 1.2-15　输入产品 ID 号的对话框

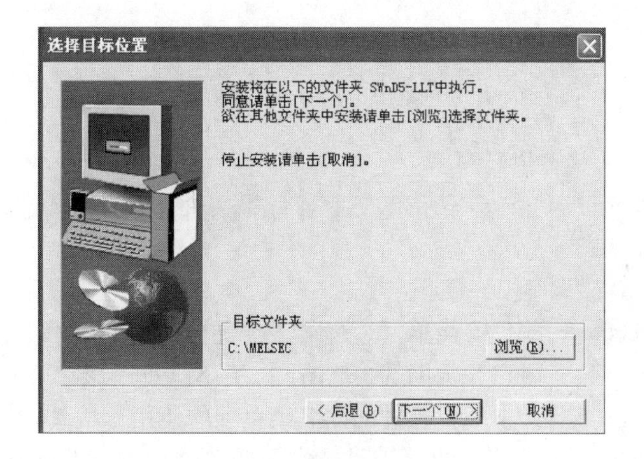

图 1.2-16　选择目标位置

三、认识 GX Developer 编程软件

1. GX Developer Version8 编程软件的主要功能

GX Developer Version8 编程软件的功能十分强大，集成了项目管理、程序键入、编译链接、模拟仿真和程序调试等功能，其主要功能如下：

1）在 GX Developer Version8 编程软件中，可通过线路符号、列表语言及 SFC 符号来创建 PLC 程序，建立注释数据及设置寄存器数据。

2）创建 PLC 程序以及将其存储为文件，用打印机打印。

3）创建的 PLC 程序可在串行系统中与 PLC 进行通信、文件传送、操作监控以及各种测试功能。

4）创建的 PLC 程序可脱离 PLC 进行仿真调试。

2. GX Developer Version8 编程软件的操作界面

GX Developer Version8 软件打开后，会出现如图 1.2-17 所示的操作界面。其操作界面主要由项目标题栏（状态栏）、下拉菜单（主菜单栏）、快捷工具栏、编辑窗口、管理窗口等部分组成。在调试模式下，还可打开远程运行窗口和数据监视窗口等。

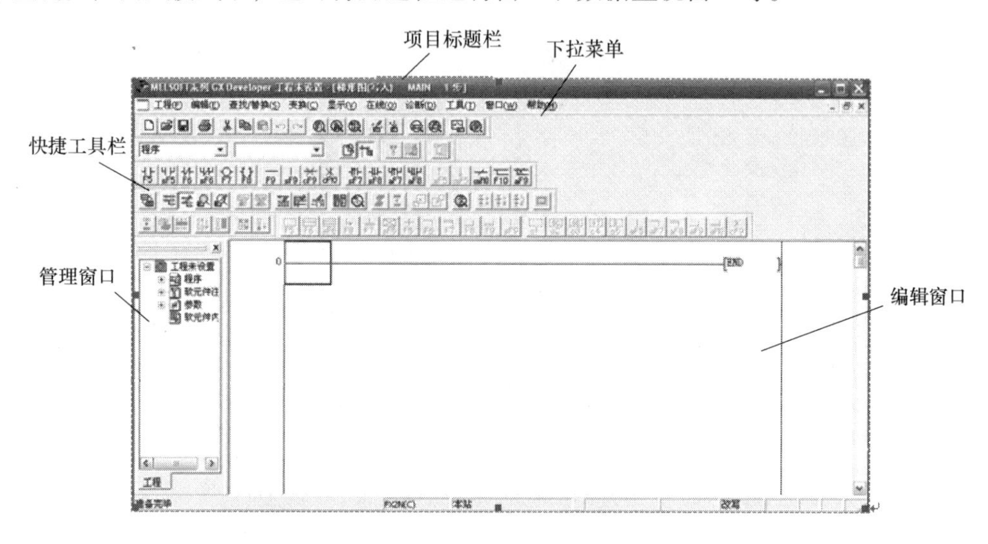

图 1.2-17　GX Developer Version8 软件操作界面

（1）项目标题栏（状态栏）

项目标题栏（状态栏）主要显示有工程名称、文件路径、编辑模式、程序步数以及 PLC 类型和当前操作状态等。

（2）下拉菜单（主菜单栏）

GX Developer Version8 的下拉菜单（主菜单栏）包含工程、编辑、查找/替换、变换、显示、在线、诊断、工具、窗口和帮助等 10 个下拉菜单，每个菜单又有若干个菜单项。许多菜单项的使用方法和目前文本编辑软件的同名菜单项的使用方法基本相同，多数使用者一般很少直接使用菜单项，而是使用快捷工具。常用的菜单项都有相应的快捷按钮，GX Developer Version8 的快捷键直接显示在相应菜单项的右边。

（3）快捷工具栏

GX Developer Version8 共有 8 个快捷工具栏，即标准、数据切换、梯形图标记、程序、注释、软元件内存、SFC、SFC 符号工具栏。以鼠标选取“显示”菜单下的“工具条”命令，即可打开这些工具栏，常用的有标准、梯形图标记、程序工具栏，将鼠标停留在快捷按钮上片刻，即可获得该按钮的提示信息。如图 1.2-18 所示为工具栏上部分工具的名称。

（4）编辑窗口

PLC 程序是在编辑窗口中进行输入和编辑的，其使用方法和众多的编辑软件相似，具体的使用方法将在程序编程设计中再进行详细的介绍。

（5）管理窗口

管理窗口是软件的工程参数列表窗口，主要包括显示程序、编程元件的注释、参数和编程元件内存等内容，可实现这些项目的数据设定、管理、修改等功能。

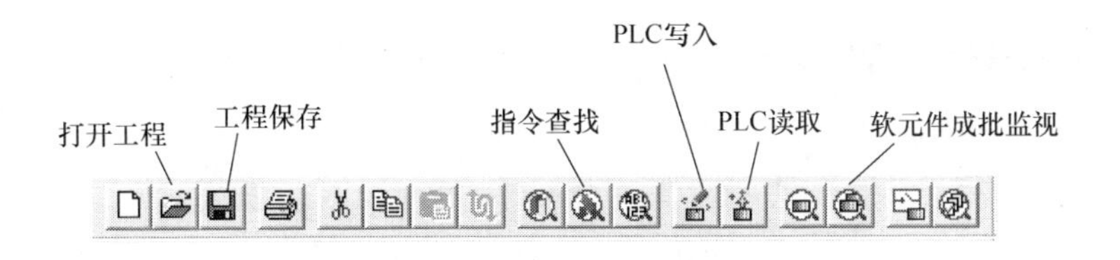

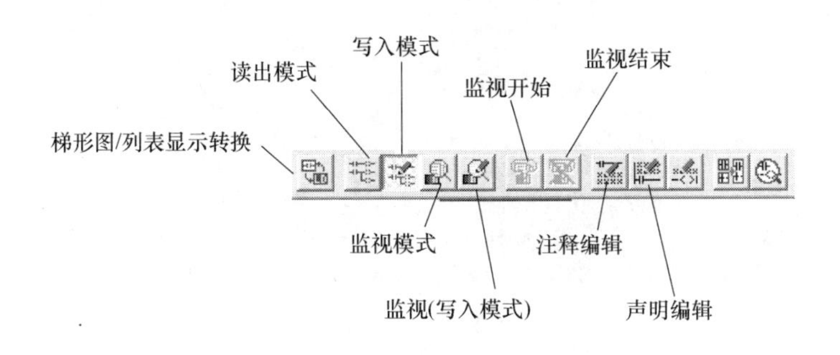

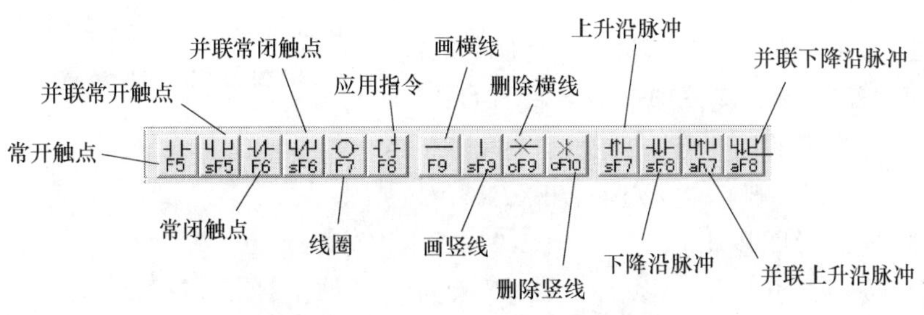

图 1.2-18 工具栏上部分工具名称

四、GX Developer 编程软件的基本操作

1. 系统启动

启动 GX Developer 软件，可用鼠标单击桌面的“开始”→“程序”→“MELSOFT 应用程序”→“GX Developer”选项，如图 1.2-19 所示。然后用鼠标单击 GX Developer 选项，就会打开 GX Developer 窗口，如图 1.2-20 所示。若要退出系统，可用鼠标选取“工程”菜单下的“Gx Developer 关闭”命令，即可退出 GX Developer 系统。

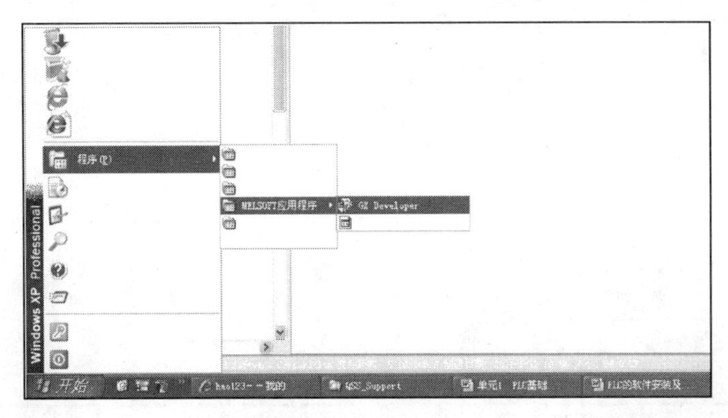

图 1.2-19 系统启动画面

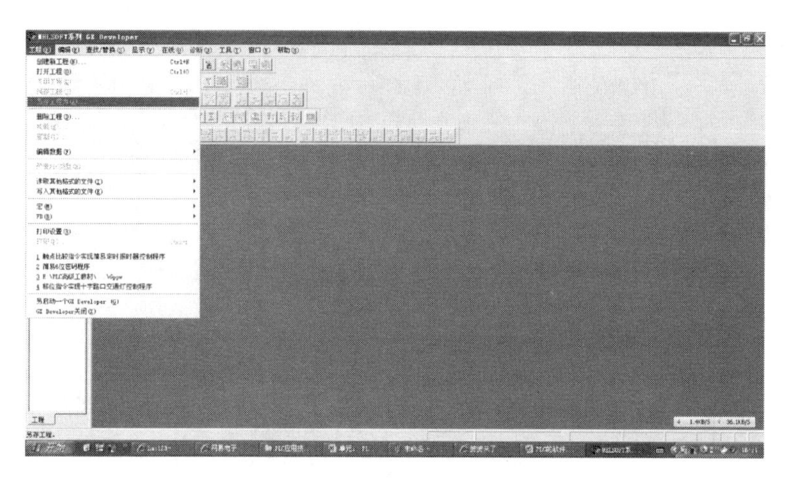

图 1.2-20　打开的 GX Developer 窗口

2. 创建新工程

在图 1.2-20 所示的 GX Developer 窗口中，选择“工程”→“创建新工程”菜单项，或者按［Ctrl］+［N］键操作，在出现的创建新工程对话框的 PLC 系列中选择“FXCPU”，PLC 类型选择 FX2N（C），程序类型选择“梯形图逻辑”，如图 1.2-21 所示。单击“确定”按钮，可显示如图 1.2-22 所示的编程窗口。若单击图 1.2-21 中的“取消”按钮，则不建新工程。

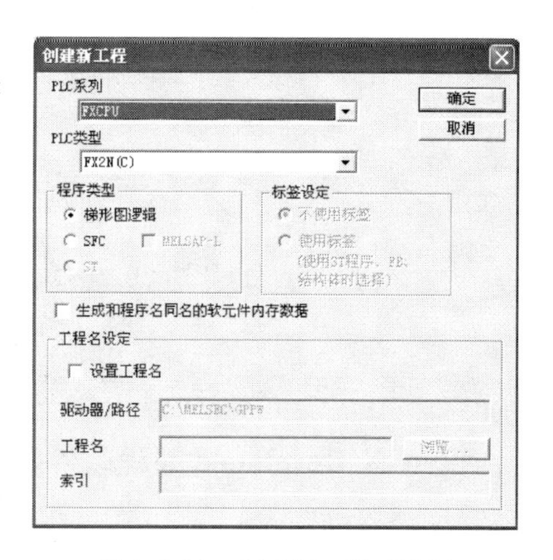

图 1.2-21　创建新工程对话框

提示：*在创建工程名时，一定要弄清图 1.2-21 中各选项的内容：*

1）PLC 系列：有 QCPU（Q 模式）系列、QCPU（A 模式）系列、QnA 系列、ACPU 系列、运动控制 CPU（SCPU）和 FXCPU 系列。

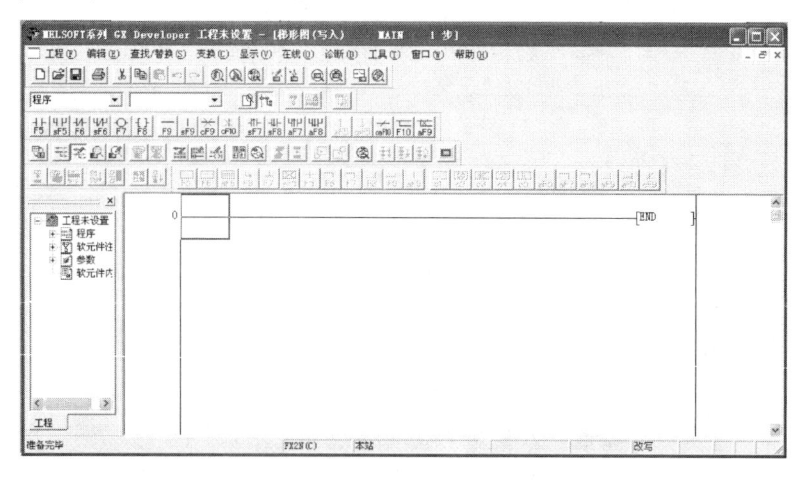

图 1.2-22　创建的编程窗口

2）PLC 类型：根据所选择的 PLC 系列，确定相应的 PLC 类型。

3）程序类型：可选“梯形图逻辑”或“SFC”，当在 QCPU（Q 模式）中选择 SFC 时，MELSAP-L 亦可选择。

4）标签设定：当无需制作标签程序时，选择“不使用标签”；制作标签程序时，选择“使用标签”。

5）生成和程序同名的软元件内存数据：新建工程时，生成和程序同名的软元件内存数据。

6）设置工程名：工程名用来保存新建的数据，在生成工程前设定工程名，单击复选框选中；另外，工程名可于生成工程前或生成后设定，但是生成工程后设定工程名时，需要在“另存工程为…”中设定。

7）驱动器/路径：在生成工程前设定工程名时可设定。

8）工程名：在生成工程前设定工程名时可设定。

9）确定：所有设定完毕后单击本按钮。

3. 打开工程

所谓打开工程，就是读取已保存的工程文件，其操作步骤如下：

选择“工程”→“打开工程”菜单项或按［Ctrl］+［O］键，在出现的如图 1.2-23所示的对话框中，选择所存工程驱动器/路径和工程名，单击“打开”按钮，进入编辑窗口；单击“取消”按钮，重新选择。

在图 1.2-23 中，选择“两台电动机的顺序起动控制程序”工程，单击“打开”按钮后进入梯形图编辑窗口，这样即可编辑程序或与 PLC 进行通信等操作。

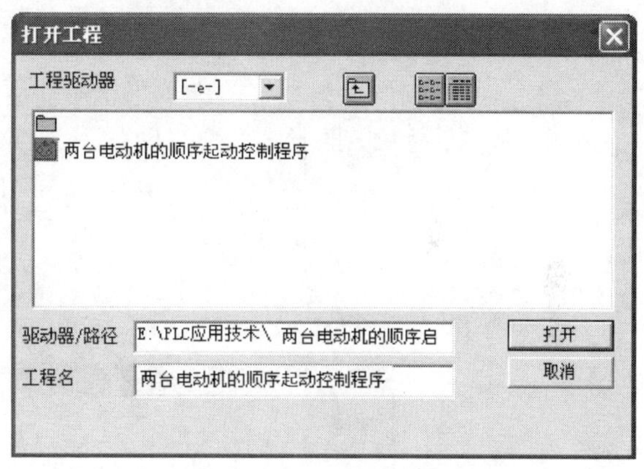

图 1.2-23　打开工程对话框

4. 文件的保存和关闭

保存当前 PLC 程序、注释数据以及其他在同一文件名下的数据，操作方法为：执行“工程”→“保存工程”菜单操作或［Ctrl］+［S］键操作。

将已处于打开状态的 PLC 程序关闭，操作方法是执行“工程”→“关闭工程”菜单操作即可。

提示：

1）在关闭工程时应注意：在未设定工程名或者正在编辑时选择“关闭工程”，将会弹出一个询问保存对话框，如图 1.2-24 所示。如果希望保存当前工程时应单击“是”按钮，否则应单击“否”按钮，如果需继续编辑工程应单击“取消”按钮。

2）当未指定驱动器/路径名（空白）就保存工程时，GX Developer 可自动在默认值设定的驱动器/路径中保存工程。

图 1.2-24　关闭工程时的对话框

5. 删除工程

将已保存在计算机中的工程文件删除，操作步骤如下：

1）选择“工程”→“删除工程”菜单项，弹出“删除工程”对话框。

2）单击将要删除的文件名，按［Enter］键，或者单击“删除”；或者双击将删除的文件名，弹出删除确认对话框。单击“取消”按钮，不继续删除操作。

3）单击“是”按钮，确认删除工程。单击“否”按钮，返回上一对话框。

6. 程序的检查

执行“诊断”→“PLC 诊断”菜单命令，进行程序检查，如图 1.2-25 所示。

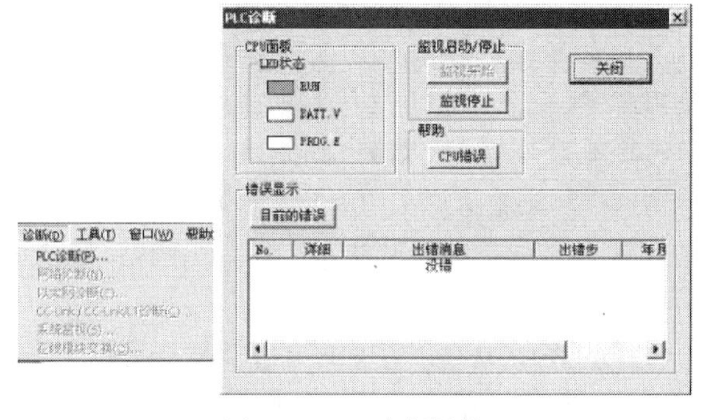

图 1.2-25　诊断操作

7. 程序的写入

PLC 在 STOP 模式下，执行“在线”→“PLC 写入”菜单命令，出现 PLC 写入对话框，如图 1.2-26 所示，选择“参数 + 程序”，再按“执行”按钮，完成将程序写入 PLC。

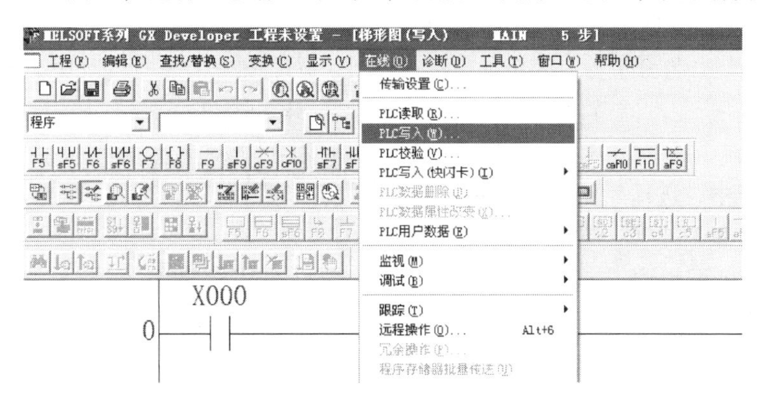

a)

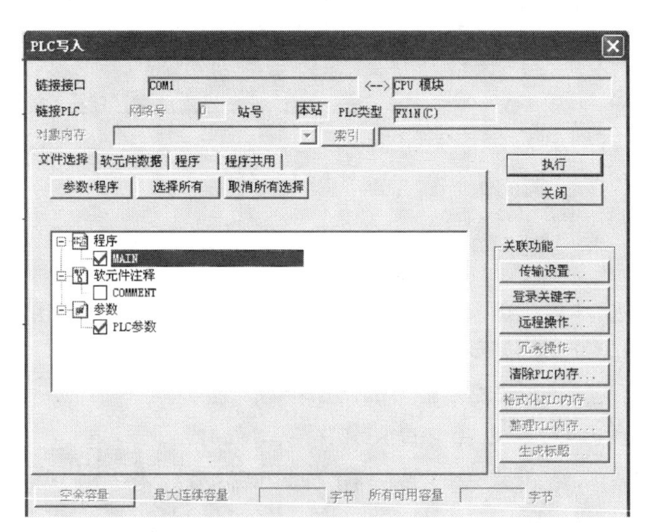

b)

图 1.2-26　程序的写入操作

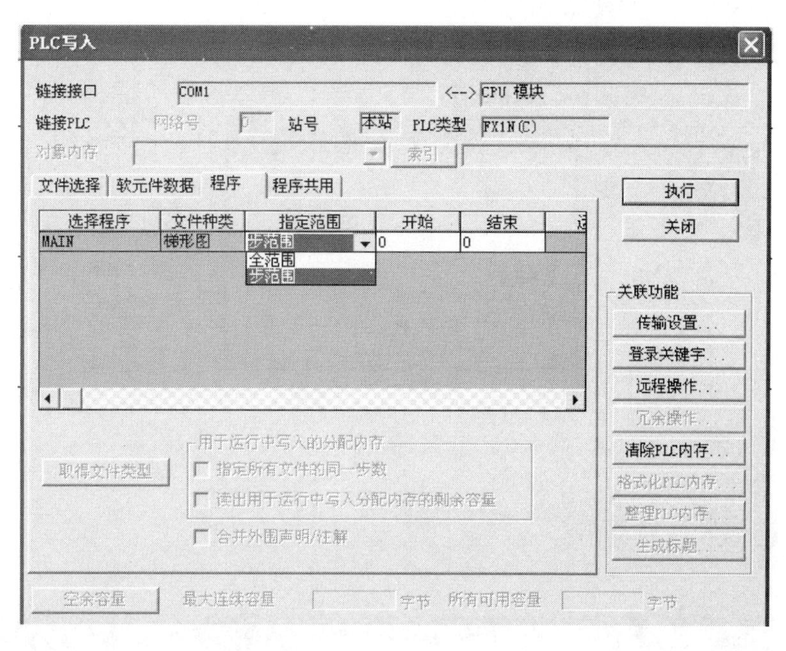

c)

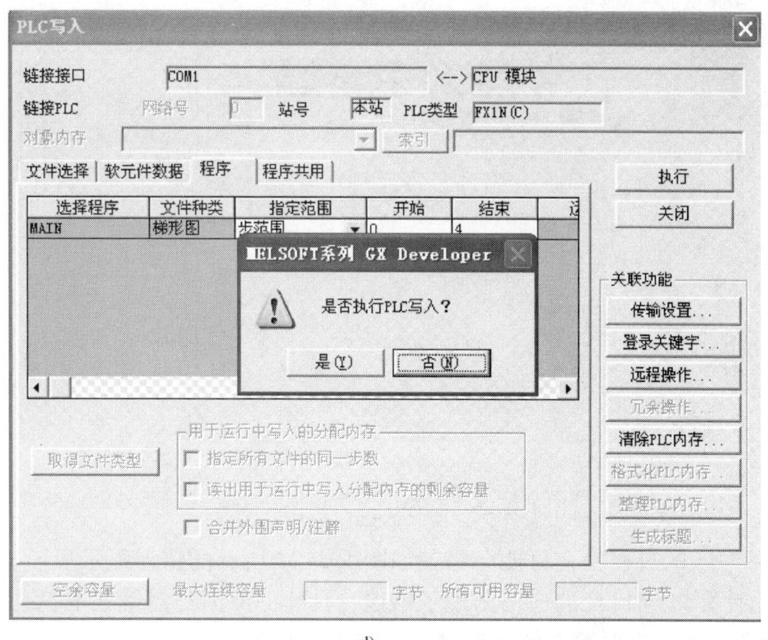

d)

图 1.2-26　程序的写入操作（续）

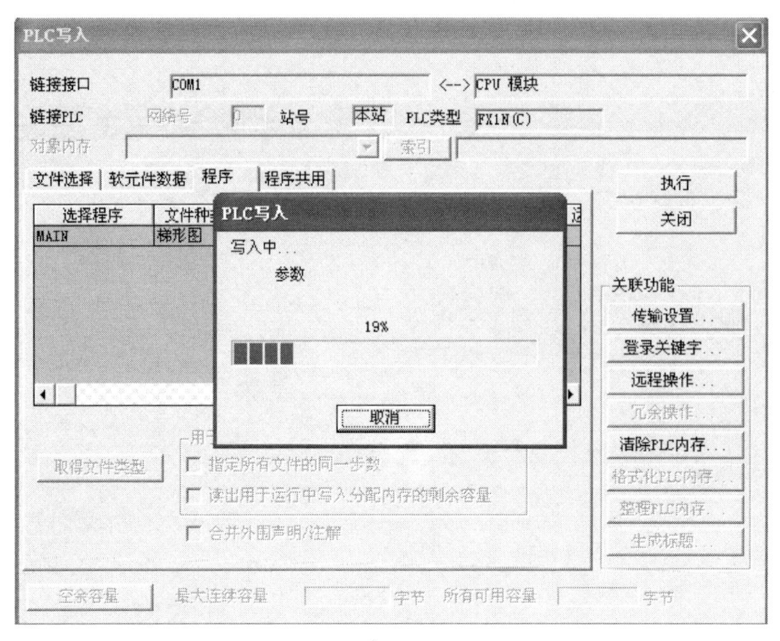

e)

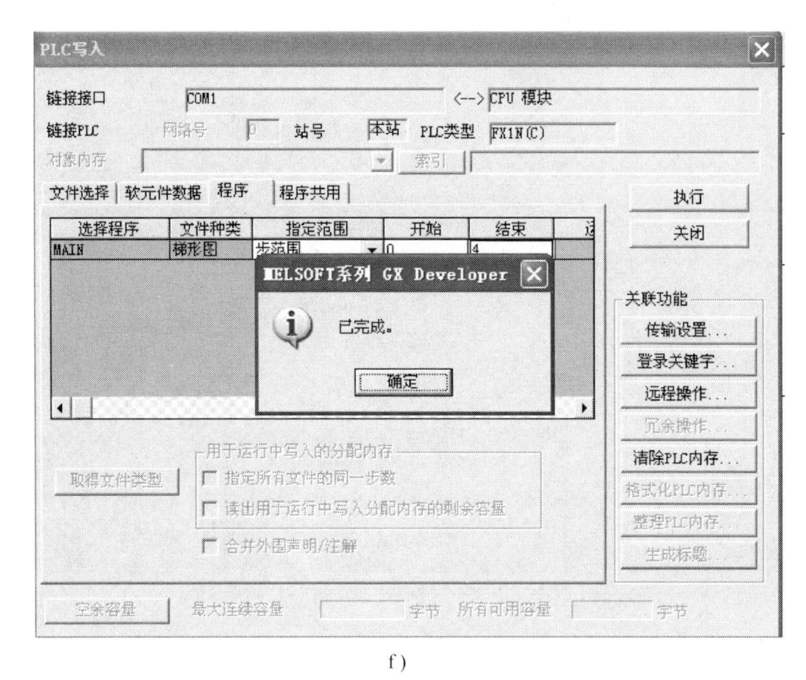

f)

图 1.2-26　程序的写入操作（续）

在执行 PLC 写入的过程中，可能会出现如图 1.2-27 所示的错误提示界面。

这时是提示计算机与 PLC 的通信出现了错误，具体的原因与对策如下：

1）PLC 没有接通工作电源。解决对策：检查电源是否正常。

2）通信超时（电缆断线，不支持指定的传送速度）。解决对策：检查电缆的两端插头否接触良好，检查电缆好坏（有条件可更换一条电缆），检查设定的波特率，单击编程软件界面下的“在线”菜单，出现如图 1.2-28 所示的界面，再单击“传输设置”，查看传送速度是否为默认的 9.6Kbps 的传送速度。

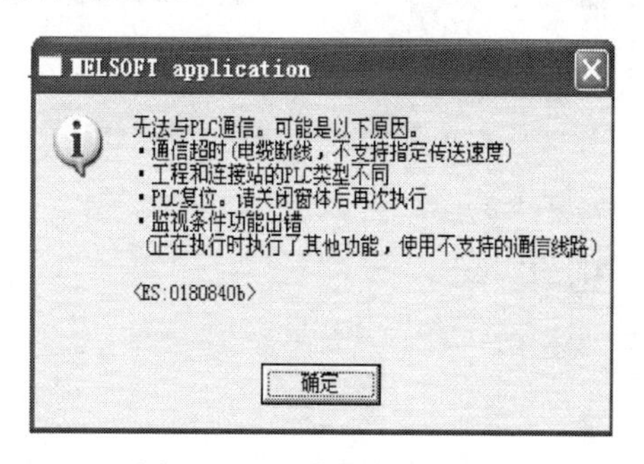

图 1.2-27　错误提示界面

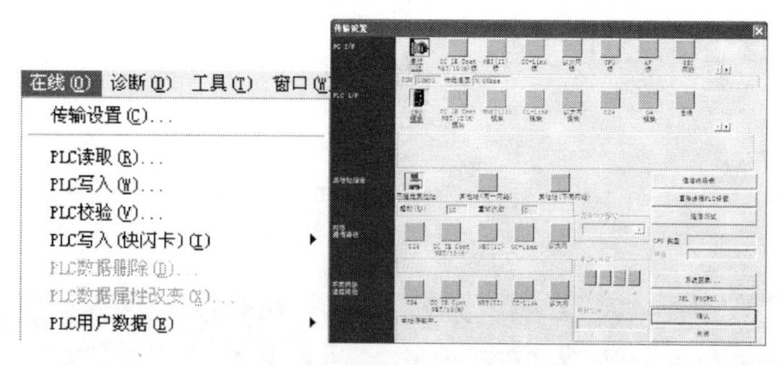

图 1.2-28　传输设置界面

3）检查工程和连接的 PLC 类型不同。解决对策：单击编程软件界面中的“工程”菜单，在工程下拉菜单栏中，单击“改变 PLC 类型”，更改 PLC 的类型。

4）PLC 被复位了。解决对策：关闭窗口再执行。

5）监视条件功能出错（执行了运行中的其他功能，使用了不支持的通信路径）。

在 PLC 写入的过程中，也可能会出现如图 1.2-29 所示的提示界面，表示“指定了无法使用的 COM 端口”，这是因为计算机的 COM 端口和 PLC 软件的端口设置不一致。解决对策：计算机的端口和软件的端口都要设置，一般情况下，台式计算机默认的是 COM1，软件也改成 COM1 后，重新启动软件。如果使用的是 USB 下载电缆，计算机的端口和软件的端口都要设置一致后再重启软件。

图 1.2-29　无法使用的 COM 端口的提示界面

8. 程序的上载（读取）

PLC 在 STOP 模式下，执行“在线”→“PLC 读取”菜单命令，将 PLC 的程序发送到计算机中，如图 1.2-30 所示。

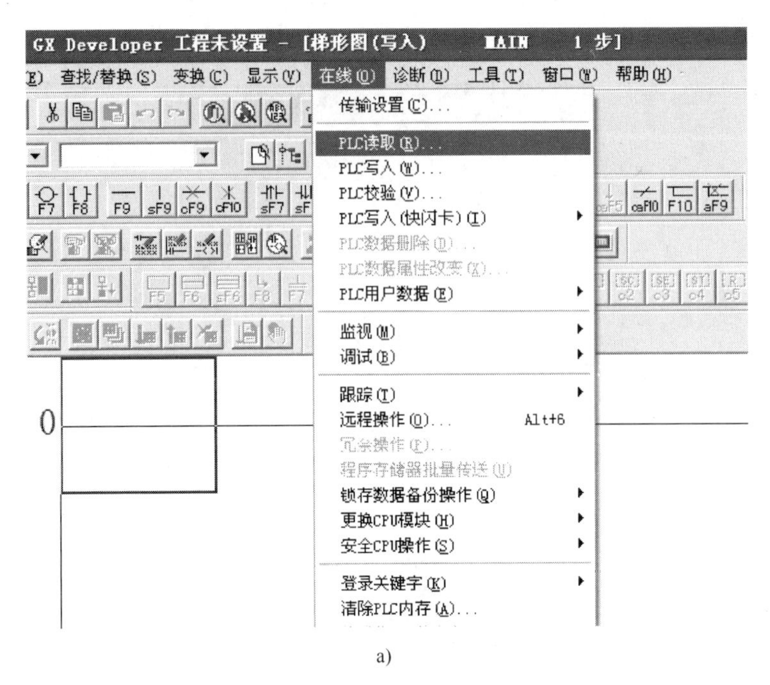

a)

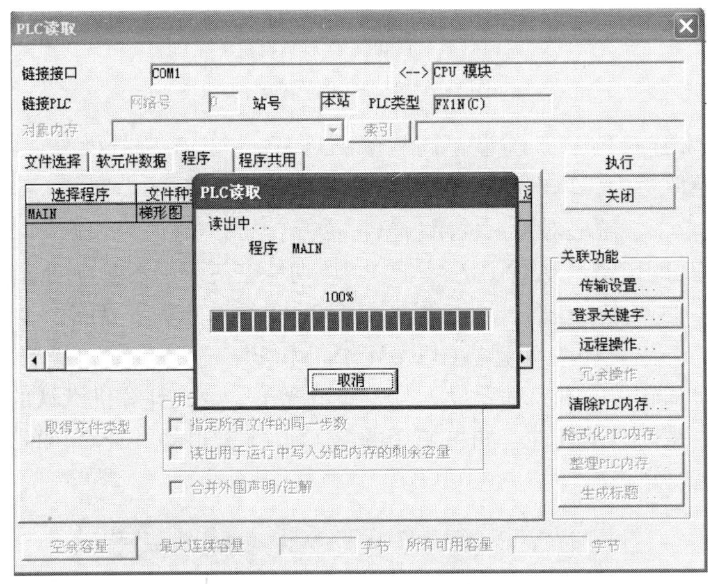

b)

图 1.2-30 程序的读取

9. 程序运行

执行“在线”→“远程操作”菜单命令，将 PLC 设为 RUN 模式，程序运行，如图 1.2-31 所示。

10. 程序的监控

执行程序运行后，再执行“在线”→“监视”菜单命令，可对 PLC 的运行过程进行监控。结合控制程序，操作有关输入信号，观察输出状态，如图 1.2-32 所示。

11. 程序的调试

程序运行过程中出现的错误一般有两种：

1）一般错误：运行的结果与设计的要求不一致，需要修改程序。先执行“在线”→“远程操作”菜单命令，将 PLC 设为 STOP 模式，再执行“编辑”→“写入模式”菜单命令，再从程序读取开始执行“输入正确的程序”，直到程序正确。

2）致命错误：PLC 停止运行，PLC 上的 ERROR 指示灯亮，需要修改程序。先执行“在线”→“清除 PLC 内存”菜单命令，如图 1.2-33 所示；将 PLC 内的错误程序全部清除后，再从程序读取开始执行“输入正确的程序”，直到程序正确。

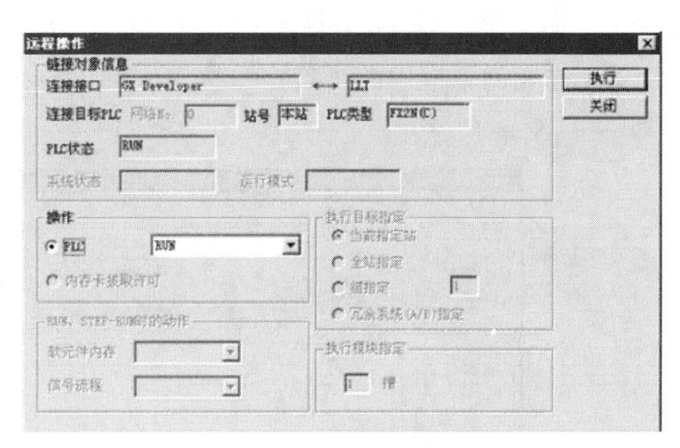

图 1.2-31　运行操作

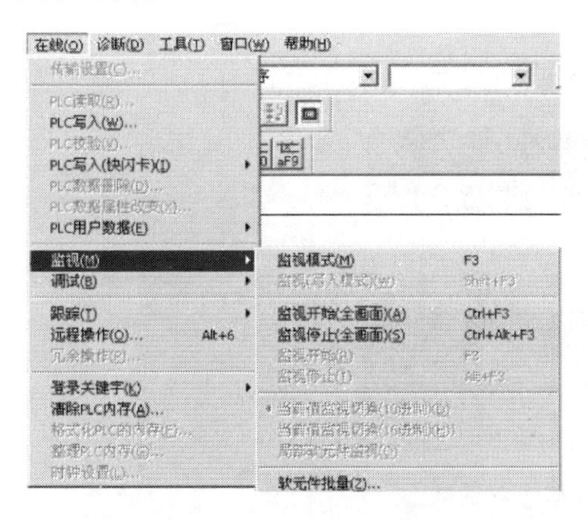

图 1.2-32　监控操作

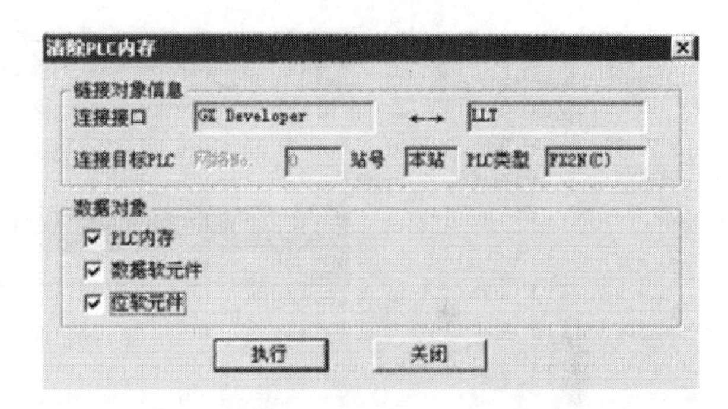

图 1.2-33　清除 PLC 内存操作

应用实例　一个简单梯形图的编辑

要求利用编程软件输入如图 1.2-34 所示的一个简单的梯形图程序。

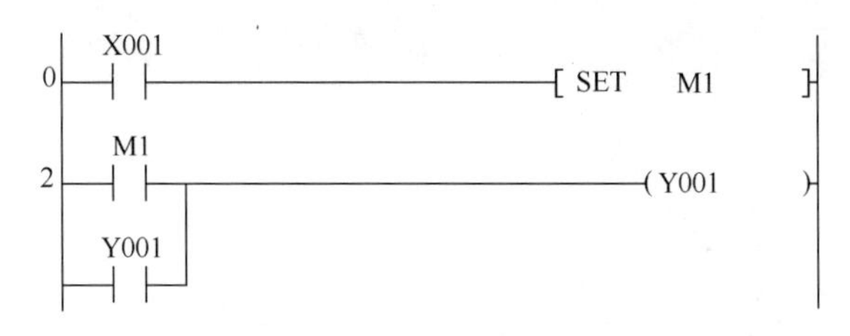

图 1.2-34　一个简单的梯形图程序

操作方法及步骤如下：

1）新建一个工程，在菜单栏中选择“编辑”→“写入模式”，如图 1.2-35 所示。在蓝线光标框内直接输入指令或单击 F5 图标（或按快捷键［F5］），就会弹出“梯形图输入”对话框。然后在对话框的文本输入框中输入“LD X1”指令（LD 与 X1 之间需空格，如图 1. 2-36a 所示，或在有梯形图标记“┤ ├”的文本框中输入“X1”，如图 1. 2-36b 所示；最后单击对话框中的“确定”按钮或按［Enter］键，就会出现如图 1. 2-37 所示的画面。

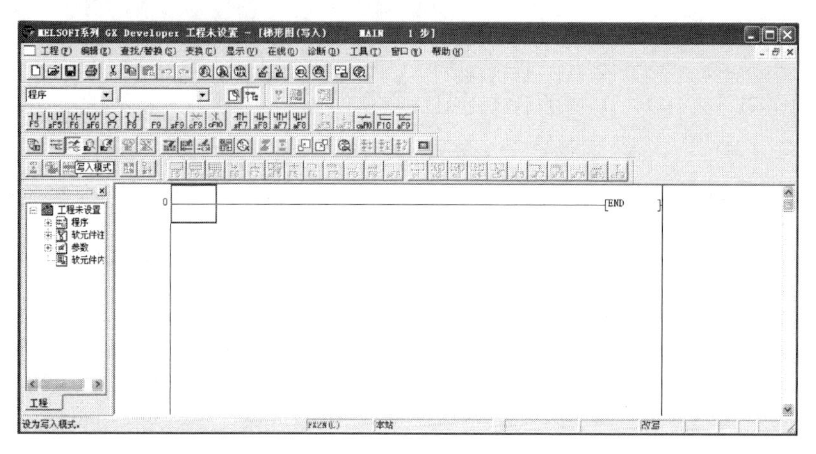

图 1. 2-35　进入梯形图程序输入画面

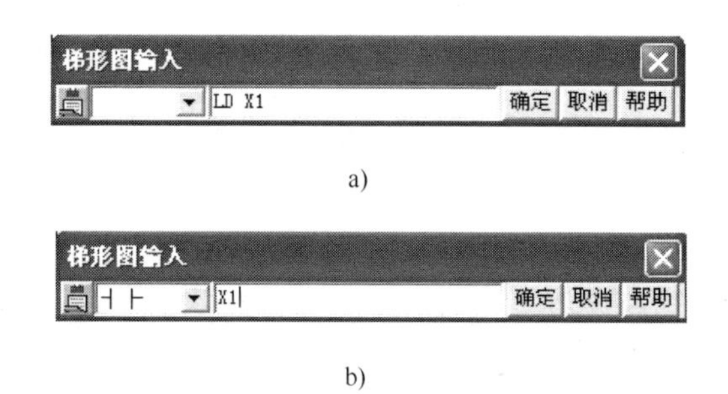

图 1. 2-36　梯形图及指令输入对话框

a）指令输入画面　b）梯形图输入画面

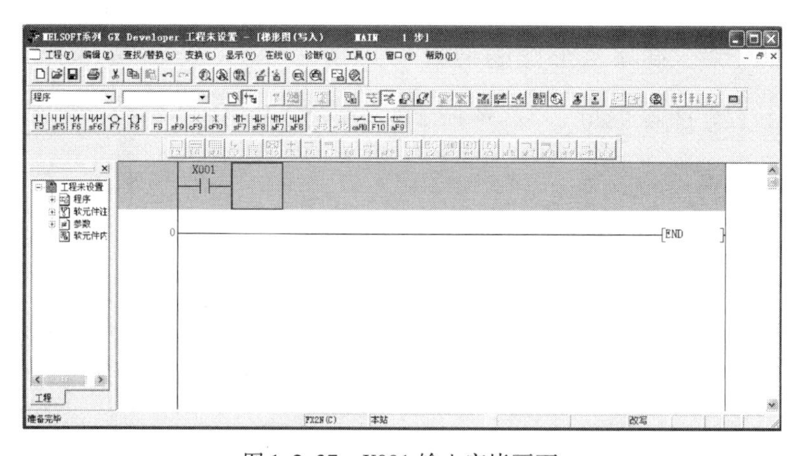

图 1. 2-37　X001 输入完毕画面

2）采用前述类似的方法输入“SET M1”指令（或选择 F8 图标，然后输入相应的指令），输入完毕后单击“确定”按钮，可得到如图 1. 2-38 所示的画面。

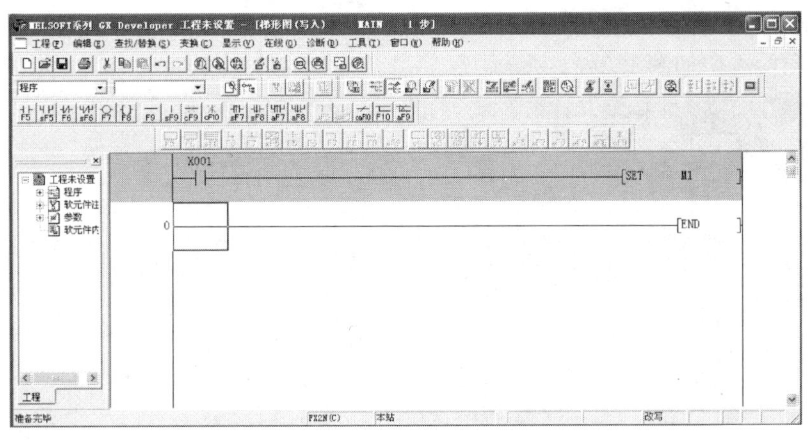

图 1.2-38　“SET M1”输入完毕画面

3）再用上述类似的方法输入“LD M1”和“OUT Y1”指令，如图 1.2-39 所示。

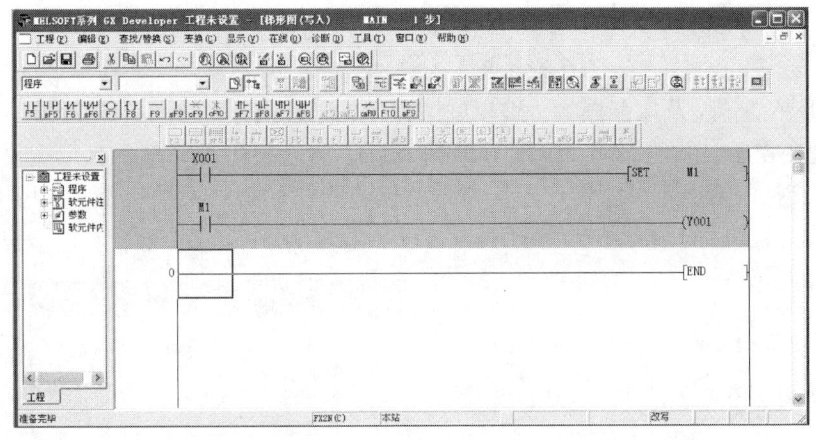

图 1.2-39　“LD M1”和“OUT Y1”指令输入完毕画面

4）再在图 1.2-39 的蓝线光标框处直接输入“OR Y1”或单击相应的工具图标 sF5 并输入指令，确定后程序窗口中显示已输入完毕的梯形图，如图 1.2-40 所示。至此，完成了程序的创建。

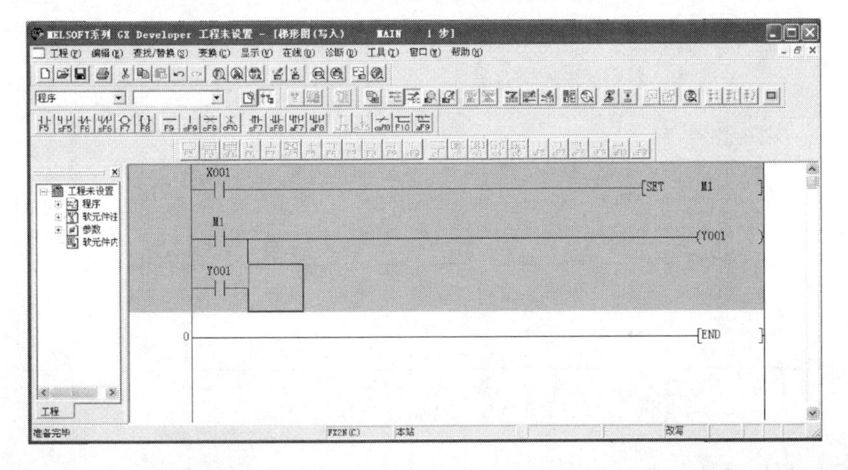

图 1.2-40　梯形图输入完毕画面

5）编辑操作。梯形图输入完毕后，可通过执行“编辑”菜单栏中的指令，对输入的程序进行修改和检查，如图 1.2-41 所示。

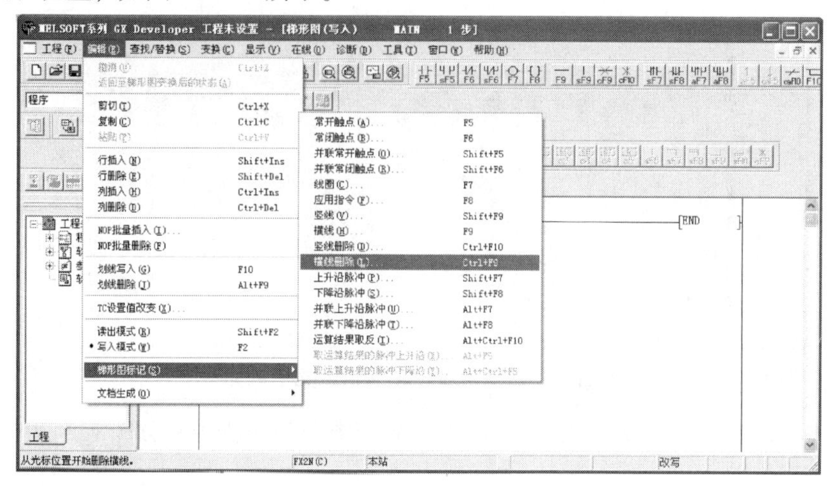

图 1.2-41　编辑操作

6）梯形图的转换及保存操作。编辑好的程序先通过执行“变换”→“变换”菜单操作或按［F4］键变换后，才能保存，如图 1.2-42 所示。在变换过程中显示梯形图变换信息，如果在不完成变换的情况下关闭梯形图窗口，新创建的梯形图将不被保存。如图 1.2-43 所示是本示例程序变换后的画面。

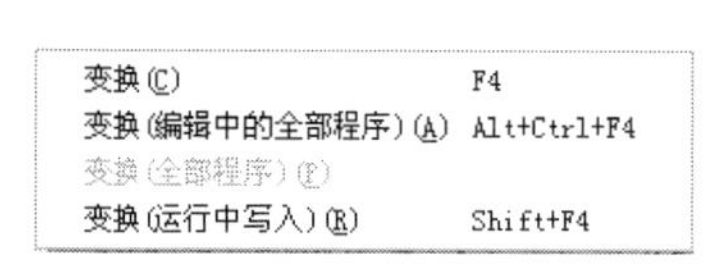

图 1.2-42　变换操作

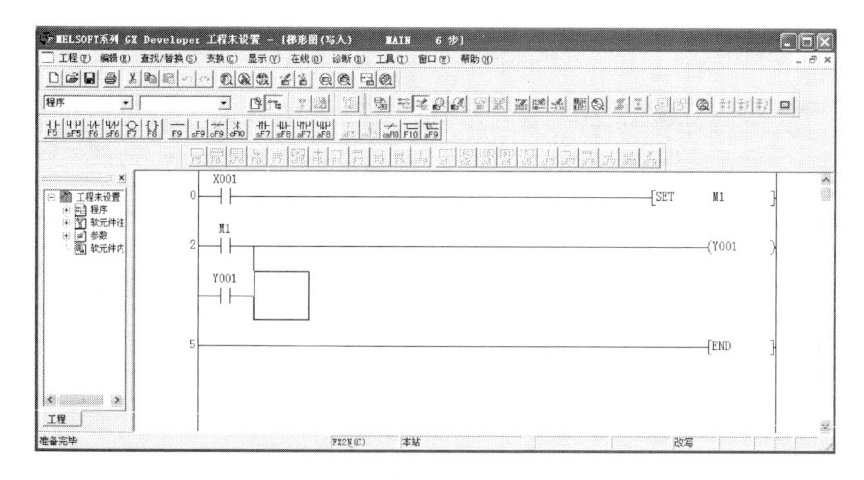

图 1.2-43　变换后的梯形图画面

然后可以根据具体的要求进行程序的写入和调试等工作。

第三节　PLC 的编程语言及编程软元件

一、PLC 的编程语言

PLC 为用户提供的编程语言通常有梯形图（LAD）、指令语句表（IL）、顺序功能图（SFC）、功能块图（FBD）和结构化文本语言（ST）等几种。而其中应用较多的是梯形图、指令语句表和进行顺序控制时所用的顺序功能图。对于初学者建议以梯形图学习为主，其他编程语言可以做到以了解为辅。

1. 梯形图（LAD）

梯形图是国内使用最多的图形编程语言，被称为 PLC 的第一编程语言。它沿用了传统的继电器控制电路图的形式和概念，其基本控制思想与继电器控制电路图很相似，只是在使用符号和表达方式上有一定区别。如图 1.3-1 所示是一个典型的梯形图。应用梯形图进行编程时，只要按梯形图逻辑行顺序输入到计算机中去，计算机就可自动将梯形图转换成 PLC 能接受的机器语言，存入并执行。

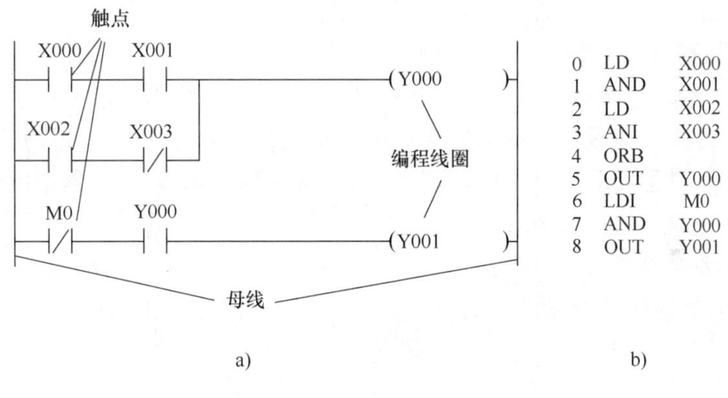

图 1.3-1　梯形图和指令表

a）梯形图　b）指令语句表

梯形图的结构形式是由两条母线（左右两条垂直的线）以及两母线之间的逻辑触点和线圈按一定结构形式连接起来类似于梯子的图形（也称为程序或电路）。梯形图直观易懂，很容易掌握，为了更好地理解梯形图，这里把 PLC 与继电器控制电路相对比介绍，重点理解几个与梯形图相关的概念，表 1.3-1 给出了 PLC 与继电器控制电路的电气符号对照关系。梯形图常被称为电路或程序，梯形图的设计过程称为编程。

表 1.3-1　PLC 与继电器控制电路中的电气符号对照

触点、线圈	继电器符号	PLC 符号
常开触点	—╱—	—┤ ├—
常闭触点	—┴╲—	—┤/├—
线圈	—□—	—(　)—

（1）软继电器（即映像寄存器）

PLC 梯形图中的某些编程元件沿用了继电器这一名称，如输入继电器、输出继电器、内部辅助继电器等，但是它们不是真实的物理继电器，而是一些存储单元（软继电器），每一个软继电器与 PLC 存储器中映像寄存器的一个存储单元相对应。该存储单元如果为“1”状态，则表示梯形图中对应软继电器的线圈“通电”，其常开触点接通，常闭触点断开，称这种状态是该软继电器的“1”或“ON”状态。如果该存储单元为“0”状态，对应软继电器的线圈和触点的状态与上述的相反，称该软继电器为“0”或“OFF”状态。使用中也常将这些“软继电器”称为编程元件。

（2）能流

当触点接通时，有一个假想的“概念电流”或“能流”（Power Flow）从左向右流动，这一方向与执行用户程序时的逻辑运算的顺序是一致的。能流只能从左向右流动。利用能流这一概念，可以帮助我们更好地理解和分析梯形图。

（3）母线

梯形图两侧的垂直公共线称为母线（Bus Bar）。在分析梯形图的逻辑关系时，为了借用继电器电路图的分析方法，可以想象左右两侧母线（左母线和右母线）之间有一个左正右负的直流电源电压，母线之间有“能流”从左向右流动。

（4）梯形图的逻辑运算

根据梯形图中各触点的状态和逻辑关系，求出与图中各线圈对应的编程元件的状态，称为梯形图的逻辑运算。梯形图中逻辑运算是按从左至右、从上到下的顺序进行的。运算的结果马上可以被后面的逻辑运算所利用。逻辑运算是根据输入映像寄存器中的值，而不是根据运算瞬时外部输入触点的状态来进行的。

画梯形图时必须遵守以下原则：

1）左母线只能连接各类继电器的触点，继电器线圈不能直接接左母线。

2）右母线只能连接各类继电器的线圈（不含输入继电器线圈），继电器的触点不能直接接右母线。

3）一般情况下，同一线圈的编号在梯形图中只能出现一次，而同一触点的编号在梯形图中可以重复出现。

4）梯形图中触点可以任意地串联或并联，而线圈可以并联但不可以串联。

5）梯形图应该按照从左到右、从上到下的顺序画。

2. 指令语句表（IL）

指令语句表类似于计算机汇编语言的形式，用指令的助记符来进行编程。它通过编程器按照指令语句表的指令顺序逐条写入 PLC 并可直接运行。指令语句表的助记符比较直观易懂，编程也简单，便于工程人员掌握，因此得到广泛的应用。但要注意不同厂家制造的 PLC，所使用的指令助记符有所不同，即对同一梯形图来说，用指令助记符写成的语句表也不同。如图 1.3-2a 所示的梯形图所对应的指令语句表如图 1.3-2b 所示。

语句是指令语句表编程语言的基本单元，每个控制功能由一个或多个语句组成的程序来执行。每条语句规定 PLC 中 CPU 如何动作的指令，PLC 的指令有基本指令和功能指令之分。指令语句表和梯形图之间存在唯一对应关系，如图 1.3-2 所示为一梯形图及其对应的指令语句表。

图 1.3-2 中所给出的每一条指令都属于基本指令。基本指令一般由助记符和操作元件组成，助记符是每一条基本指令的符号（如 LD、OR、ANI、OUT 和 END），它表明了操作功能；操作元件是基本指令的操作对象（如 X000、X001、Y000 简写成 X0、X1、Y0）。某些基本指令仅由助记符组成，如 END 指令。

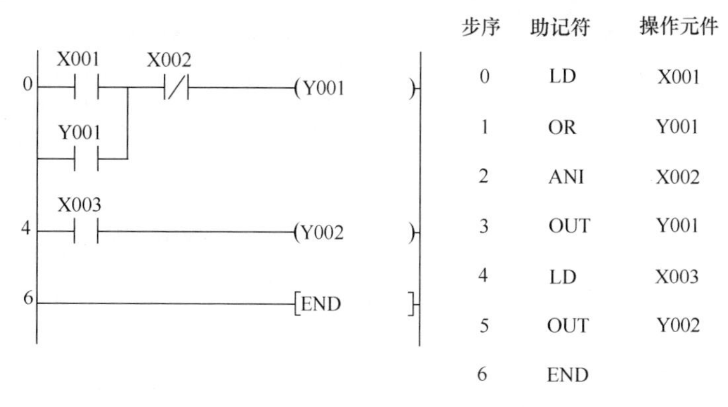

图 1.3-2　梯形图和指令表

3. 顺序功能图（SFC）

我们先来直观地认识一下顺序功能图的结构，如图 1.3-3 所示是一个简单的顺序功能图。

顺序功能图是非常容易被电气技术人员接受的一种 PLC 编程语言，它是将一个较复杂的生产过程分解成若干步骤，每一步对应生产过程中的一个控制任务，也称为一个工步，在每个工步中，都应含有完成相应控制任务的输出执行机构和转移到下一个工步的转移条件。

顺序功能图是一种先进的设计方法，容易被初学者接受，会极大地提高设计效率。并且程序的各步之间除了转换条件之外，没有过于复杂的联系，所以程序的修改、调试和阅读都很方便。

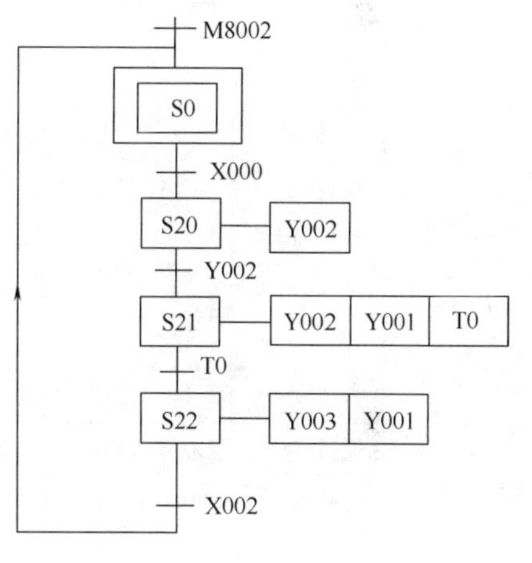

图 1.3-3　顺序功能图

二、PLC 的编程软元件

在 PLC 的梯形图、指令语句表或者顺序功能图等编程语言中，要涉及 X、Y、M、S、T、C 等多种 PLC 内部的编程元件，这些元件并不表示实际的物理器件，只表示存储器单元的状态。单元状态为“1”，相当于元件接通；单元状态为“0”，则相当于元件断开。因此，我们称这些编程元件为“软元件”。

三菱 FX 系列 PLC 常用的软元件见表 1.3-2。

表 1.3-2　三菱 FX 系列 PLC 常用软元件一览表

PLC 型号 元件种类	FX0S	FX1S	FX0N	FX1N	FX2N
输入继电器 X （按八进制编号）	X000 ~ X17 不可扩展	X000 ~ X17 不可扩展	X000 ~ X43 可扩展	X000 ~ X43 可扩展	X000 ~ X77 可扩展
输出继电器 Y （按八进制编号）	Y000 ~ Y15 不可扩展	Y000 ~ Y15 不可扩展	Y000 ~ Y27 可扩展	Y000 ~ Y27 可扩展	Y000 ~ Y77 可扩展

（续）

元件种类 \ PLC 型号		FX0S	FX1S	FX0N	FX1N	FX2N
辅助继电器 M	普通用	M0 ~ M495	M0 ~ M383	M0 ~ M383	M0 ~ M383	M0 ~ M499
	保持用	M496 ~ M511	M384 ~ M511	M384 ~ M511	M384 ~ M1535	M500 ~ M3071
	特殊用	M8000 ~ M8255（具体见使用手册）				
状态继电器 S	初始状态	S0 ~ S9	S0 ~ S9	S0 ~ S9	S0 ~ S9	S0 ~ S9
	回原点用	—	—	—	—	S10 ~ S19
	普通用	S10 ~ S63	S10 ~ S127	S10 ~ S127	S10 ~ S999	S20 ~ S499
	保持用	—	S0 ~ S127	S0 ~ S127	S0 ~ S999	S500 ~ S899
	报警用	—	—	—	—	S900 ~ S999
定时器 T	100ms	T0 ~ T49	T0 ~ T62	T0 ~ T62	T0 ~ T199	T0 ~ T199
	10ms	T24 ~ T49	T32 ~ T62	T32 ~ T62	T200 ~ T245	T200 ~ T245
	1ms	—	—	T63	—	—
	1ms 积算	—	T63	—	T246 ~ T249	T246 ~ T249
	100ms 积算	—	—	—	T250 ~ T255	T250 ~ T255
计数器 C	普通-递增	C0 ~ C13	C0 ~ C15	C0 ~ C15	C0 ~ C15	C0 ~ C99
	保持-递增	C14、C15	C16 ~ C31	C16 ~ C31	C16 ~ C199	C100 ~ C199
	普通-可逆	—	—	—	C200 ~ C219	C200 ~ C219
	保持-可逆	—	—	—	C220 ~ C234	C220 ~ C234
	高速计数	C235 ~ C255（具体见使用手册）				
数据寄存器 D	普通-16 位	D0 ~ D29	D0 ~ D127	D0 ~ D127	D0 ~ D127	D0 ~ D199
	保持-16 位	D30、D31	D128 ~ D255	D128 ~ D255	D128 ~ D7999	D200 ~ D7999
	特殊-16 位	D8000 ~ D8069	D8000 ~ D8255	D8000 ~ D8255	D8000 ~ D8255	D8000 ~ D8255
变址寄存	变址-16 位	V	V0 ~ V7	V	V0 ~ V7	V0 ~ V7
		Z	Z0 ~ Z7	Z	Z0 ~ Z7	Z0 ~ Z7
指针 N、P、I	嵌套用	N0 ~ N7	N0 ~ N7	N0 ~ N7	N0 ~ N7	N0 ~ N7
	跳转用	P0 ~ P63	P0 ~ P63	P0 ~ P63	P0 ~ P127	P0 ~ P127
	输入中断	100 * ~130 *	100 * ~150 *	100 * ~130 *	100 * ~150 *	100 * ~150 *
	定时中断	—	—	—	—	16 * ~18 *
	计数中断	—	—	—	—	1010 ~ 1060
常数 K、H	16 位	K：-32768 ~ 32767　H：000 ~ FFFFH				
	32 位	K：-2147483648 ~ 2147483647　H：00000000 ~ FFFFFFFF				

注：* 表示数值任取。

1. 输入继电器（X）

输入继电器用来接收外部输入的开关量信号，它通过 PLC 设备上的输入端子与外部设备相连接。输入继电器采用八进制方式编号，如 X000 ~ X007、X010 ~ X017 等。

输入继电器只能由输入信号驱动，而不能由程序驱动。一个输入继电器可以有无数的常开触点和常闭触点，即其常开、常闭触点在程序中的使用次数不受限制；使用时输入信号的作用时间至少要维持一个扫描周期，PLC 才能将输入信号进行采样。

2. 输出继电器（Y）

输出继电器的作用是输出程序运行的结果，并通过输出端子控制外部负载，它也是采用八进制编号，如：Y000 ~ Y007、Y010 ~ Y017 等。

输出继电器只能由程序驱动，不能进行外部信号驱动，每一个输出继电器都对应一个与输出端子连接的常开触点。输出继电器的常开触点和常闭触点也可以多次重复使用。

3. 辅助继电器（M）

辅助继电器相当于继电器控制系统中的中间继电器，其用法与输入继电器类似，都是只能由程序驱动，不同的是：输出继电器是用来驱动外部负载的，而辅助继电器不能驱动外部负载。

辅助继电器以十进制方式编号，可以有无数的常开触点和常闭触点。

辅助继电器通常可分为 3 类：通用型、断电保持型、特殊用途型。

1）通用型辅助继电器（M0 ~ M499）在 PLC 电源断开后，其状态将变为 OFF。当电源恢复后，除因程序使其变为 ON 外，否则它仍保持 OFF。

2）断电保持型辅助继电器（M500 ~ M3071），在 PLC 电源断开后，具有保持断电前瞬间状态的功能，并在恢复供电后继续断电前的状态。

3）特殊用途型辅助继电器（M800 ~ M8255），共 256 个，这些辅助继电器都具有某项特定的功能。特殊辅助继电器又分为线圈型和触点型两种。

FX2N 系列 PLC 常用特殊辅助继电器见表 1. 3-3。

表 1. 3-3　FX2N 系列 PLC 常用特殊辅助继电器

元件号	名　　称	功　　能
运行监控		
M8000	常开触点	当 PLC 处于 RUN 时，其线圈一直得电
M8001	常闭触点	当 PLC 处于 STOP 时，其线圈一直得电
初始脉冲		
M8002	常开触点	PLC 开始运行的第一个扫描周期其得电
M8003	常闭触点	PLC 开始运行的第一个扫描周期其失电
时钟脉冲		
M8011	10ms 周期	接通 5ms，断 5ms
M8012	100ms 周期	接通 50ms，断 50ms
M8013	1s 周期	接通 500ms，断 500ms
M8014	1min 周期	接通 30s，断 30s
标志脉冲		
M8020	零标志	当运算结果为 0 时，其线圈得电
M8021	借位标志	减法运算的结果为负的最大值以下时，其线圈得电
M8022	进位标志	加法运算或移位操作的结果发生进位时，其线圈得电
PLC 模式		
M8034	禁止全部输出	当 M8034 线圈被接通时，则 PLC 的所有输出自动断开
M8035	强制运行模式	当 M8035 或 M8036 强制为 ON 时，PLC 运行，当 M8037 强制为 ON 时，PLC 停止运行
M8036	强制运行信号	
M8037	强制停止信号	
步进顺控		
M8040	禁止状态转移	M8040 接通时，禁止状态转移
M8041	状态转移开始	自动方式时从初始状态开始转移
M8042	启动脉冲	启动输入时的脉冲输出
M8043	回原点完成	原点返回方式结束后接通

（续）

元件号	名　　称	功　　能	元件号	名　　称	功　　能
M8044	原点条件	检测到机械原点时动作	M8047	STL 状态监控有效	接通后，D8040 ~ D8047 有效
M8045	禁止输出复位	方式切换时，不执行全部输出的复位	M8048	报警器接通	M8049 接通后 S900 ~ S999 中任意一处接通，则为 ON
M8046	STL 状态置 ON	M8047 为 ON 时若 S0 ~ S899 中任意一处接通，则为 ON			

注：其他特殊辅助继电器的功能具体参见使用手册。

4. 状态继电器（S）

状态继电器是用于编制顺序控制程序的状态标志，可分为 5 种类型：

初始状态继电器：S0 ~ S9；

回原点状态继电器：S10 ~ S19；

普通状态继电器：S20 ~ S499；

断电保持状态继电器：S500 ~ S899；

报警状态继电器：S900 ~ S999。

状态继电器在顺序控制中主要配合步进指令（STL）使用，当不使用步进指令时，状态继电器也可作为辅助继电器来使用。

5. 定时器（T）

FX2N 系列 PLC 定时器共有 256 个（T0 ~ T255），当定时器线圈得电时，定时器从 0 开始计数，当计数值等于设定值时，定时器常开触点动作。

定时器对应的时钟脉冲有 100ms、10ms、1ms 3 种。定时器分为普通定时器和积算定时器（又称失电保持定时器）。具体可参照表 1.3-2。

定时器的具体应用我们将在第二章第二节讲解。

6. 计数器（C）

FX2N 系列 PLC 计数器共有 256 个（C0 ~ C255），其功能是对内部元件 X、Y、M、T、C 的信号进行计数。计数器从 0 开始计数，计数端每来一个脉冲计数值，则计数器就加 1，当计数值与设定值相等时，计数器的触点动作。

计数器可分为普通计数器、双向计数器、高速计数器 3 类。具体可参照表 1.3-2。

计数器的具体应用我们也将在第二章第二节讲解。

7. 数据寄存器（D）

数据寄存器用来存储 PLC 进行输入输出处理、模拟量控制、位置量控制时的数据和参数。FX2N 系列 PLC 共有 8256 个（D0 ~ D8255），数据寄存器，可分为普通型、失电保持型和特殊型 3 种。具体可参照表 1.3-2。

数据寄存器的具体应用我们将在第四章第一节讲解。

8. 变址寄存器（V、Z）

变址寄存器是一种特殊用途的数据寄存器，相当于计算机中的变址寄存器，用于改变元件的编号（变址）。

变址寄存器都是 16 位寄存器，需要进行 32 位操作时，可将 V、Z 串联使用，Z 为低位，V 为高位。

9. 常数（K、H）

常数（K、H）通常用来表示定时器或计数器的设定值和当前值。

十进制常数用 K 表示，如常数 123 表示为 K123。十六进制常数则用 H 表示，如常数 345 表示为 H159。

10. 指针（P、I）

指针用来指示分支指令的跳转目标和中断程序的入口标号。

可分为分支指针、输入中断指针、定时中断指针和计数中断指针。

其中分支指针用来指示跳转指令（CJ）的跳转目标或子程序调用指令（CALL）调用子程序的入口地址；中断指针可作为中断程序的入口地址标号。

第四节　PLC 常用外部设备及其接线

一、PLC 常用输入设备及其接线

PLC 输入端用来接收和采集用户输入设备产生的信号，这些输入设备主要有两种类型，一类是按钮、转换开关、行程开关、接近开关、光电开关、数字拨码开关与继电器触点等开关量输入设备；另一类是电位器、编码器和各种变送器等模拟量输入设备。正确地理解和连接输入和输出电路，是保证 PLC 安全可靠工作的前提。

1. 按钮、转换开关

转换开关是利用按钮推动传动机构，使动触点与静触点接通或断开，并实现电路换接的开关，如图 1.4-1 所示是一些结构简单、应用十分广泛的按钮和转换开关。在电气自动控制电路中，主要用于手动发出控制信号，给 PLC 输入端子输送输入信号。如果我们把按钮接在 PLC 输入端子 X2 和 COM 之间、转换开关接在 PLC 输入端子 X0 和 COM 之间，其电路图如图 1.4-2 所示。

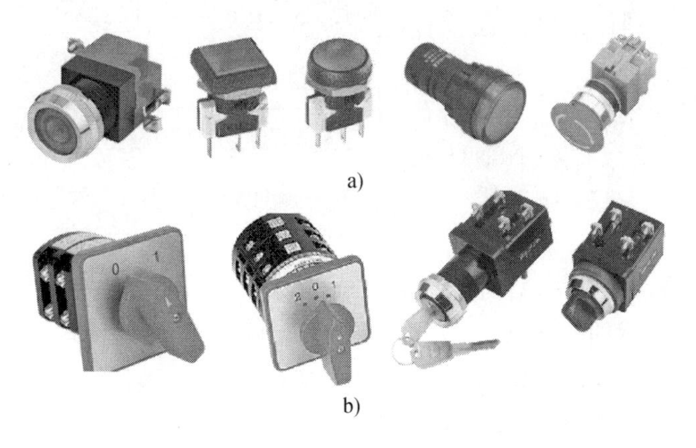

图 1.4-1　按钮、转换开关实物图

a）按钮　b）转换开关

2. 行程开关、接近开关、光电开关

其实物图如图 1.4-3 所示。

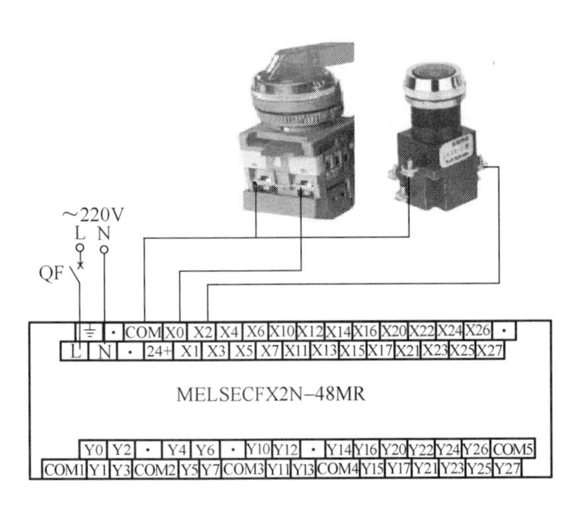

图 1.4-2　按钮、转换开关与 PLC 输入端子的接线示意图

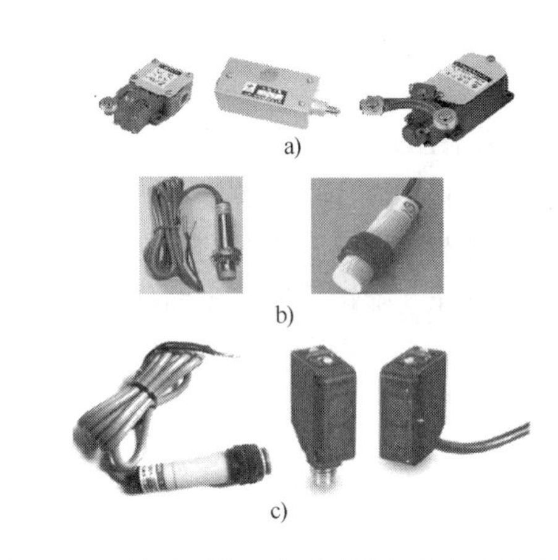

图 1.4-3　行程开关、接近开关与光电开关实物图
a）行程开关　b）接近开关　c）光电开关

1）行程开关是利用生产机械运动部件的碰压，使其触头动作，从而将机械信号转变为电信号，使机械运动按一定的位置或行程实现自动停止、反向运动、变速运动或自动往返运动。行程开关与 PLC 输入端子的接线如图 1.4-4 所示。

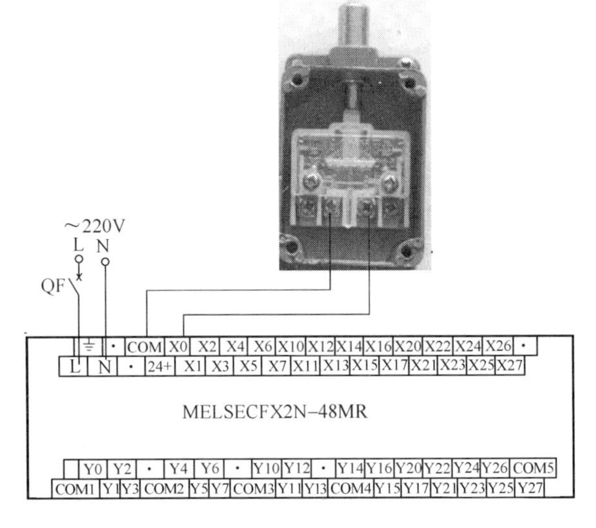

图 1.4-4　行程开关与 PLC 接线示意图

2）接近开关可以在不与目标物实际接触的情况下检测靠近开关的金属目标物。根据操作原理，接近开关大致可以分为电磁感应的高频振荡型、磁力型和电容变化的电容型等三大类，接近开关有两线制和三线制之别，其接线也就有两线制和三线制接线两种。

① 三线制接线。三线制信号输出有 PNP（输出高电平约 24V）和 NPN（输出低电平 0V）两种形式，其接线也分 PNP 和 PNP 形式。

PNP 常开型接线。PNP 接通时为高电平输出，即接通时黑线输出高电平（通常为 24V），如图 1.4-5a 所示的 PNP 型三线开关原理图，接近开关引出的 3 根线，棕线接电源正极，蓝线接电源负极，黑色为控制信号线。此为常开开关，当开关动作时黑线和棕线接通，此时负载两端加上直流电压而获电动作。

NPN 常开型接线。NPN 接通时是低电平输出，即接通时黑色线输出低电平（通常为 0V），如图 1.4-5b 所示的 NPN 型接近开关原理图，此为常开开关，当开关动作时黑色和蓝色两线接通，此时负载两端加上直流电压而获电动作。

② 两线制接线。两线制接近开关的接线比较简单，接近开关与负载串联后接到电源，如图 1.4-6 所示。

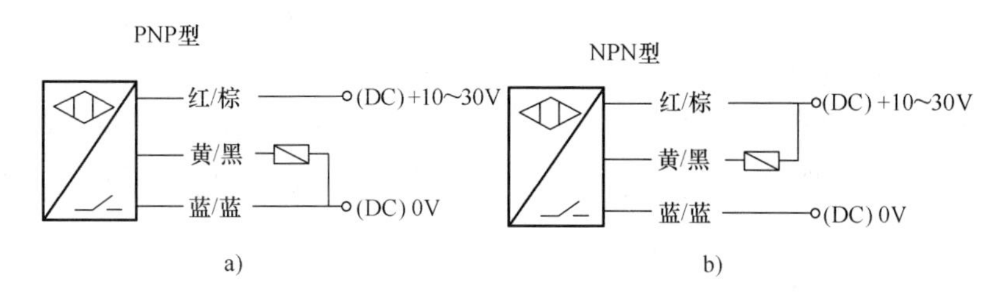

图 1.4-5　接近开关接线示意图

a）PNP 常开型　b）NPN 常开型

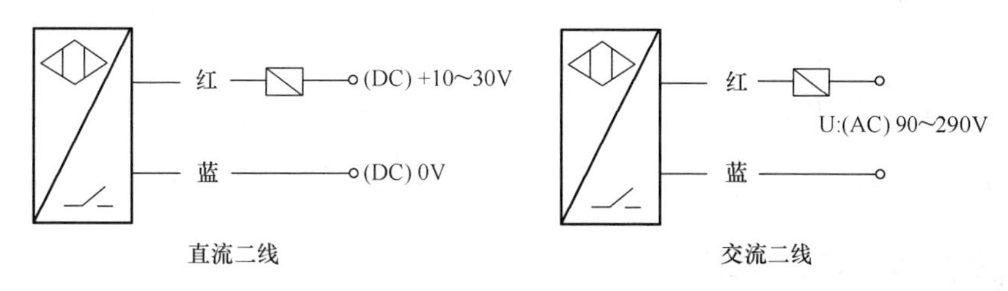

图 1.4-6　两线制接线示意图

3）光电开关是利用被检测物体对红外光束的遮光或反射，由同步回路选通而检测物体的有无，其物体不限于金属，对所有能反射光线的物体均可检测。光电开关与 PLC 接线和接近开关与 PLC 接线相同，如图 1.4-7 所示是三线制的 NPN 型光电开关与 PLC 的接线示意图。NPN 型三线开关引出的 3 根线，棕色线接 PLC 传感器输出电源 +24V 端子，蓝色线接 PLC 传感器输出电源负极端子 COM，黑色线为控制信号线，接 PLC 输入端子 X0。

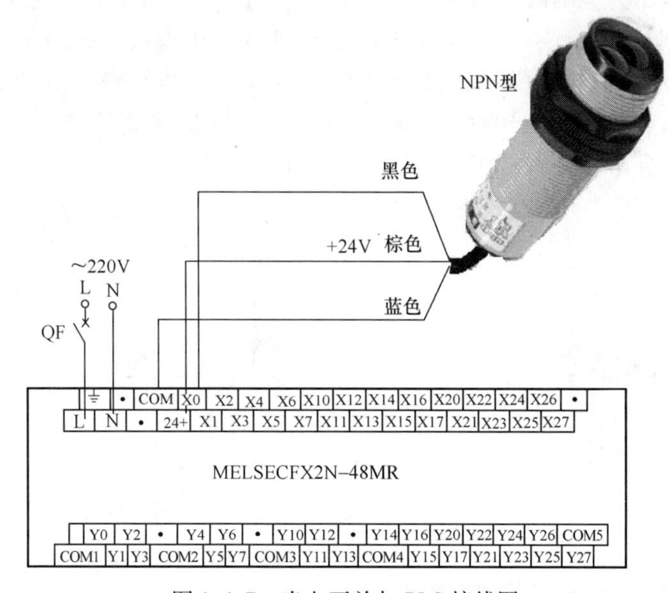

图 1.4-7　光电开关与 PLC 接线图

3. 数字拨码开关

拨码开关在 PLC 控制系统中常常用到，如图 1.4-8 所示为一位拨码开关的示意图。拨码开关有两种，一种是 BCD 码开关，即拨码数值从 0 ~ 9，输出为 8421 BCD 码。另一种是十六进制码，即从 0 ~ F，输出为二进制码。拨码开关可以方便地进行数据变更。

如果控制系统中需要经常修改数据，可使用拨码开关组成一组拨码器与 PLC 相接，如图 1.4-9 所示是 4 位拨码开关与 PLC 输入接口电路连接。4 位拨码器的 COM 端连在一起与 PLC 的 COM（公共）端相接，每位拨码开关的 4 条数据线按一定顺序接到 PLC 的 4 个输入点上。

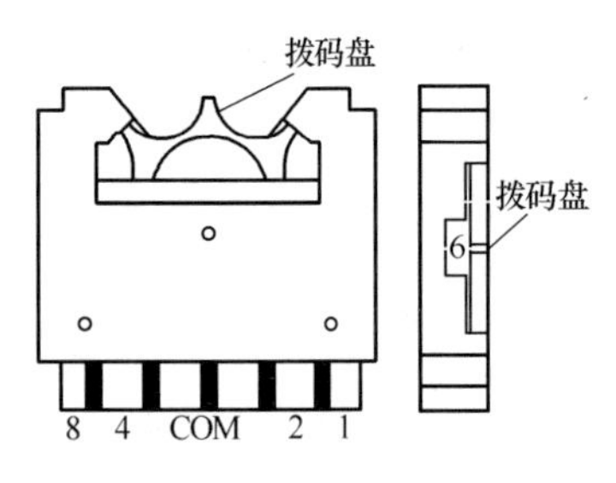

图 1.4-8　拨码开关示意图

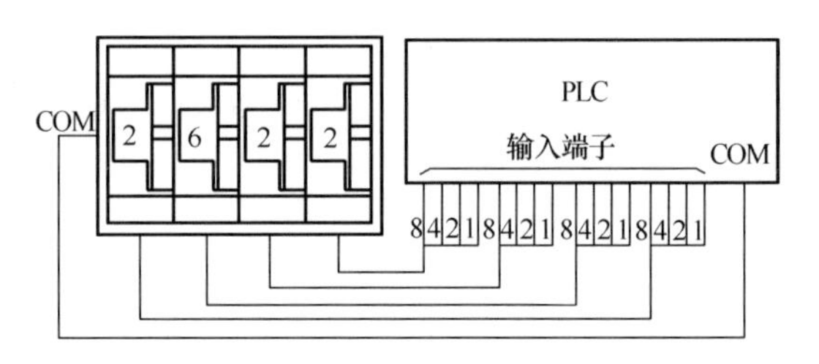

图 1.4-9　4 位拨码开关与 PLC 的输入端口接线

4. 编码器与 PLC 的输入接线

光电编码器如图 1.4-10 所示，是一种通过光电转换将输出轴上的机械几何位移量转换成脉冲或数字量的传感器。这是目前应用最多的传感器，光电编码器将被测的角位移直接转换成数字信号（高速脉冲信号）。因此可将编码器的输出脉冲信号直接输入给 PLC，利用 PLC 的高速计数器对其脉冲信号进行计数，以获得测量结果。不同型号的旋转编码器，其输出脉冲的相数也不同，有的旋转编码器输出 A、B、Z 三相脉冲，有的只有 A、B 相两相，最简单的只有 A 相。

如图 1.4-11 所示为输出两相脉冲的旋转编码器与 FX 系列 PLC 的连接，编码器有 4 条引线，其中 2 条是脉冲输出线，1 条是 COM 端线，1 条是电源线。编码器的电源可以是外接电源，也可直接使用 PLC 的 DC24V 电源。电源“ - ”端要与编码器的 COM 端连接，“ + ”与编码器的电源端连接。编码器的 COM 端与 PLC 输入 COM 端连接，A、B 两相脉冲输出线直接与 PLC 的输入端（X000，X001）连接，连接时要注意 PLC 输入的响应时间。有的旋转编码器还有一条屏蔽线，使用时要将屏蔽线接地。

图 1.4-10　编码器外形图

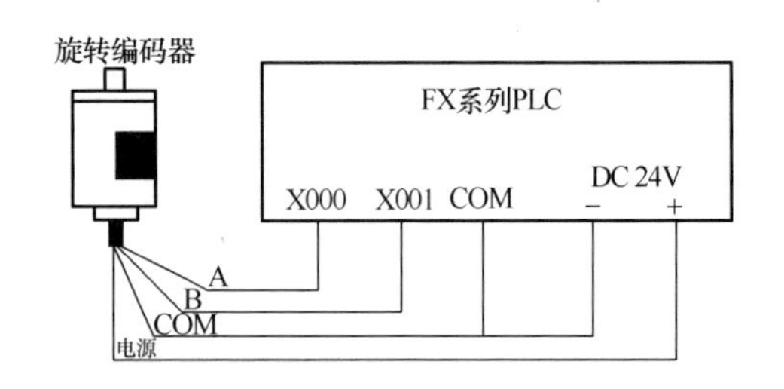

图 1.4-11　编码器与 FX 系列 PLC 接线

二、PLC 常用输出设备及其接线

PLC 输出设备一般为接触器、指示灯、数码管、报警器、电磁阀、电磁铁、调节阀、调速装置等各种执行机构。正确地连接输出电路，是保证 PLC 安全可靠工作的前提，下面逐一介绍。

1. 接触器、微型继电器

接触器、微型继电器属于自动的电磁式开关，如图 1.4-12 所示是继电器实物图。其工作原理是：当电磁线圈通入额定电压后，线圈电流产生磁场，使静铁心产生足够的吸力克服弹簧反作用力将动铁心向下吸合，常开触头闭合，常闭触头断开。这种电磁式开关通常应用于传统继电器控制电路和自动化的控制电路中，在电路中起着自动调节、安全保护、转换电路等作用。

图 1.4-12　继电器实物图

继电器与 PLC 输出接线如图 1.4-13 所示。图中的电器元件线圈额定电压是交流 220V 和直流 24V，如果是直流 24V，则需要外加直流 24V 的开关电源，接线时注意不同电压等级和性质的电源，要独立接线，输出端子的公共端不能共用，如图 1.4-13所示中的 COM1 和 COM2 公共端不能接在一起。

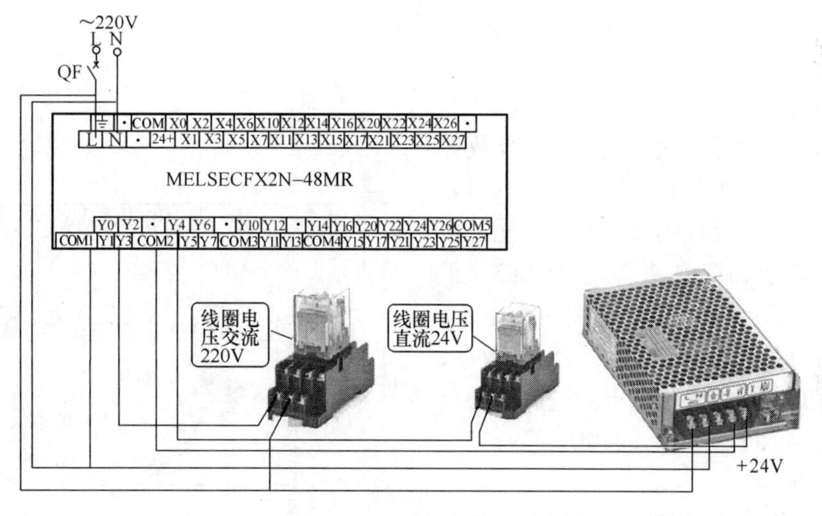

图 1.4-13　继电器与 PLC 输出接线

2. 电磁阀

电磁阀是用来控制流体的一种自动化执行器件，如图 1.4-14 所示。电磁阀主要用于液压与气动控制中。其工作原理是：电磁阀里有密闭的腔，在不同位置开有通孔，每个孔都通向不同的管路，腔中间是阀，两端是两块电磁铁，哪端的电磁铁线圈通电，阀体就会被吸引到哪边，通过控制阀体的移动来挡住或打开孔，这样通过控制电磁铁的得电和断电来控制机

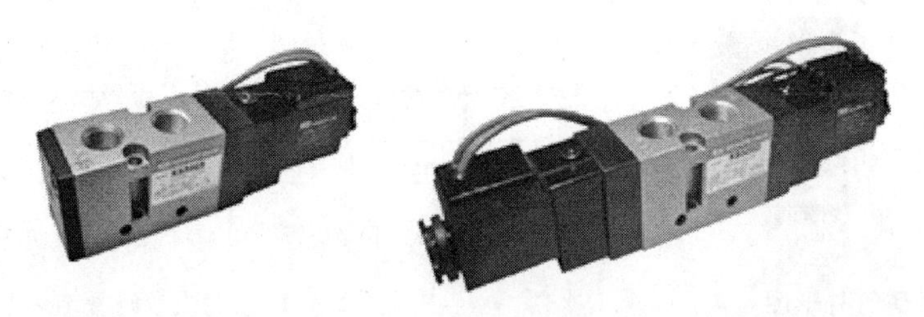

图 1.4-14　电磁阀实物图

械设备的运动。电磁阀与 PLC 的接线可参考继电器的接线，接线时要注意电磁阀的额定电压。

3. 信号指示灯、声光报警器

在工业自动化控制系统中，为了安全和运行状况的指示，常常需要接入指示信号或声光报警灯，如图 1.4-15 所示。与 PLC 的输出接线如图 1.4-16 所示，图中的电器元件额定电压为交流 220V。

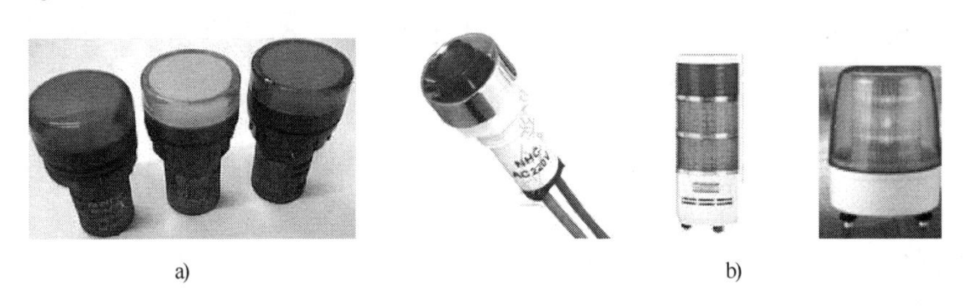

图 1.4 15　信号指示灯与声光报警器

a）信号指示灯　b）声光报警灯

4. 数码管

数码管可分为七段数码管和八段数码管，它是一种半导体发光器件，其基本单元是发光二极管，八段数码管有 8 个发光二极管组成，七段数码管有 7 个发光二极管组成。通过对其不同的管脚输入相对的电流，使其发亮，可以显示十进制 0～9 的数字，也可以显示英文字母，包括十六进制中的英文 A～F。下面重点介绍七段共阴极数码管，如图 1.4-17 所示。

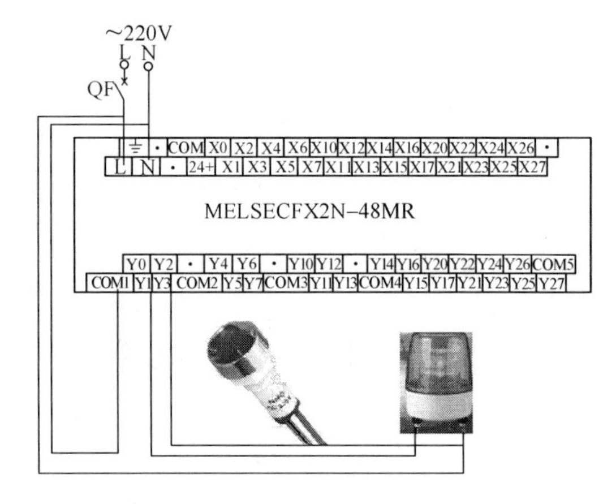

图 1.4-16　信号指示灯、声光报警器与 PLC 接线图

七段数码管分为共阳极和共阴极，如图 1.4-18 所示。在共阴极结构中，各段发光二极管的阴极连在一起，将此公共点接地，某一段发光二极管的阳极为高电平时，该段二极管发光。共阳极的七段数码管的正极（或阳极）为 7 个发光二极管的正极连接在一起，某段发光二极管的负极（或阴极）为低电平时，该段二极管发光。七段共阴极数码管与 PLC 输出接线如图 1.4-19 所示。

图 1.4-17　数码管外形图

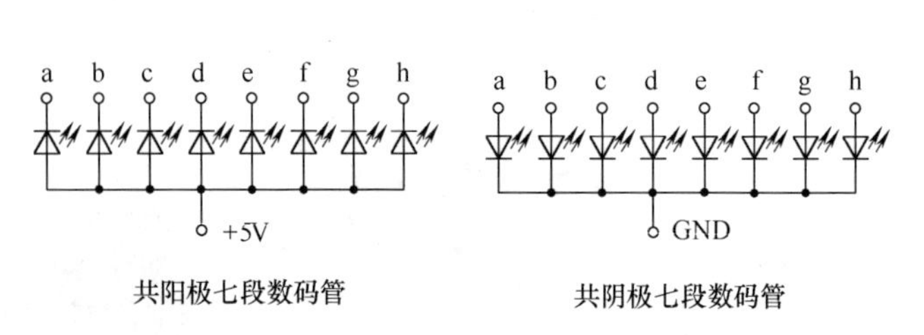

图 1.4-18　七段数码管结构形式

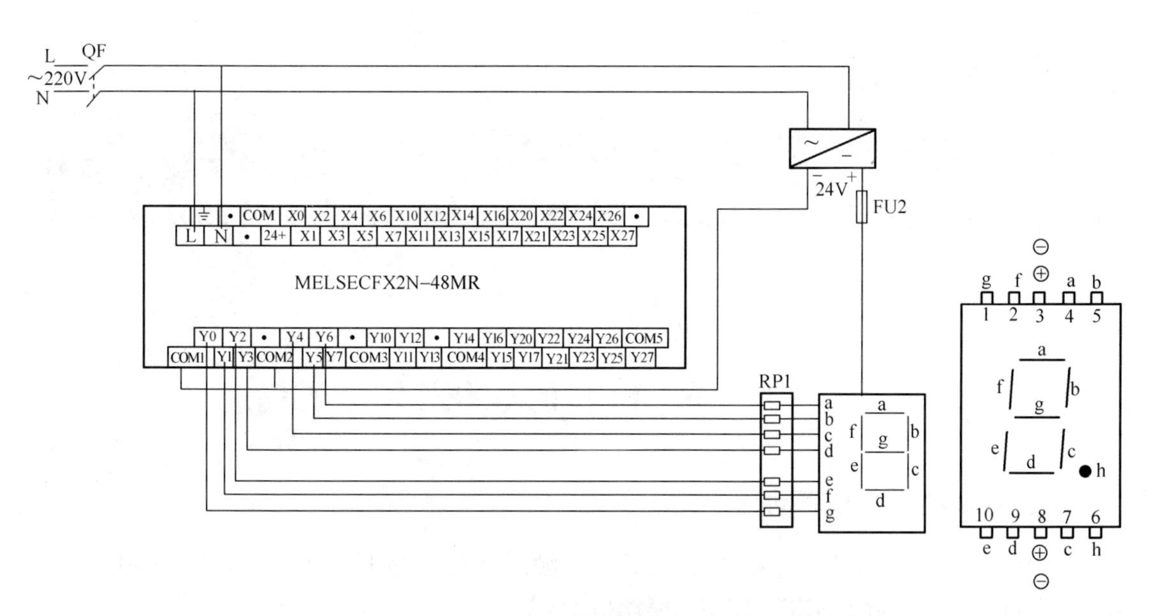

图 1.4-19　七段共阴极数码管与 PLC 输出接线图

第二章

基本指令及应用实例

第一节 PLC的基本指令

一、基本的连接与驱动指令

FX2N 系列 PLC 的基本连接指令主要包括触点连接指令 LD、LDI、AND、ANI、OR、ORI，电路块的连接指令 ANB、ORB，驱动指令 OUT。

1. LD、LDI

LD 是“取”指令，用于单个常开触点与左母线的连接。

LDI 是“取反”指令，用于单个常闭触点与左母线的连接。

2. OUT

OUT 是“驱动”指令，是用于对线圈进行驱动的指令。

“取”指令与“驱动”指令的应用如图 2.1-1 所示。

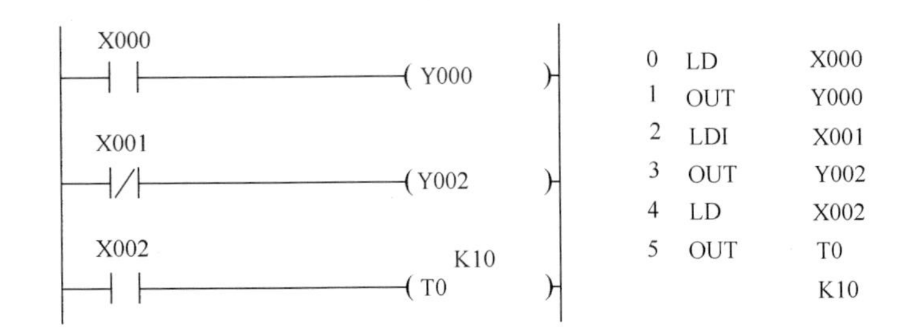

图 2.1-1 “取”指令与“驱动”指令的使用

指令使用说明：

1）LD 和 LDI 指令可以用于编程软元件 X、Y、M、T、C 和 S。

2）LD 和 LDI 指令还可以与 ANB、ORB 指令配合，用于分支电路的起点处。

3）OUT 指令可以用于驱动编程软元件 Y、M、T、C 和 S，但是不能用于输入继电器 X（输入继电器是由外部输入信号驱动的）。

4）对于定时器 T 和计数器 C，在 OUT 指令之后应设置常数 K 或数据寄存器 D。

3. AND、ANI

AND 是“与”指令，用于单个常开触点的串联连接，完成逻辑“与”的运算。

ANI 是“与非”指令，用于单个常闭触点的串联连接，完成逻辑“与非”的运算。

触点串联指令的使用如图 2.1-2 所示。

LD	X000
AND	X002
ANI	X003
ANI	X004
OUT	Y001
LDI	X002
AND	X006
OUT	M100

图 2. 1-2　触点串联指令的使用

指令使用说明：

1） AND、ANI 的目标元件可以是 X、Y、M、T、C 和 S。

2） 触点串联指令的使用次数没有限制。

4. OR、ORI

OR 是“或”指令，用于单个常开触点的并联，实现逻辑“或”的运算。

ORI 是“或非”指令，用于单个常闭触点的并联，实现逻辑“或非”的运算。

触点并联指令的使用如图 2. 1-3 所示。

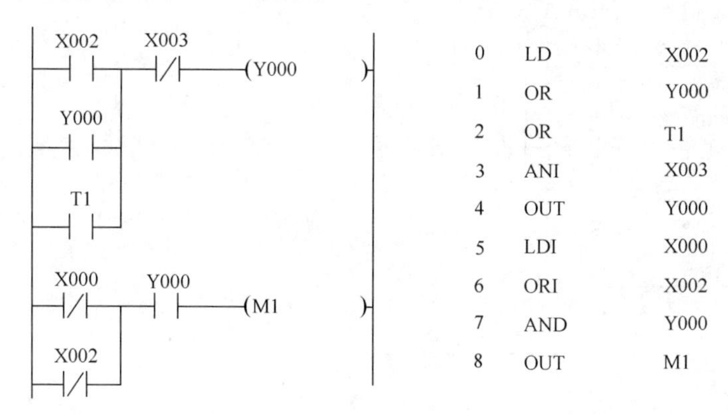

0	LD	X002
1	OR	Y000
2	OR	T1
3	ANI	X003
4	OUT	Y000
5	LDI	X000
6	ORI	X002
7	AND	Y000
8	OUT	M1

图 2. 1-3　触点并联指令的使用

指令使用说明：

1） OR、ORI 指令的目标元件可以是 X、Y、M、T、C、S。

2） OR、ORI 指令是用于单个触点的并联。

3） 触点并联指令连续使用的次数不受任何限制。

5. ANB、ORB

所谓电路块，是指几个触点按一定的方式连接起来组成的梯形图。

ANB 是“电路块与”指令，用于两个或两个以上触点并联而成的电路块的串联，主要指“块”与“块”的串联，或“触点”与“块”的串联。

ORB 是“电路块或”指令，用于两个或两个以上触点串联而成的电路块的并联，主要指“块”与“块”的并联，或“触点”与“块”的并联。

ANB 指令的使用如图 2. 1-4 所示。

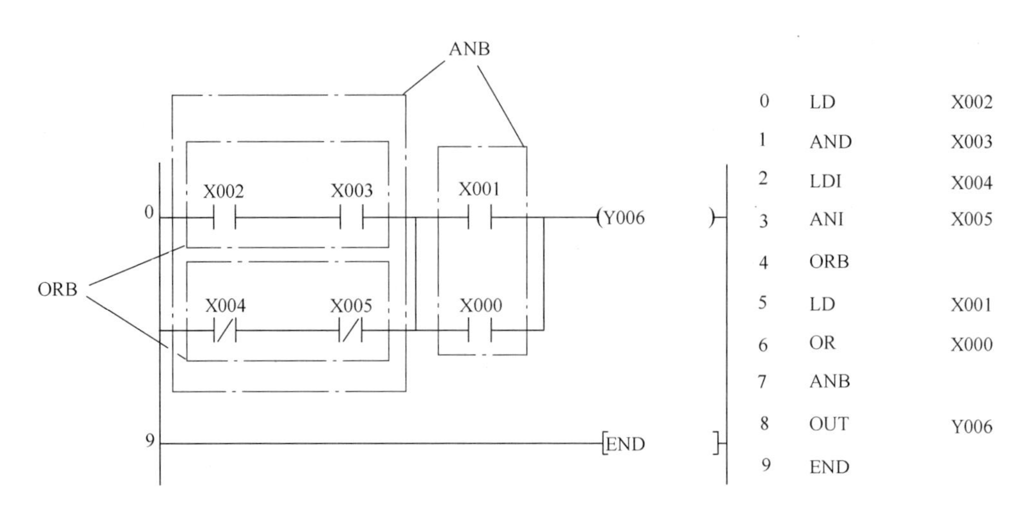

图 2.1-4　ANB 指令的使用

ORB 指令的使用如图 2.1-5 所示。

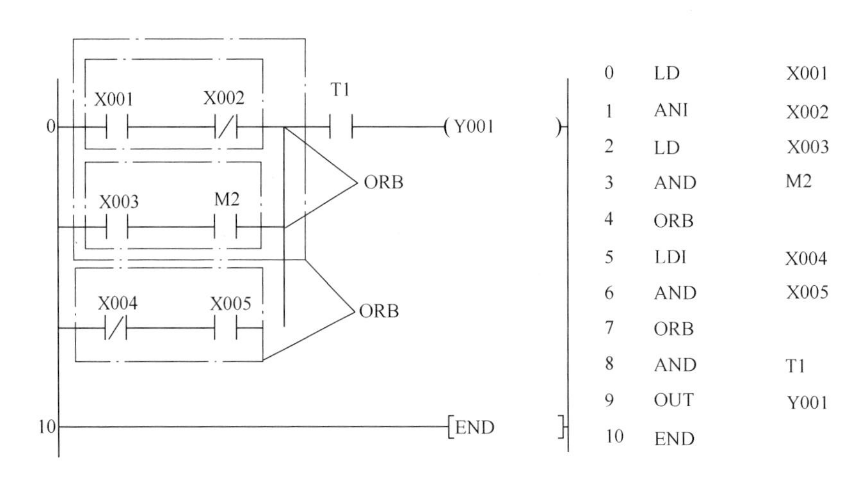

图 2.1-5　ORB 指令的使用

ANB 指令的使用说明：

1）电路块串联连接时，电路块的开始要用 LD 或 LDI 指令。

2）如果有多个电路块按顺序串联连接时，需要对每个电路块使用 ANB 指令。

3）ANB 指令连续使用次数不得超过 8 次。

ORB 指令的使用说明：

1）电路块并联连接时，电路块的开始要使用 LD 或 LDI 指令。

2）如有多个电路块并联连接时，要对每个电路块都使用 ORB 指令。

3）ORB 指令连续使用次数不得超过 8 次。

二、SET、RST

SET 是“置位”指令，其作用是使被操作的目标元件置位（置为 1）并保持为 1。RST 是“复位”指令，其作用是使被操作的目标元件复位并保持为清零状态。

SET、RST 的使用如图 2. 1-6 所示。

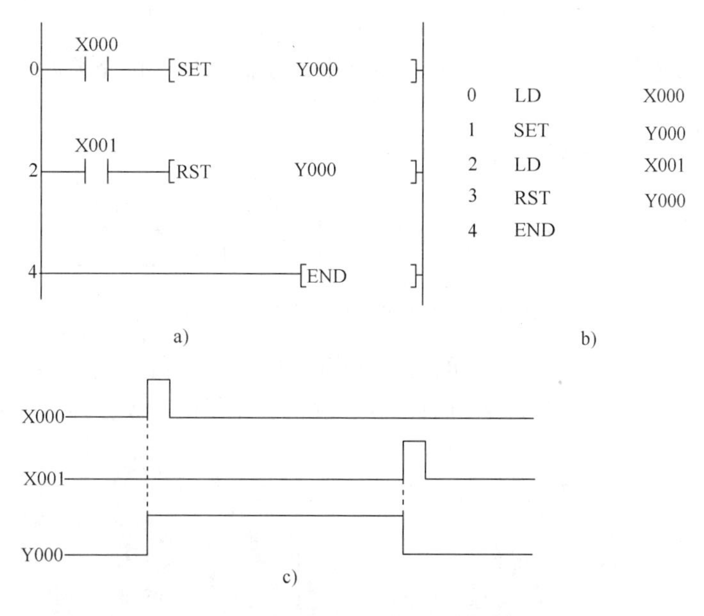

图 2. 1-6　置位与复位指令的使用

a）梯形图　b）指令语句表　c）时序图

如图 2. 1-6c 为各个触点的时序图。

时序图可以直观地表达出梯形图的控制功能。在画时序图时，我们一般规定只画各元件常开触点的状态，如果常开触点是闭合状态，用高电平“1”表示；常开触点是断开状态，则用低电平“0”表示。即使我们所设计的梯形图中只出现了某元件的线圈和常闭触点，但在时序图中，仍然只需要画出此元件常开触点的状态。

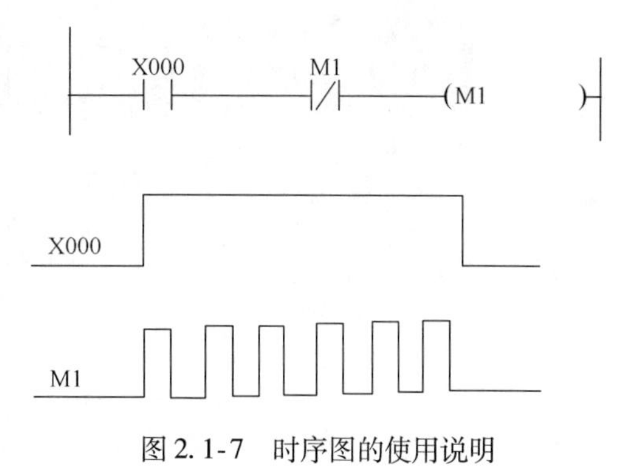

图 2. 1-7　时序图的使用说明

如图 2. 1-7 所示，在梯形图程序里，只出现了 M1 的常闭触点和线圈，并没有出现 M1 的常开触点，但是我们在画时序图时是画 M1 常开触点的状态。在今后的梯形图设计中，利用时序图可以帮助我们更好地理解控制要求和功能，以便更好的编制程序。

1）SET　指令的目标元件可以是 Y、M、S。

2）RST　指令的目标元件为 Y、M、S、T、C、D、V、Z。RST 指令常被用来对 D、Z、V 的内容清零，还用来对积算定时器和计数器进行复位。

3）对于同一个目标元件，SET、RST 可多次使用，顺序也可随意，但最后执行者才是有效的。

三、PLS、PLF

微分指令可以将脉宽较宽的输入信号变成脉宽等于 PLC 一个扫描周期的触发脉冲信号，这就相当于对输入信号进行了微分处理。

PLS 是“上升沿脉冲微分”指令，其作用是在输入信号的上升沿产生一个扫描周期的脉冲输出。

PLF 称为“下降沿脉冲微分”指令，其作用是在输入信号的下降沿产生一个扫描周期的脉冲输出。

脉冲微分指令的应用格式如图 2.1-8 所示。

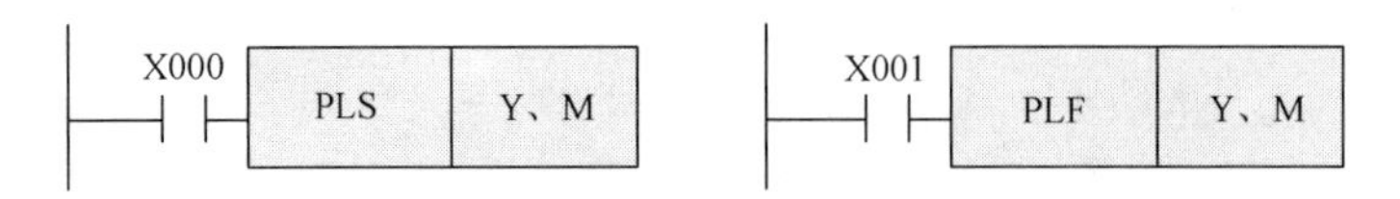

图 2.1-8　脉冲微分指令的应用格式

如图 2.1-9 所示为脉冲微分指令的使用举例，此程序是利用微分指令检测到信号的边沿，控制 M0 和 M1 仅接通一个扫描周期，再通过置位和复位指令去控制 Y000 的状态。

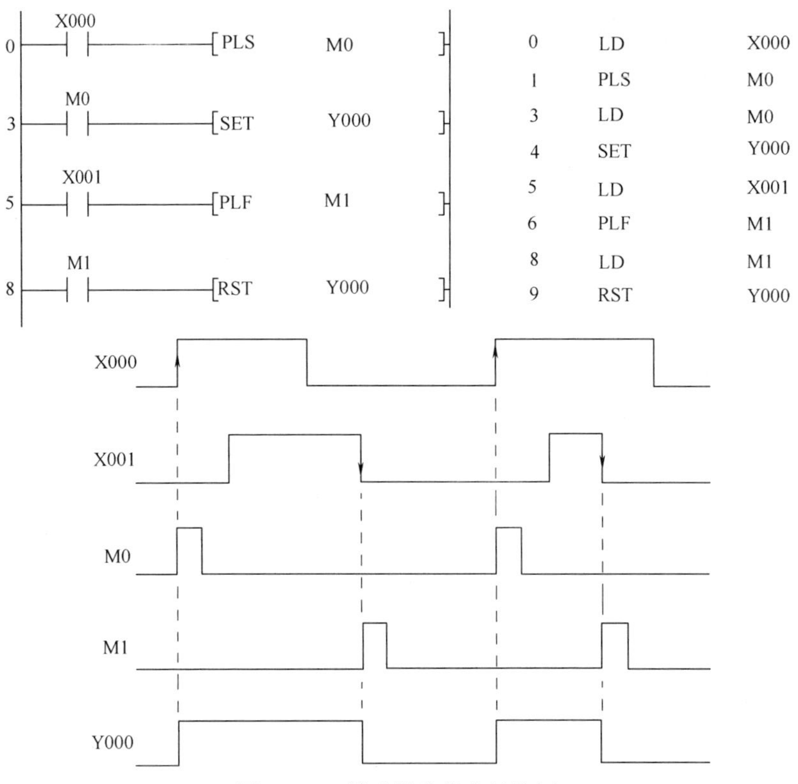

图 2.1-9　脉冲微分指令的使用

指令使用说明

1）PLS、PLF 指令的目标元件为可以是 Y 和 M（但不能是特殊的辅助继电器）。

2）使用 PLS 指令时，是利用输入信号的上升沿来驱动目标元件，使其接通一个扫描周期；使用 PLF 指令时，是利用输入信号的下降沿来驱动目标元件，使其接通一个扫描周期。

四、MC/MCR

如图 2.1-10 所示的梯形图，共有四个输出线圈，各输出线圈除了具有相同的控制条件 X000 外，还有各自不同的控制条件去控制多个逻辑行。这种一个触点或触点组控制多个逻辑行的输出形式称为多路输出。

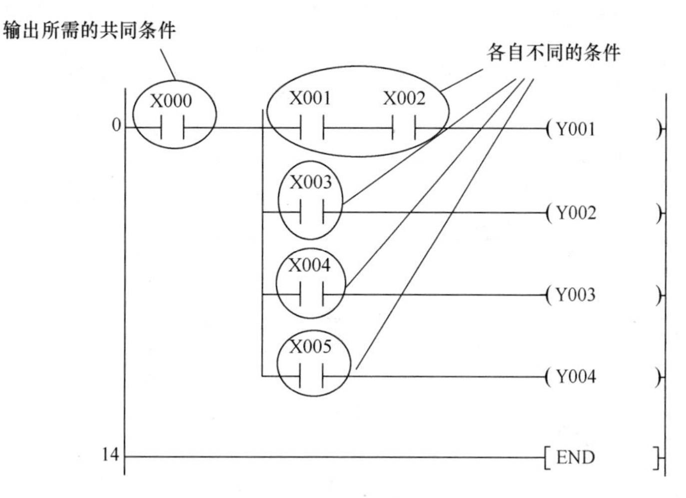

图 2.1-10 多路输出梯形图

对于多路输出的梯形图，要想把它转换为指令语句表，用我们前面所学过的基本指令是无法解决的，它可以通过主控指令来实现。

MC 是“主控”指令，其作用是用于公共串联触点的连接。执行 MC 指令后，左母线移到 MC 触点的后面，即产生了一个临时左母线。

MCR 是“主控复位”指令，它是 MC 指令的复位指令，即利用 MCR 指令将临时左母线恢复到原左母线的位置。

主控指令的使用如图 2.1-11 所示。利用 MC N0 M100 实现左母线右移，其中 N0 表示嵌套等级，利用 MCR N0 恢复到原先左母线的位置；如果 X000 断开，则会跳过 MC、MCR 之间的指令向下执行。

如图 2.1-12 为主控指令的另一应用实例。

指令使用说明：

1）MC/MCR 指令必须配对使用。

2）MC、MCR 指令的目标元件为 Y 和 M，但不能是特殊辅助继电器。MC 占 3 个程序步，MCR 占 2 个程序步。

3）主控触点在梯形图中与一般触点垂直（如图 2.1-12 中的 M120）。

4）与主控触点相连的触点必须用 LD 或 LDI 指令。

5）MC 指令的输入触点断开时，在 MC 和 MCR 之内的积算定时器、计数器、用复位/置位指令驱动的元件保持其之前的状态不变。非积算定时器、计数器以及用 OUT 指令驱动的元件将被复位，如图 2.1-11 中，当 X000 断开，Y000 和 Y001 即变为 OFF。

6）在一个 MC 指令区内若再次使用 MC 指令，则称为嵌套。主控指令的嵌套级数最多为 8 级，编号按 N0→N1→N2→N3→N4→N5→N6→N7 顺序增大，每级的返回用对应的 MCR 指令，复位返回时从编号大的嵌套级开始。

五、MPS/MPP、MRD

在 FX2N 系列 PLC 中有 11 个存储单元，如图 2.1-13a 所示，它们专门用来存储程序运

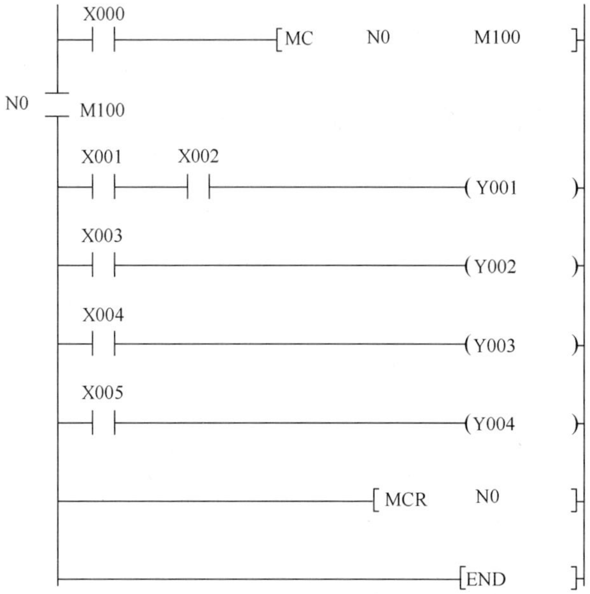

```
0   LD   X000
1   MC   N0   M100
4   LD   X001
5   AND  X002
6   OUT  Y001
7   LD   X003
8   OUT  Y002
9   LD   X004
10  OUT  Y003
11  LD   X005
12  OUT  Y004
13  MCR  N0
15  END
```

图 2.1-11　主控指令的使用（一）

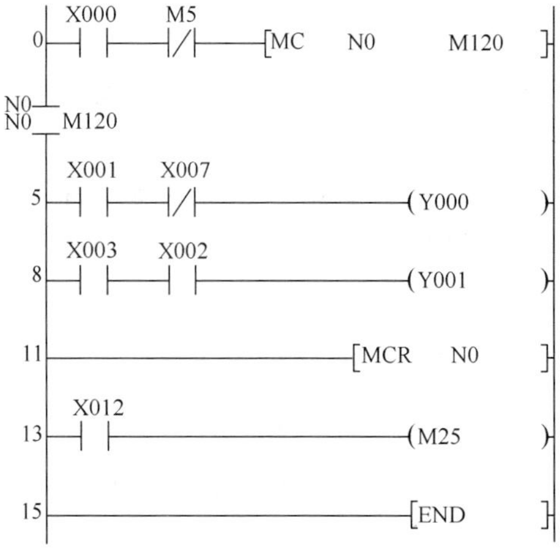

```
0   LD   X000
1   ANI  M5
2   MC   N0   M120
5   LD   X001
6   ANI  X007
7   OUT  Y000
8   LD   X003
9   AND  X002
10  OUT  Y001
11  MCR  N0
13  LD   X012
14  OUT  M25
15  END
```

图 2.1-12　主控指令的使用（二）

算的中间结果，被称为栈存储器。对栈存储器的操作对应有 3 个栈指令：MPS/MPP 和 MRD。

MPS 是“进栈”指令，其作用是将运算结果送入栈存储器的第一单元，同时将先前送入的数据依次移到栈的下一单元。

MPP 是“出栈”指令，其作用是将栈存储器第一个单元的数据（最后进栈的数据）读出且该数据从栈中消失，同时将栈中其他数据依次上移。

MRD 是“读栈”指令，其作用是将栈存储器的第一单元数据（最后进栈的数据）读出且该数据继续保存在栈存储器的第一单元，栈内的数据不发生移动。

栈指令用在某一个电路块与其他不同的电路块串联，以便实现驱动不同线圈的场合，即用于多路输出电路。如图 2. 1-13 所示的多路输出梯形图，我们可以通过栈指令实现，如图 2. 1-13b所示。

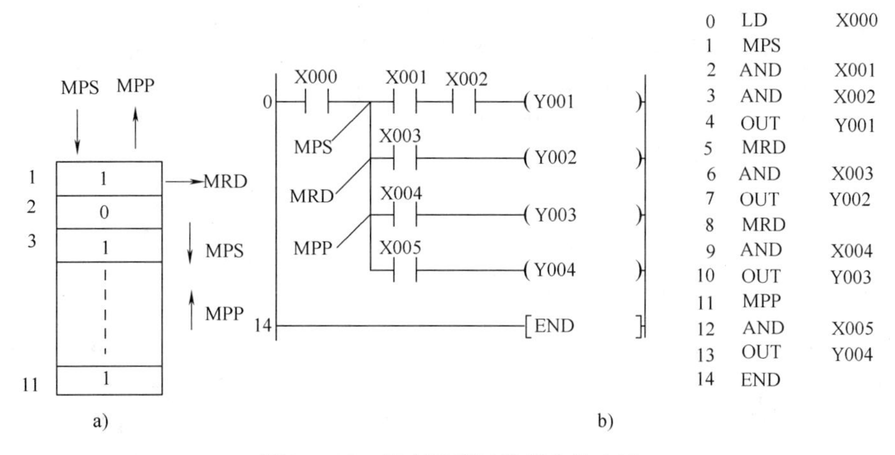

图 2. 1-13　栈存储器及栈指令的应用

a）栈存储器　b）栈指令的应用

指令应用说明

1）栈指令没有目标元件。

2）MPS 和 MPP 指令必须配对使用。

3）栈存储器只有 11 个单元，所以栈最多为 11 层。如图 2. 1-14 所示为一层堆栈，图 2. 1-15为二层堆栈使用实例。

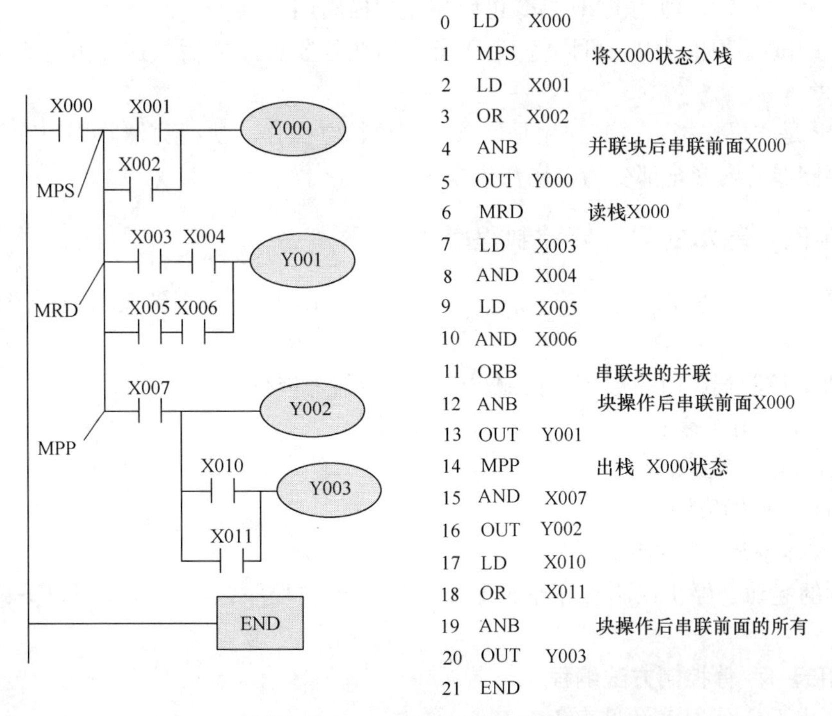

图 2. 1-14　一层堆栈指令的使用

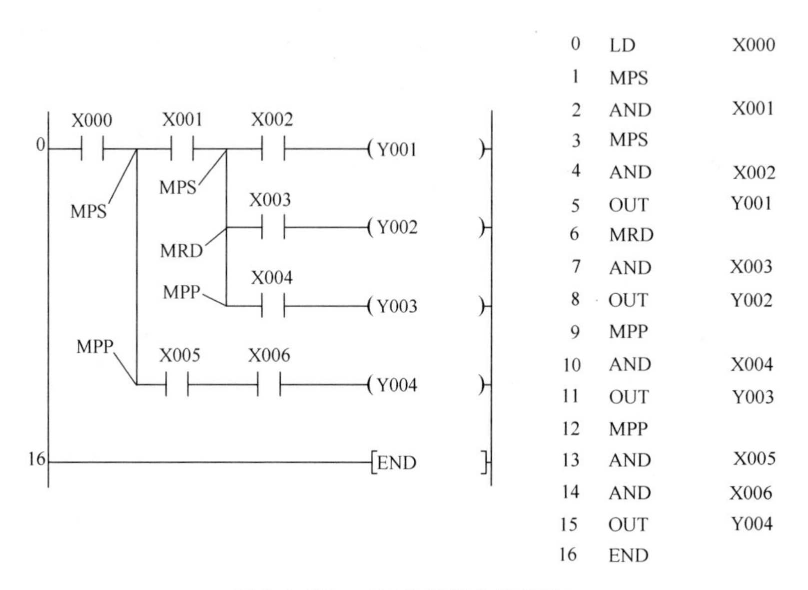

图 2.1-15　二层堆栈指令的使用

4）栈指令在应用时遵循先进后出、后进先出的原则。

六、END、NOP

1）END 是“结束”指令，将强制结束当前的扫描执行过程，若不写 END 指令，将从用户程序存储器的第一步执行到最后一步；将 END 指令放在程序结束处，只执行第一步至 END 之间的程序，所以使用 END 指令可以缩短扫描周期。

另外在调试程序过程中，可以将 END 指令插在各段程序之后，这样可以大大地提高调试的速度。

2）NOP 是空操作指令，其作用是使该步序执行空操作。执行完清除用户存储器的操作后，用户存储器的内容全部变为空操作指令。

应用实例　基本的起、停控制程序

控制要求：有一盏指示灯，按下启动按钮 SB1，指示灯亮，直到按下停止按钮 SB2，指示灯熄灭。

编制 PLC 控制程序时一般可以按照以下几个步骤来进行：

1）列出 I/O 分配表；

2）画出 PLC 接线图；

3）设计 PLC 梯形图；

4）输入程序并进行调试。

本实例的起动、停止控制程序是最基本的常用控制程序，我们可以用以下两种方法来实现。

1. 利用起-保-停控制方法编程

（1）列出 I/O 分配表（见表 2.1-1）

表 2.1-1　I/O 分配表

输　入			输　出		
作　用	输入元件	输　入　点	输　出　点	输出元件	作　用
起动按钮	SB1	X000	Y000	HL	指示灯
停止按钮	SB2	X001			

（2）画出 PLC 接线图（见图 2.1-16）

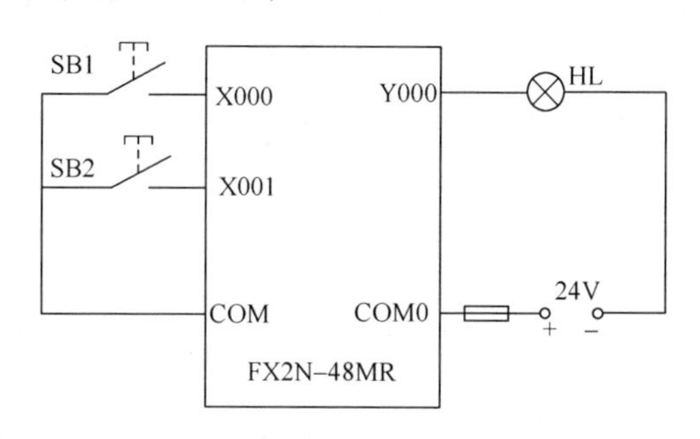

图 2.1-16　灯光闪烁电路控制 PLC 接线图

（3）设计 PLC 梯形图（见图 2.1-17）

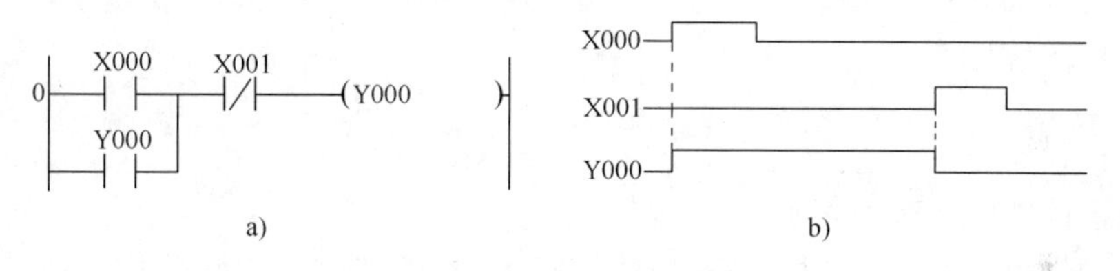

a)　　b)

图 2.1-17　起停控制程序之一

a）梯形图　b）时序图

在图 2.1-17 所示的梯形图中，当按下 SB1，X000 为 ON 状态时，输出继电器 Y000 的线圈接通，并通过其常开触点形成自锁，可以使 Y000 驱动的指示灯一直保持亮的状态。

当按下 SB2，X001 为 ON 状态时，输出继电器 Y000 的线圈断开，其常开触点断开，可以使 Y000 驱动的指示灯熄灭。

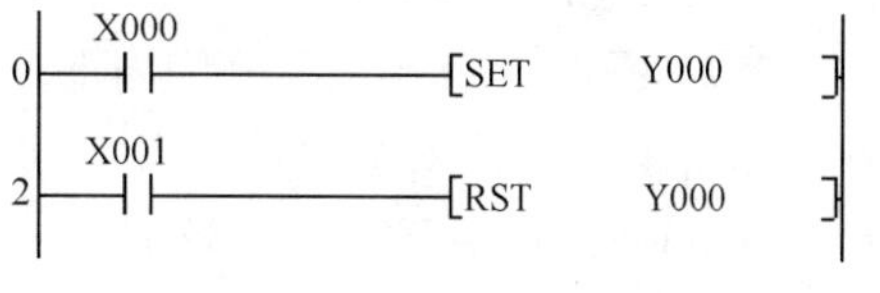

图 2.1-18　起停控制程序之二

2. 利用置位、复位控制方法编程

起动和停止的控制也可以通过 SET、RST 指令来实现的，如图 2.1-18 所示。

第二节　定时器与计数器

一、定时器

1. 定时器的工作原理

FX2N 系列 PLC 为用户提供了 256 个定时器（T0 ~ T255），均属于通电延时型的定时器。

定时器相当于继电控制里的时间继电器，其工作原理可以简单地叙述为：定时器是根据对时钟脉冲的累积来定时，定时器线圈通电后，开始延时，待定时时间到，触点动作（常开触点闭合、常闭触点断开）；在定时器的线圈断电时，定时器的触点瞬间复位。

FX2N 系列 PLC 的定时器对应的时钟脉冲有 100ms、10ms、1ms 3 种。定时器的设定值可用常数 K，设定值的范围是 1 ~ 32767，也可用数据寄存器 D 中的参数。

2. 定时器的分类

定时器可分为非积算定时器（普通定时器）和积算定时器（又称失电保持定时器）。在定时过程中，如果断电或定时器的线圈处于 OFF 状态，积算定时器能保持当前的计数值，再次得电后能继续累积。而非积算定时器则不具备断电保持功能。

定时器又根据时钟脉冲的不同，具体可以分为以下 4 类：

第一类：100ms 的非积算定时器（T0 ~ T199），对 100ms 的时钟脉冲进行累积，定时时间范围是 0.1 ~ 3276.7s。

第二类：10ms 的非积算定时器（T200 ~ T245），对 10ms 的时钟脉冲进行累积，定时时间范围是 0.01 ~ 327.67s。

第三类：1ms 的积算定时器（T246 ~ T249），对 1ms 的时钟脉冲进行累积，定时时间范围是 0.001 ~ 32.767s。

第四类：100ms 的积算定时器（T250 ~ T255），对 100ms 的时钟脉冲进行累积，定时时间范围是 0.1 ~ 3276.7s。

二、计数器

1. 计数器的工作原理

FX2N 系列 PLC 为用户提供了 256 个计数器（C0 ~ C255）。计数器可以对内部软元件 X、Y、M、T、C 的信号进行计数。

其工作原理是：计数器从 0 开始计数，计数端每来一个脉冲，计数值就加 1，当计数值与设定值相等时，计数器的触点动作（常开触点闭合、常闭触点断开）。

2. 计数器的分类

FX2N 系列计数器主要分为内部计数器和高速计数器两大类。其中内部计数器又可分为 16 位增计数器和 32 位双向（增减）计数器。计数器的设定值范围：1 ~ 32767（16 位）和-214783648 ~ 214783647（32 位）。

具体可参照第一章的表 1.3-2。

（1）16 位增计数器

16 位增计数器包括 C0 ~ C199，共 200 点，其中 C0 ~ C99 共 100 点为通用型；C100 ~ C199 共 100 个点为断电保持型（断电后能保持当前值，待通电后继续计数）。16 位计数器其设定值在 K1 ~ K32767 范围内有效，设定值 K0 与 K1 意义相同，均在第一次计数时，其触点动作。16 位增计数器的动作示意图如图 2.2-1 所示。

在图 2.2-1 中，X010 为计数器 C0 的复位信号，X011 为计数器的计数信号。当 X011 来第 10 个脉冲时，计数器 C0 的当前值与设定值相等，所以 C0 的常开触点动作，Y000 得电。如果 X010 为 ON，则执行 RST 指令，计数器被复位，C0 的输出触点被复位，Y000 也就失电。

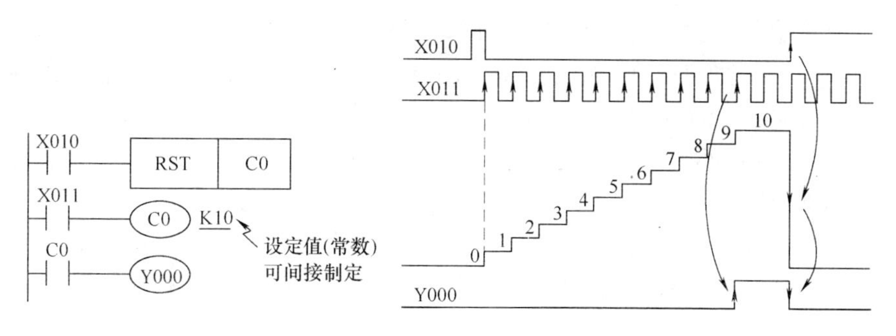

图 2.2-1　16 位增计数器的动作示意图

（2）32 位双向计数器

32 位双向计数器包括 C200 ~ C234 共 35 点，其中 C200 ~ C219 共 20 点为通用型；C220 ~ C234 共 15 点为断电保持型，由于它们可以实现双向增减计数，所以其设定范围为-214783648 ~ 214783647（32 位）。

C200 ~ C234 是增计数还是减计数，可以分别由特殊的辅助继电器 M8200 ~ M8234 设定。当对应的特殊的辅助继电器为 ON 状态时，为减计数；否则为增计数，其具体使用方法如图 2.2-2所示。

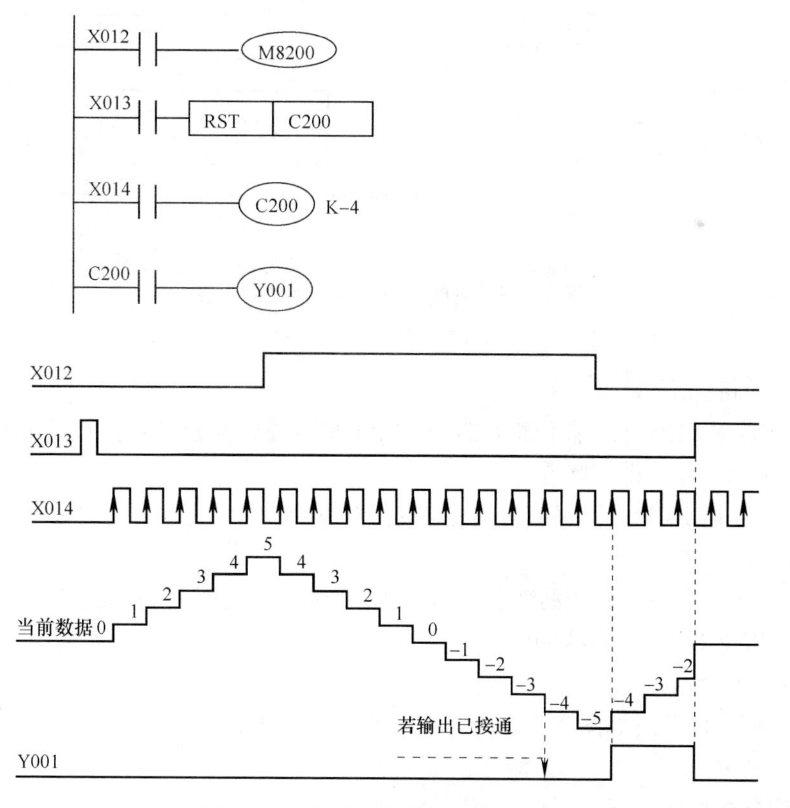

图 2.2-2　双向计数器的动作示意图

X012 控制 M8200，当 X012 = OFF 时，M8200 = OFF，计数器 C200 为加计数；X012 = ON 时，M8200 = ON，计数器 C200 为减计数。X013 为复位计数器的复位信号，X014 为计数输入信号。

图 2.2-2 中，利用计数器输入 X014 驱动 C200 线圈时，可实现增计数或减计数。在计数器的当前值由 -5 到 -4 增加时，则输出点 Y001 接通；若输出点已经接通，则输出点则断开。

高速计数器将在第四章第十节具体讲解。

3. 计数器的使用说明

1）计数器的设定值可用常数 K，也可用数据寄存器 D 中的参数。

2）双向计数器在间接设定参数值时，要用编号紧连在一起的两个数据寄存器。

3）高速计数器采用中断方式对特定的输入进行计数，与 PLC 的扫描周期无关。

应用实例 1　各种延时程序

在实际应用中，我们常遇到如断电延时、限时控制、长延时等控制要求，这些都可以通过程序设计来实现。

例 1：通电延时控制

延时接通控制程序如图 2.2-3 所示，它所实现的控制功能是：X001 接通 5s 后，Y000 才有输出。

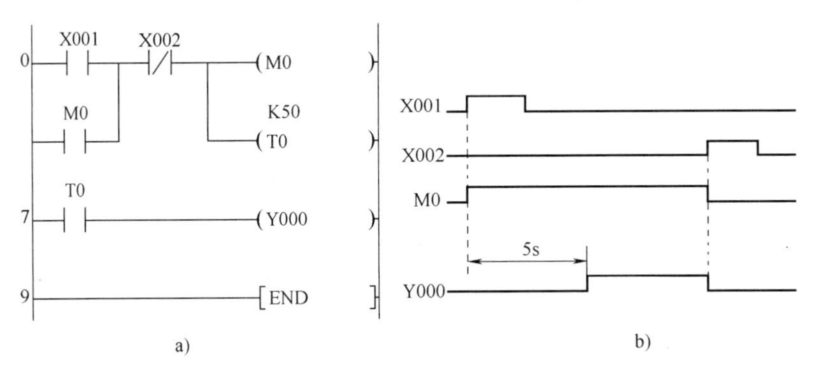

图 2.2-3　延时接通控制程序及时序图

a）梯形图　b）时序图

工作原理分析如下：

当 X001 为 ON 状态时，辅助继电器 M0 的线圈接通，其常开触点闭合自锁，可以使定时器 T0 的线圈一直保持得电状态。

T0 的线圈接通 5s 后，T0 的当前值与设定值相等，T0 的常开触点闭合，输出继电器 Y000 的线圈接通。

当 X002 为 ON 状态时，辅助继电器 M0 的线圈断开，定时器 T0 被复位，T0 的常开触点断开，使输出继电器 Y000 的线圈断开。

例 2：断电延时控制

延时断开控制梯形图如图 2.2-4 所示，它所实现的功能是：输入信号断开 10s 后，输出才停止工作。

工作原理分析如下：

当 X000 为 ON 状态时，辅助继电器 M0 的线圈接通，其常开触点闭合，输出继电器 Y003 的线圈接通。但是定时器 T0 的线圈不会得电（因为其前面 X000 ┤/├ 是断开状态）。

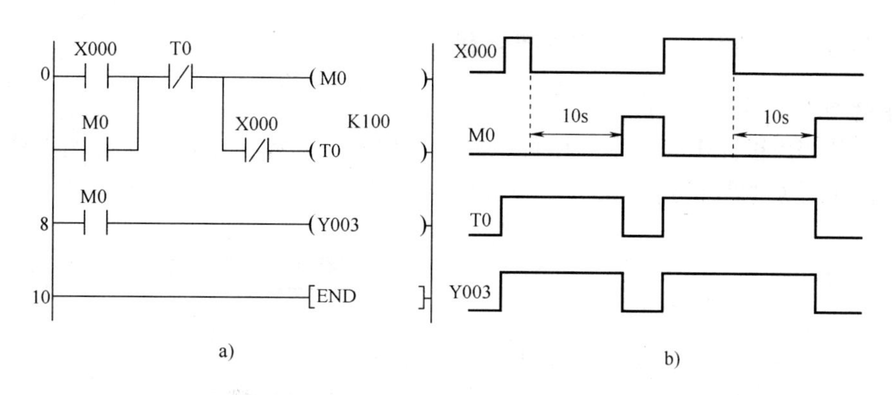

图 2. 2-4　延时断开控制程序及时序图

a）梯形图　b）时序图

当 X000 由 ON 变为 OFF 状态，M0 ┤├、T0 ┤/├和 X000 ┤/├都处于接通状态，定时器 T0 开始计时。10s 后，T0 的常闭触点打开，M0 的线圈失电，输出继电器 Y000 断开。

例 3：限时控制

在实际工程中，常遇到将负载的工作时间限制在规定时间内的控制，我们可以通过如图 2. 2-5所示的程序来实现，它所实现的功能是：控制负载的最大工作时间为 10s。

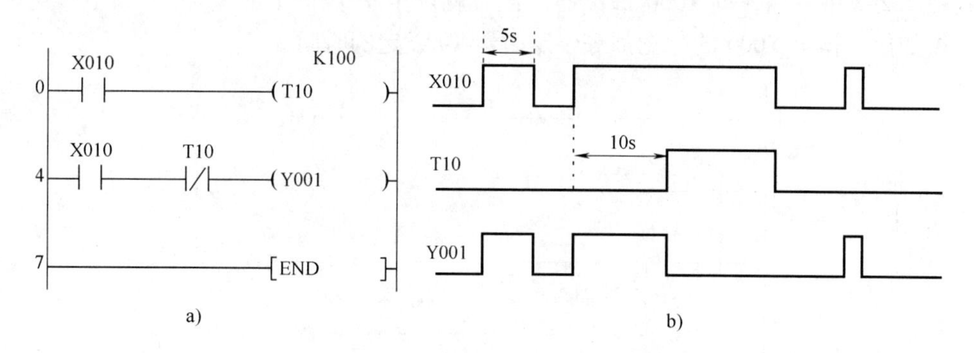

图 2. 2-5　控制负载的最大工作时间

a）梯形图　b）时序图

如图 2. 2-6 所示的程序可以实现控制负载的最少工作时间，本程序实现的功能是：输出信号 Y002 的最少工作时间为 10s。

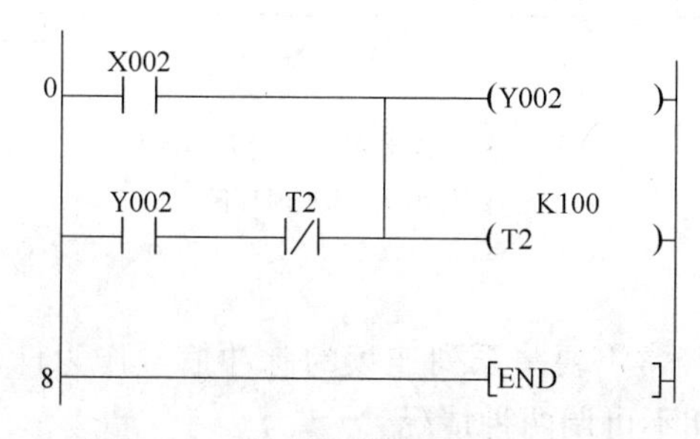

图 2. 2-6　控制负载的最小工作时间

应用实例 2　单脉冲、多脉冲产生程序

1. 单脉冲发生器

在 PLC 的程序设计中，经常需要单个脉冲来实现计数器的复位，或作为系统的启动、停止信号。可以通过脉冲微分指令 PLS 和 PLF 指令来实现，如图 2. 2-7 所示。

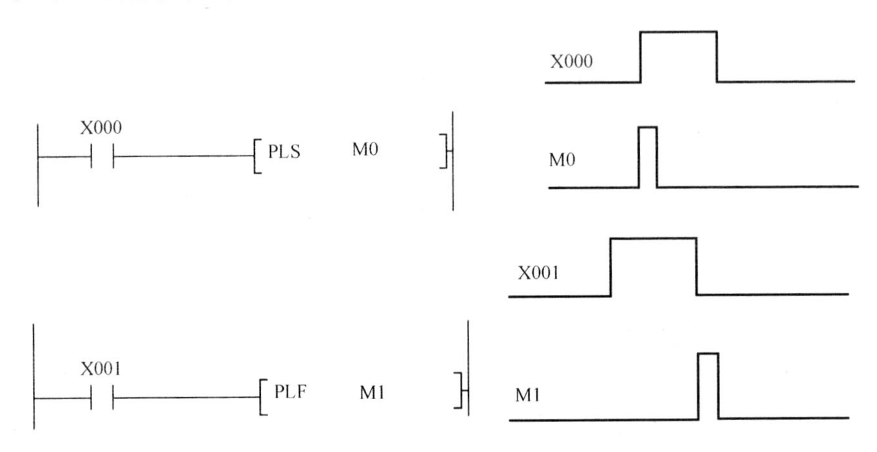

图 2. 2-7　用脉冲微分指令产生单脉冲

在图 2. 2-8 中，输入点 X000 每接通一次，就产生一个定时的单脉冲。无论 X000 接通时间长短如何，输出 Y000 的脉宽都等于定时器 T0 设定的时间。

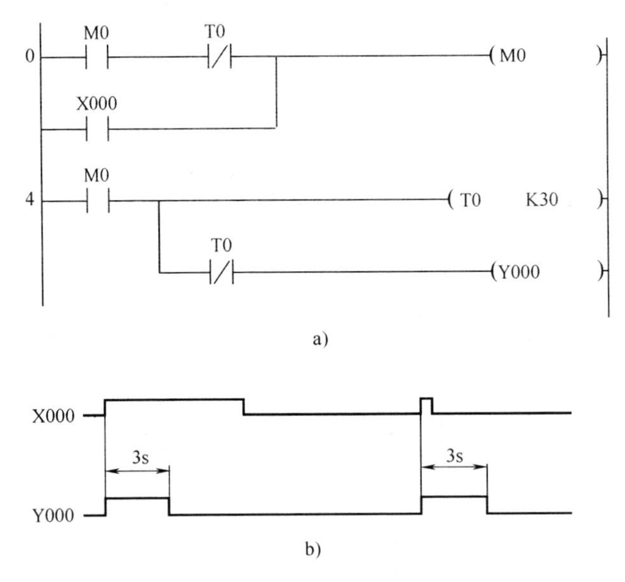

图 2. 2-8　单脉冲发生器控制程序

a）梯形图　b）时序图

2. 连续脉冲发生器

在 PLC 程序设计中，经常需要一系列连续的脉冲信号作为计数器的计数脉冲或其他功能，可分为周期可调和周期不可调两种情况。

（1）周期不可调的连续脉冲发生器

如图 2. 2-9 所示，输入点 X000 接带自锁的按钮。利用辅助继电器 M1 产生一个脉宽为一个扫描周期、脉冲周期为两个扫描周期的连续脉冲。

其工作原理分析如下。当 X000 常开触点闭合后：

第一个扫描周期：M1 常闭触点闭合，所以 M1 线圈能得电；

第二个扫描周期：因在上一个扫描周期 M1 线圈已得电，所以 M1 的常闭触点断开，因此使 M1 线圈失电。因此，M1 线圈得电时间为一个扫描周期。

M1 线圈不断连续地得电、失电，其常开触点也随之不断连续地闭合、断开，就产生了脉宽为一个扫描周期的连续脉冲信号输出，但是脉冲宽度和脉冲周期不可调。

（2）周期可调的连续脉冲发生器

若要产生一个周期可调节的连续脉冲，可使用如图 2. 2-10 所示的程序。

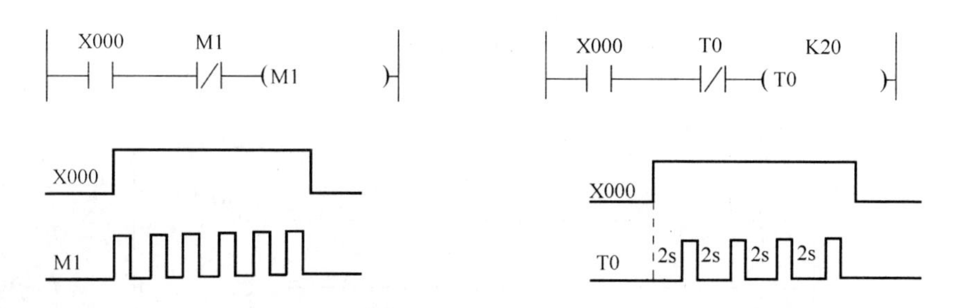

图 2. 2-9　周期不可调连续脉冲发生器　　图 2. 2-10　周期可调连续脉冲发生器

其工作原理分析如下。当 X000 常开触点闭合后：

在第一个扫描周期，T0 常闭触点闭合，T0 线圈得电。

经过 2s 的延时，T0 的当前值和设定值相等，T0 的触点将要动作。所以在断开后的第一个扫描周期中，T0 常闭触点断开，使 T0 线圈失电。

在此后的下一个扫描周期，T0 常闭触点恢复闭合，又使 T0 线圈得电，重复以上动作，就产生了脉宽为一个扫描周期、脉冲周期为 2s 的连续脉冲。

我们可以通过改变 T0 的设定值来改变连续脉冲的周期。

应用实例 3　长延时控制程序

在 PLC 中，定时器的定时时间是有限的，最大为 3276. 7s，不到 1h。如果想获得较长时间的定时，可用两个或两个以上的定时器串级实现，或将定时器与计数器组合使用，也可以通过计数器与时钟脉冲组合使用来实现，下面分别来介绍。

1. 定时器串级使用

定时器串级使用时，其总的定时时间为各个定时器设定时间之和。

图 2. 2-11 是用两个定时器完成 1. 5h 的定时，定时时间到，Y000 得电。

2. 定时器和计数器组合使用

图 2. 2-12 是用一个定时器和一个计数器完成 1h 的定时。

当 X000 接通时，M0 得电并自锁，定时器 T0 依靠自身复位产生一个周期为 100s 的脉冲

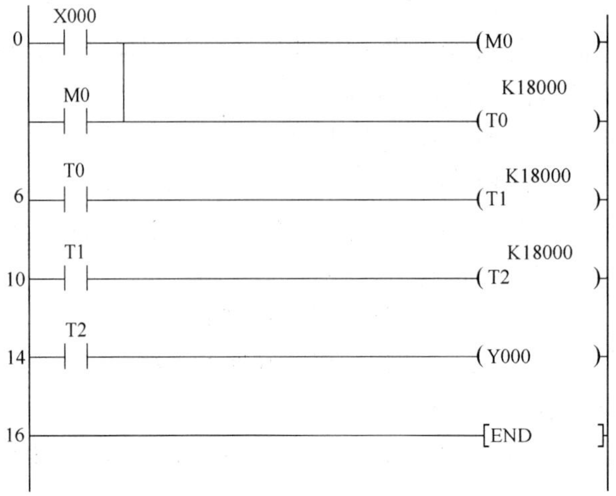

图 2.2-11　两个定时器串级使用

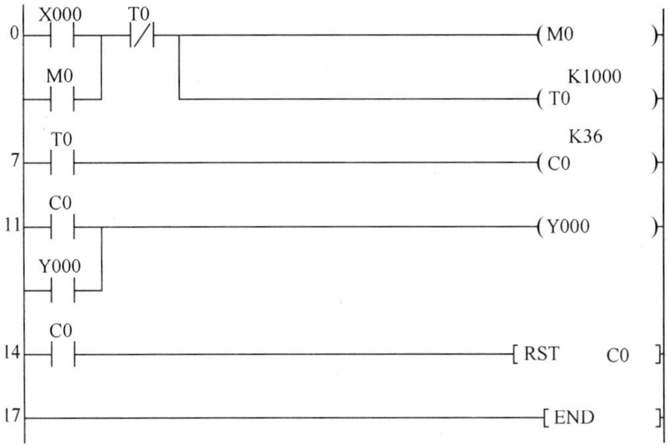

图 2.2-12　定时器和计数器组合使用

序列，作为计数器C0的计数脉冲。当计数器计满36个脉冲后，其常开触点闭合，使输出Y000接通。从X000接通到Y000接通，延时时间为100×36=3600s，即1h。

3. 两个计数器组合使用

图2.2-13是用两个计数器完成1h的定时。

以M8013（1s的时钟脉冲）作为计数器C0的计数脉冲。当X000接通时，计数器C0开始计时。

计满60个脉冲（60s）后，其常开触点C0向计数器C1发出一个计数脉冲，同时使计数器C0复位。

计数器C1对C0脉冲进行计数，当计满60个脉冲后，C1的常开触点闭合，使输出Y000接通。从X000接通到Y000接通，定时时间为60×60=3600s，即1h。

4. 开机累计时间控制程序

PLC运行累计时间控制电路可以通过M8000、M8013和计数器等组合使用，编制秒、

```
0   X000   M8013   X001                 (M0     )
    M0                                  (C0  K60)
8   C0                                  (C1  K60)
12  C1                                  (Y000   )
14  C0                                  [RST  C0]
17  X001                                [RST  C1]
20                                      [END    ]
```

图 2.2-13　两个计数器组合使用

分、时、天、年的显示电路。在这里，需要使用断电保持型的计数器（C100 ~ C199），这样才能保证每次开机的累计时间能计时，如图 2.2-14 所示。

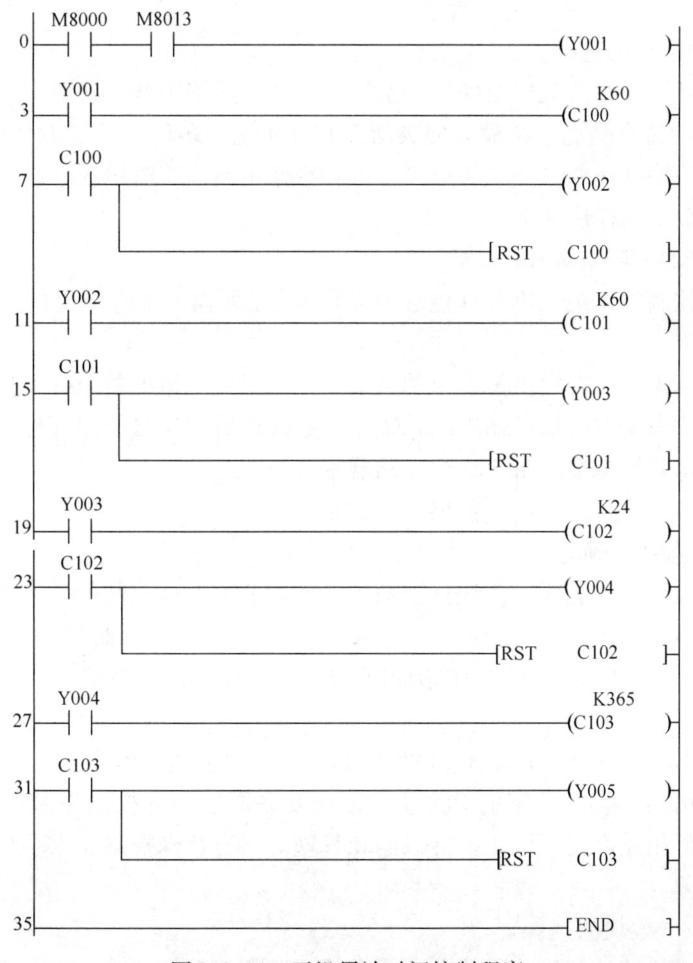

图 2.2-14　开机累计时间控制程序

第三节　PLC 基本指令的综合应用

一、PLC 小型控制系统的设计步骤

在学习了 PLC 的基本指令之后，我们可以进行控制系统的设计了。对于小型 PLC 控制系统的设计，可以遵循以下步骤和方法来进行。

1. 了解被控制系统

在设计前要详细分析被控对象、控制过程和要求，熟悉工艺流程及所有的功能和各项指标要求。例如：机械部件的动作顺序、动作条件及必要的保护与联锁；系统的工作方式（手动、自动、多周期、单周期）；PLC 与其他智能设备（变频器、触摸屏）之间的关系；PLC 的通信联网；物理量的显示与显示方式；电源突然停电及紧急情况的处理等。

分类统计好 PLC 的输入信号和输出所控制的负载，并进一步分析各输入输出量的性质（是开关量还是模拟量，是直流量还是交流量，电压等级的大小等）。

2. 进行与硬件有关的设计

（1）确定 PLC 的型号和硬件配置

1）PLC 物理结构的选择。

PLC 可分为整体式和模块式两种，小型控制系统一般使用整体式 PLC。

模块式 PLC 的特点是功能扩展方便灵活，并且还配有多种特殊的 I/O 模块供用户使用，可完成各种特殊的控制任务，在判断故障范围和维修更换模块时也很方便，在较复杂、性能要求高的系统一般采用模块式 PLC。

2）PLC 存储器的容量选择。

仅需开关量控制的系统，将 I/O 点数乘以 8，就是所需要的存储器的字节数，这一要求一般都能满足。

只有模拟量输入、没有模拟量输出的系统，按每路模拟量准备 100 个存储器字节。

既有模拟量输入又有模拟量输出的系统，一般要求对模拟量做闭环控制，设计的运算复杂，估计时刻按每路模拟量准备 200 个存储器字节。

当然在考虑以上容量时，需要留出一定的余量。

3）PLC I/O 点数的确定。

确定 I/O 点数时，首先要准确统计出被控设备对 PLC I/O 点数的总需求，然后在此基础上，留出 10%～20% 的余量，以便今后对系统进行改进和扩充时用。对于整体式结构的 PLC，如果与系统要求的 I/O 点数的比例相差很大，可以选用只有输入点或只有输出点的扩展单元或扩展模块。

根据以上几点，选择出合适的 PLC 的型号。另外，同一企业应尽量使 PLC 的机型统一，或者尽可能只使用同一生产厂家的 PLC。对于需要联网通信的控制系统，要注意机型的统一，以便其模块可相互换用，便于备件采购和管理。对有特殊控制要求系统，可选用有相同或相似功能的 PLC。

4）开关量 I/O 模块的选择。

开关量 I/O 模块按外部接线方式分为隔离式、分组式和汇总式，如果信号之间不需要隔

离，可选用后两种。

开关量输入模块的输入电压一般为 DC24V 和 AC220V。直流输入电路的延迟时间较短，可直接与接近开关、光电开关等电子输入装置连接。交流输入方式的触点接触可靠，适合在油雾、粉尘等恶劣环境下使用。

开关量输出模块有 3 种类型：继电器输出、双向晶闸管输出、晶体管输出。继电器输出模块可用于交流负载和直流负载，其触点工作电压范围广，导通压降小，承受瞬时过电压和过电流的能力较强，但是动作速度较慢，动作次数有一定的限制。若输出信号变化不频繁，可优先选用继电器输出类型。

晶体管输出模块适用于直流负载，双向晶闸管输出模块适用于交流负载，它们的相应速度快、寿命长，但是过载能力差。

所以在进行开关量 I/O 模块的选择时要考虑负载电压的种类和大小、系统对延迟时间的要求、负载变化是否频繁等，还要注意同一输出模块对电阻性负载、电感性负载和灯负载的驱动能力的差异。具体可以参照 PLC 的使用手册。如某继电器输出类型模块的最高工作电压为交流250V，则可以驱动 2A 的电阻性负载、80VA 的电感性负载或者 100W 的白炽灯负载。

输出模块的输出电流的额定值应大于负载电流的最大值，并要考虑到输出电流随环境温度升高而降低。

5）通信功能的选择。

首先了解系统对 PLC 通信功能的要求。例如：需要与哪些设备通信、通信距离和信息传输的速率等。

如果距离较近的两台设备通信，如 PLC 与上位机之间的通信，可选用 RS-232C 串行通信接口的 PLC，其最大通信距离为 15m，最高传输速率为 20kbit/s，只能一对一地通信。

如果是在多台设备间通信，可选用 RS-422 和 RS-485 串行通信接口。使用 RS-422 时一台驱动器可连接 10 台接收器；RS-485 使用双绞线实现多站互连，构成分布式系统，最多可有 32 个站。

选型时还要注意 PLC 是否配有通信用的专用指令，编程是否方便等。

（2）确定系统输入元件和输出元件的型号

常用的输入输入元件有，按钮、指令开关、限位开关、接近开关、传感器等；常用的输出元件有，接触器、继电器、电磁阀、指示灯等。

（3）分配 PLC 的输入点和输出点（I/O 分配）

可以用表格的方式列出输入/输出信号，标明各个信号的意义、代号，并给各信号分配 PLC 中软元件的元件号。这一步主要为绘制硬件接线图和设计梯形图做准备，具体形式可参照 I/O 分配表。

（4）画出硬件接线图

这一步主要结合前面的 I/O 分配表和输入、输出元件等，设计出 PLC 的外部硬件接线图，以及其他电气原理图、接线图和安装所需要的图样。

3. 设计梯形图程序

主要根据总体要求和控制系统的具体情况，确定用户程序的基本结构，画出程序流程图或顺序功能图。

较简单的系统的梯形图可以用经验设计法来设计，较复杂的系统一般采用顺序控制设计法。

4. 梯形图程序的模拟调试

1）对用户的梯形图程序一般先采用模拟调试，即用小开关和按钮来模拟 PLC 的实际输入信号（利用它们发出操作指令，或模拟实际的反馈信号，或模拟限位开关、传感器的接通和断开）。

2）通过输出模块上各输出继电器对应的发光二极管，来观察各输出信号的变化是否满足设计的要求。

3）在程序中如果定时器或计数器的设定值过大，可以在调试时将它们减小，以缩短调试时间。调试结束后再写入实际的设定值。

4）在顺序控制的调试中，主要是看程序的运行是否符合顺序功能图的规定，某一转换条件满足时，其前级步是否变为不活动步，其后续步是否变为活动步，以及各步所驱动的负载是否发生相应的变化。

5）调试时要充分考虑各种可能情况的发生，如果是顺序控制或多种工作方式，则要对每一条支路都逐一进行检查，不能遗漏。发现问题及时修改、再调试，直到完全符合控制要求为止。

6）在梯形图的设计和模拟调试的同时，可以设计、制作控制台、柜，PLC 之外的其他硬件接线的安装等也可以同时进行。

5. 现场总机调试

模拟调试通过后，进行实际的总装统调。先要仔细检查 PLC 外部设备接线是否正确，设备管脚上工作电压是否正常。在将用户程序传送到 PLC 之前，可先用一些短小的测试程序检测外部的接线状况，看看有无接线故障。进行这类预调时，要将主电路先行断开，避免误操作或电路故障损坏主电路元器件。一切确认无误后，将程序送入存储器进行总调试，直到各部分的功能都正常，协调一致成为一个正确的整体控制为止。如果发现问题，则要对硬件和软件的设计做出调整，直到完全符合要求。

6. 编写技术文件

根据调试的最终结果，要整理出完整的技术文件，再交付用户使用。技术文件应包括：

1）PLC 的外部接线图和其他电气图样。

2）PLC 的编程元件表，程序中所使用的各软元件（X、Y、M、S、T、C）的元件号、名称、功能，以及 T、C 的设定值等。

3）PLC 的顺序功能图、带注释的梯形图和必要的总体文字说明。

二、PLC 小型控制系统设计的注意事项

根据以上步骤和方法，我们在进行系统设计的过程中，还需要在硬件选择、PLC 系统安装布线等方面注意以下事项。

1）根据系统规模，确定是用 PLC 单机还是用 PLC 形成网络，并根据系统需要计算出 PLC 输入、输出点数，所选择的 PLC 的总点数一定要留有一定余量，一般留出 10% 的余量。

2）根据 PLC 输出端所带的负载性质（直流、交流），电流性质（大电流、小电流），以及 PLC 输出点动作的频率和负载的性质（电感性、电阻性）等，确定 PLC 输出端的类型（继电器输出、晶体管输出、晶闸管输出）。

3）根据系统的大小合理选择 PLC 存储容量与速度。一般存储容量越大、速度越快，价

格就越高。

4）电源干扰主要是通过供电线路的阻抗耦合产生的，是干扰进入 PLC 的主要途径之一。如果有条件，可对 PLC 采用单独供电，以避免其他设备起停对 PLC 干扰。在干扰较强或对可靠性要求很高的场合，可在 PLC 的交流电源输入端加接带屏蔽的隔离变压器和低通滤波器。动力部分、控制部分、PLC 与 I/O 电源应分别配线，隔离变压器与 PLC、I/O 电源之间采用双绞线连接。系统的动力线应有足够的截面积，以降低线路压降。

5）PLC 上的 DC24V 电源容量小，使用时要注意其容量，做好短路保护措施。当负载需要外部 DC24V 电源时，应注意电源的“－”端不要与 PLC 的 DC24V 的“－”端及“COM”端相连，否则会影响 PLC 的运行。

6）根据不同的负载选择输出形式，继电器输出：优点是不同公共点之间可带不同的交直流负载，且电压也可不同，带负载电流可达 2A/点；缺点是不适用于高频动作的负载。晶闸管输出：带负载能力为 0.2A/点，只能带交流负载，可适应高频动作，响应时间为 1ms。晶体管输出：适应于高频动作，响应时间短，一般为 0.2ms 左右，但只能带 DC0.5A/点，每 4 点不得大于 0.8A。

7）若 PLC 输出带感性负载，负载断电时会对 PLC 的输出造成浪涌电流的冲击。为此，对直流感性负载并接续流二极管，对交流感性负载并接浪涌吸收电路，可有效保护 PLC。

8）对于 PLC 输出不能直接带动负载的情况，必须在外部采用驱动电路，还应采用保护电路及浪涌吸收电路，且每路有显示二极管（LED）指示。

9）PLC 不能与高压电器安装在同一个开关柜内，与 PLC 装在同一个开关柜内的电感性元件，如继电器，接触器的线圈应并联 RC 消弧电路或续流二极管。PLC 应远离强干扰源，如大功率晶闸管装置、高频焊机和大型动力设备等。

10）信号线与功率线应分开布线，不同类型线应分别装入不同管槽，信号应尽量靠近地线或接地的金属导体。当信号线长度超过 300m 时，应采用中间继电器转接信号或使用 PLC 远程 I/O 模块。

11）当模拟输入输出信号距 PLC 较远时，宜采用 4～20mA 或 0～10mA 的电流传输方式，而不是电压传送方式。传送模拟信号的屏蔽层为一端接地。为了泄放高频干扰，数字信号线的屏蔽层应并联电位均衡线，并将屏蔽层两端接地。

应用实例 1　三相异步电动机的正转连续控制

如图 2.3-1 所示为三相异步电动机的正转连续控制线路，其基本工作原理是：按下起动按钮 SB1，电动机得电运转；按下停止按钮 SB2，电动机失电停转。试编制 PLC 控制程序来实现控制要求。

1. 列出 I/O 分配表（见表 2.3-1）

2. 画出 PLC 接线图

正转连续控制的 PLC 接线图如图 2.3-2 所示。

3. 编写梯形图

根据任务要求编写梯形图，如图 2.3-3 所示。

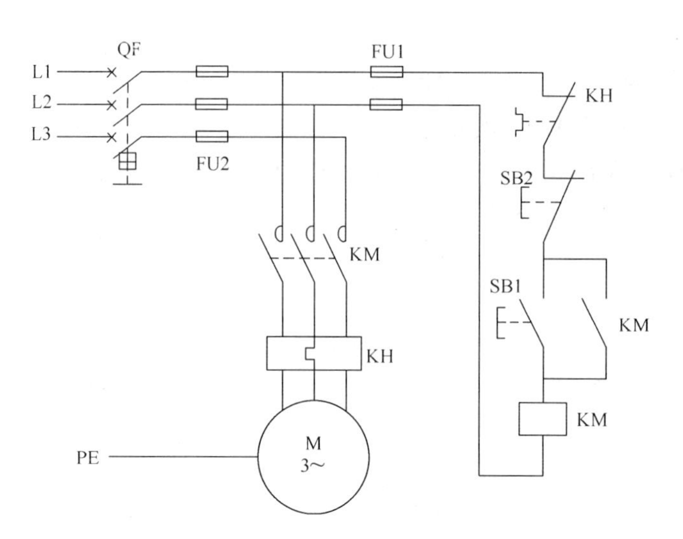

图 2.3-1　正转连续控制线路

表 2.3-1　I/O 分配表

输　入			输　出		
作　用	输入元件	输入继电器	输出继电器	输出元件	作　用
起动按钮	SB1	X000	Y000	KM	运行用交流接触器
停止按钮	SB2	X001			

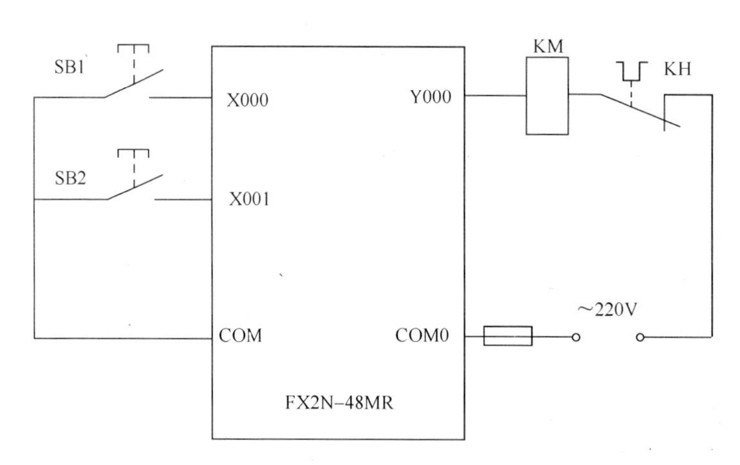

图 2.3-2　正转连续控制 PLC 接线图

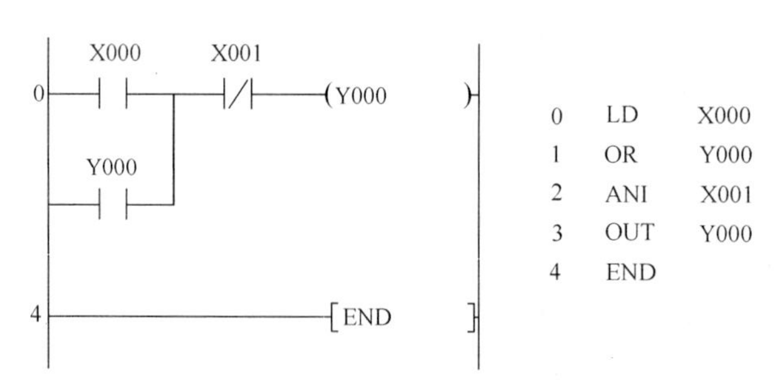

图 2.3-3　正转连续控制梯形图与指令语句表

应用实例 2 电动机的点动与连续混合正转控制

如图 2.3-4 所示为电动机的点动与连续混合正转控制线路图，其工作原理是：按下连续的起动按钮 SB1，电动机连续正转，按下停止按钮 SB2，电动机停止转动；如果按着 SB3，电动机正转，松开按钮 SB3，电动机停止运转。试编制 PLC 控制程序来实现控制要求。

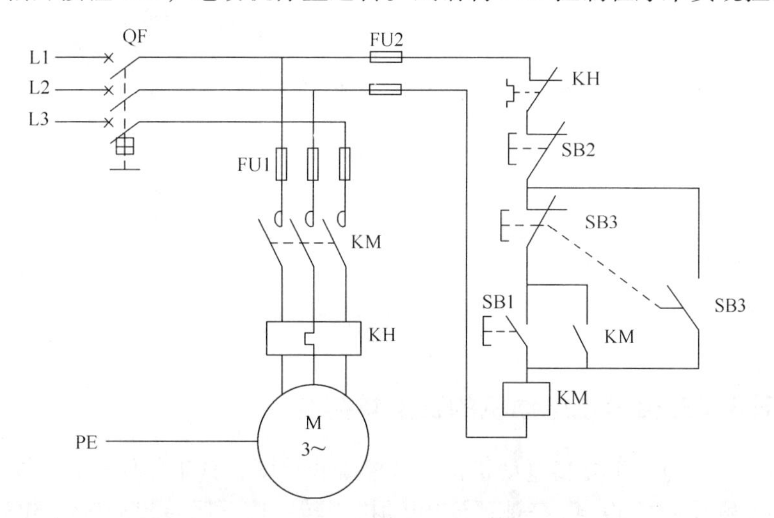

图 2.3-4 电动机的点动与连续混合控制线路图

1. 列出 I/O 分配表（见表 2.3-2）

表 2.3-2 I/O 分配表

输入			输出		
作用	输入元件	输入继电器	输出继电器	输出元件	作用
连续按钮	SB1	X000	Y000	KM	运行用交流接触器
停止按钮	SB2	X001			
点动按钮	SB3	X002			

2. 画出 PLC 接线图

点动与连续混合控制 PLC 接线图如图 2.3-5 所示。

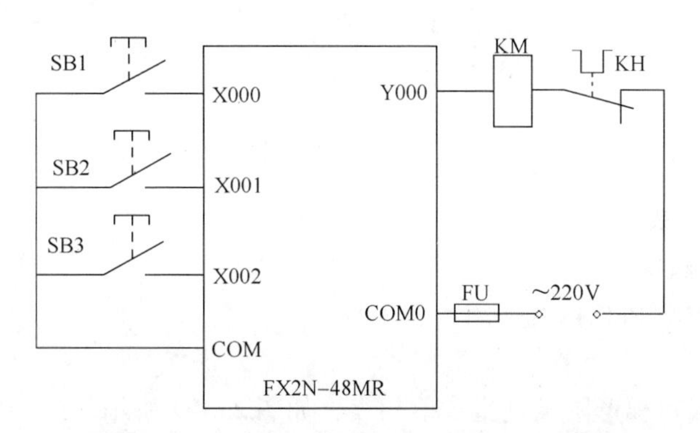

图 2.3-5 点动与连续混合控制 PLC 接线图

3. 编写梯形图

根据任务要求编写梯形图，如图 2.3-6 所示。

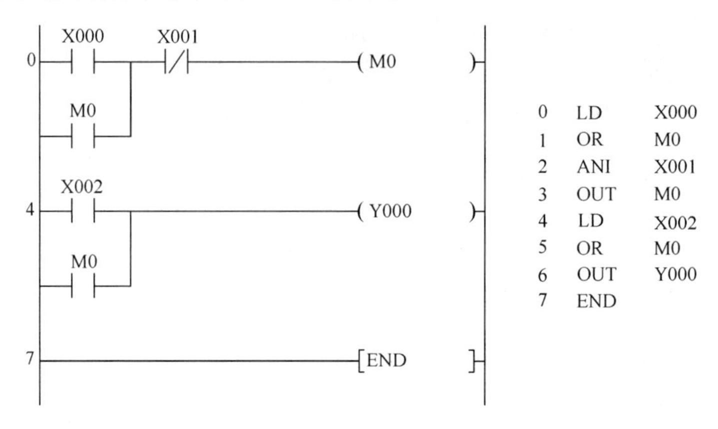

图 2.3-6　点动与连续混合控制梯形图

应用实例 3　三相异步电动机的正反转控制

如图 2.3-7 所示为三相异步电动机正反转控制线路图，其工作原理是：按下正转起动按钮 SB2，交流接触器 KM1 得电，三相异步电动机正转；按下反转起动按钮 SB3，交流接触器 KM2 得电，三相异步电动机反转；无论是正转还是反转，只要按下停止按钮 SB1，电动机都要停止。试用 PLC 实现以上控制。

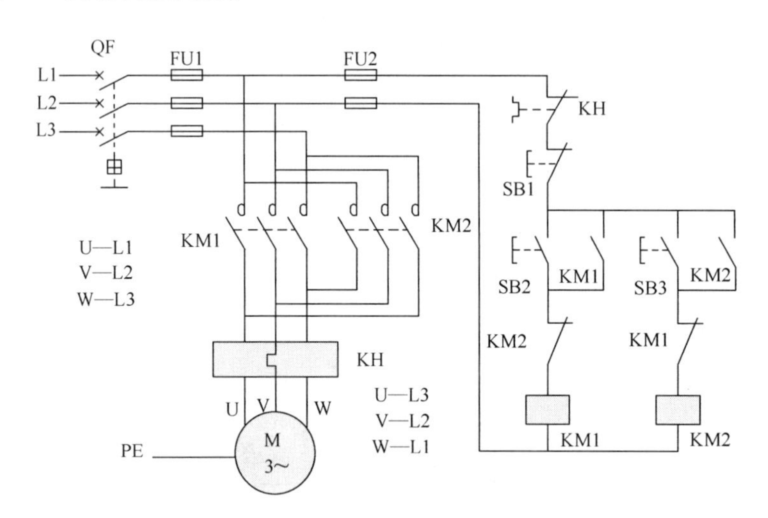

图 2.3-7　三相异步电动机正反转控制线路图

1. 列出 I/O 分配表（见表 2.3-3）

2. 画出 PLC 接线图

电动机正反转控制 PLC 接线如图 2.3-8 所示。

3. 编写梯形图

根据任务要求编写梯形图及其指令语句表，如图 2.3-9 所示。

表 2.3-3　I/O 分配表

输入			输出		
作用	输入元件	输入点	输出点	输出元件	作用
正转起动	SB2	X000	Y000	KM1	正转用交流接触器
反转起动	SB3	X001	Y001	KM2	反转用交流接触器
停止按钮	SB1	X002			

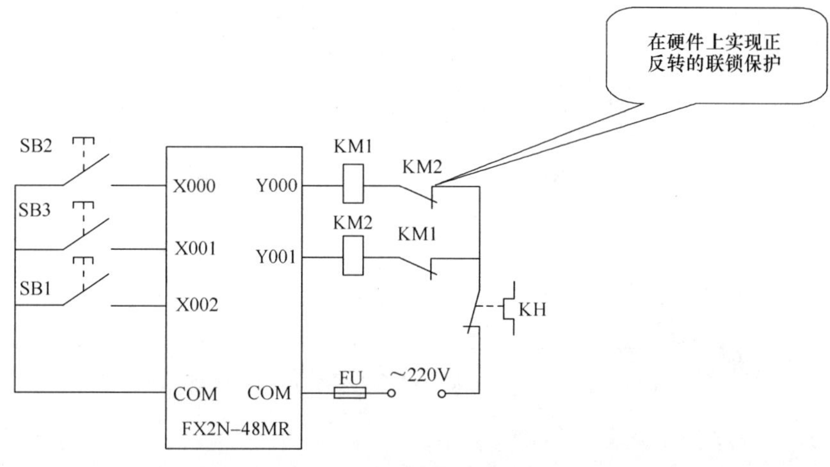

图 2.3-8　三相异步电动机正反转控制 PLC 接线图

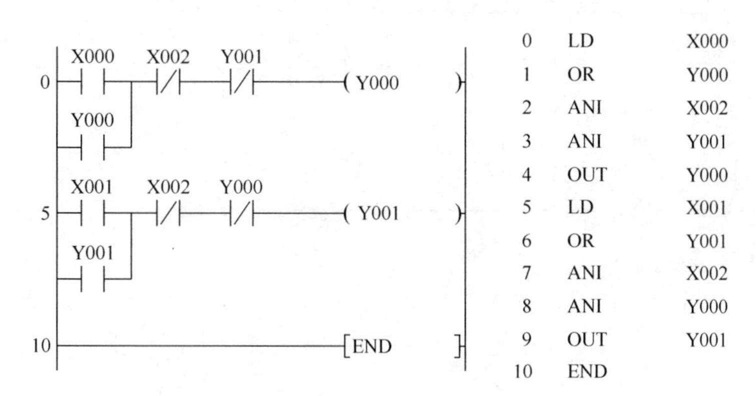

图 2.3-9　三相异步电动机正反转梯形图及指令语句表

注意：梯形图中的 -|/|- (Y001) 和 -|/|- (Y000) 实现了软件（程序）上的联锁保护，用于防止主电路出现电源短路事故。联锁保护在软件编程和硬件接线上都要体现出来。

4. 安装与调试

完成 PLC 接线及程序录入，将录入的程序传送到 PLC，并进行调试，检查是否能完成正转、正转停止、反转、反转停止、正反转联锁等控制要求，直至运行符合控制要求方为成功。

应用实例 4　三相异步电动机的位置控制

如图 2.3-10 为三相异步电动机的位置控制线路图，具体要求是：按下起动按钮 SB1，行车右行，碰到右侧行程开关 SQ2，行车停止右行；按下起动按钮 SB2，行车左行，碰到左侧行程开关 SQ1，行车停止左行。在运行过程中若想停止，可以按下停止按钮 SB3。试编制

PLC 控制程序实现位置控制的功能。

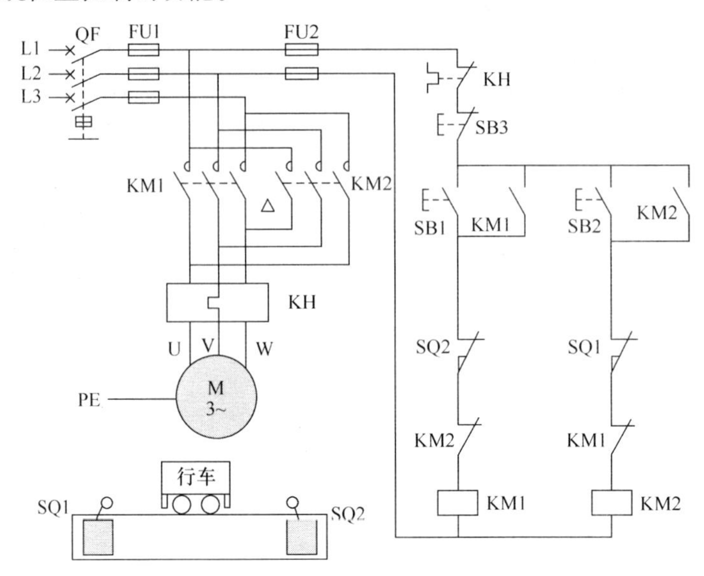

图 2.3-10　三相异步电动机的位置控制线路图

1. 列出 I/O 分配表（见表 2.3-4）。

表 2.3-4　I/O 分配表

输　入			输　出		
作　用	输入元件	输入点	输出点	输出元件	作　用
正转起动	SB1	X000	Y001	KM1	正转用交流接触器
反转起动	SB2	X001	Y002	KM2	反转用交流接触器
停止按钮	SB3	X002			
左行程开关	SQ1	X011			
右行程开关	SQ2	X012			

2. 画出 PLC 接线图

电动机位置控制 PLC 接线如图 2.3-11 所示。

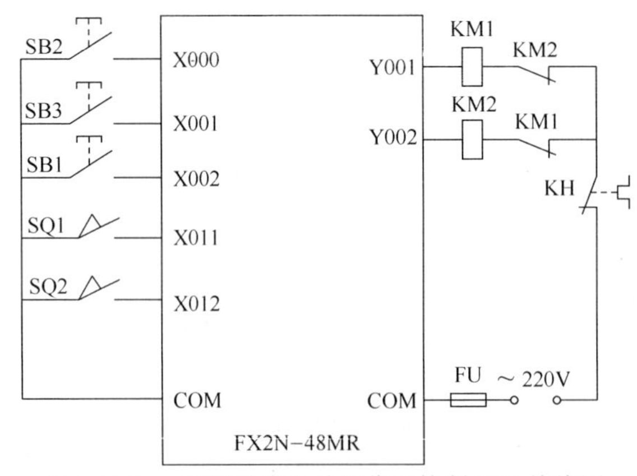

图 2.3-11　三相异步电动机位置控制 PLC 接线图

3. 编写梯形图

根据任务要求编写梯形图及其指令语句表，如图 2.3-12 所示。

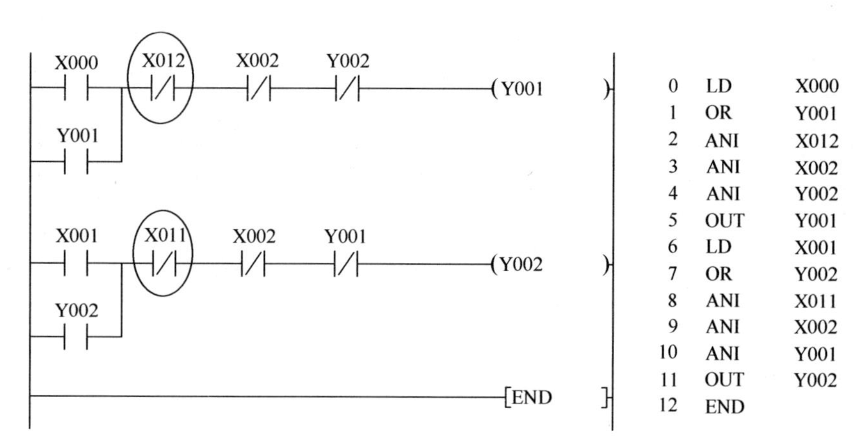

图 2. 3-12　三相异步电动机位置控制梯形图

在图 2. 3-12 所示的梯形图中，X012 -|/|- 是 Y001 的停止；同理，X011 -|/|- 是 Y002 的停止信号之一。

应用实例 5　三相异步电动机的自动往返控制

如图 2. 3-13 所示，为三相异步电动机的自动往返控制线路图，具体要求是：按下起动按钮 SB2，行车右行，碰到右侧行程开关 SQ2，行车停止右行，开始左行，碰到左侧行程开关 SQ1，停止左行，开始右行，一直循环；若小车在右侧时，可按下起动按钮 SB3，行车左行，碰到左侧行程开关 SQ1，行车停止左行，开始右行，并一直循环。在运行过程中若想停止，可以按下停止按钮 SB1。另外 SQ3、SQ4 分别为左、右终端限位开关。试编制 PLC 控制程序实现自动往返控制的功能。

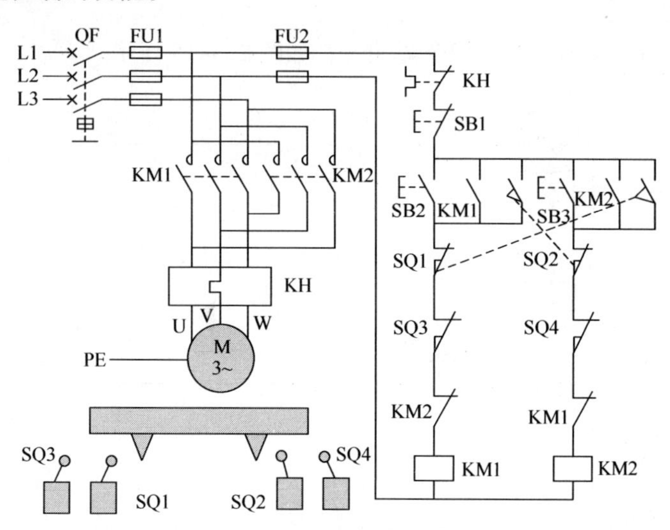

图 2. 3-13　三相异步电动机的自动往返控制

1. 列出 I/O 分配表（见表 2. 3-5）

2. 画出 PLC 接线图

自动往返控制 PLC 接线如图 2. 3-14 所示。

表 2.3-5　I/O 分配表

输　入			输　出		
作　用	输入元件	输入点	输出点	输出元件	作　用
正转起动	SB2	X000	Y001	KM1	正转用交流接触器
反转起动	SB3	X001	Y002	KM2	反转用交流接触器
停止按钮	SB1	X002			
左行程开关	SQ1	X011			
右行程开关	SQ2	X012			
左终端限位	SQ3	X013			
右终端限位	SQ4	X014			

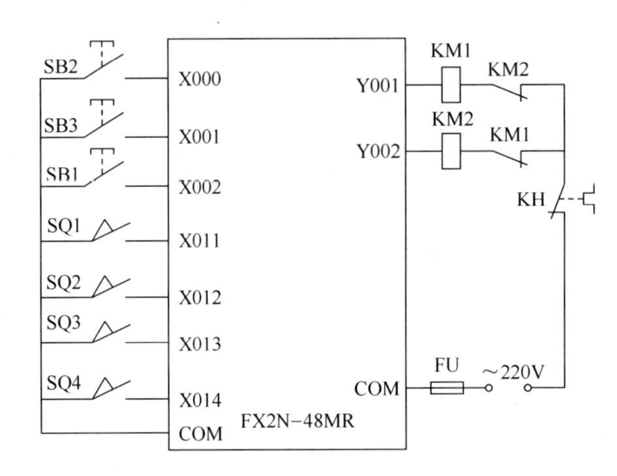

图 2.3-14　三相异步电动机的自动往返控制 PLC 接线图

3. 编写梯形图

根据任务要求编写梯形图及其指令语句表，如图 2.3-15 所示。

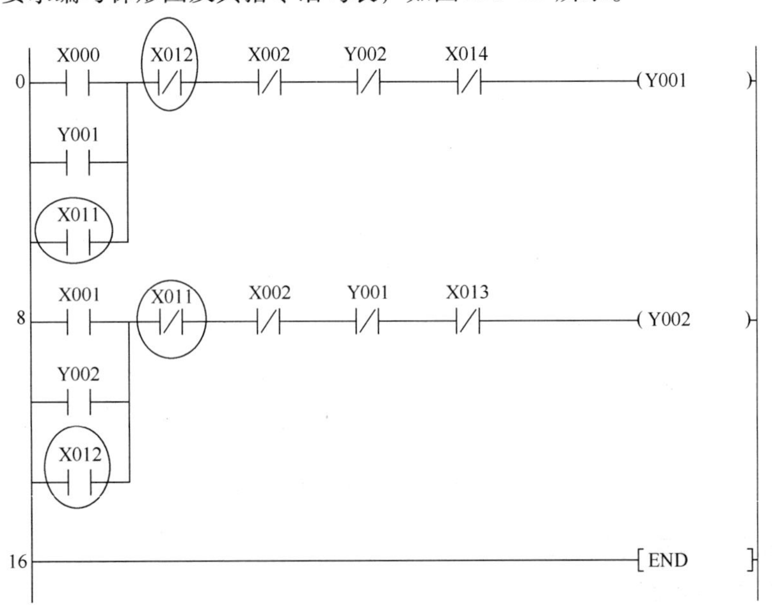

图 2.3-15　三相异步电动机的自动往返控制梯形图

在图2.3-15所示的梯形图中，X012 ┤/├ 是Y001的停止，而X012 ┤/├ 是Y002起动的一个条件；同理，X011 ┤/├ 是Y002的停止信号之一，而X011 ┤ ├ 又是Y001的起动条件之一。由此实现了自动往返的运动控制。

应用实例6　两台电动机的顺序起动控制

如图2.3-16所示，有两台电动机，按下第一台电动机的起动按钮SB2，第一台电动机起动；在第一台电动机起动的前提下，按下第二台电动机的起动按钮SB3，第二台电动机起动。按下停止按钮，两台电动机同时停止工作。试编制PLC控制程序。

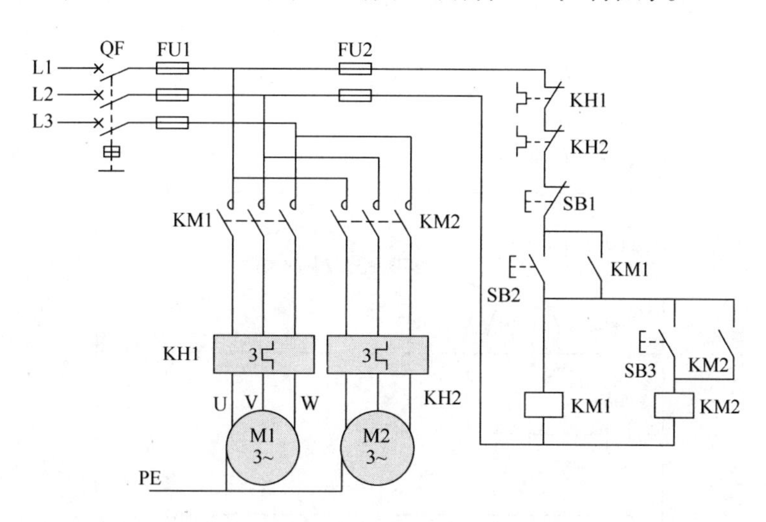

图2.3-16　两台电动机的顺序起动控制线路

1. 列出I/O分配表（见表2.3-6）

表2.3-6　I/O分配表

输　入			输　出		
作　用	输入元件	输入点	输出点	输出元件	作　用
M1的起动	SB2	X001	Y001	KM1	M1的交流接触器
M2的起动	SB3	X002	Y002	KM2	M2的交流接触器
停止按钮	SB1	X003			

2. 画出PLC接线图

两台电动机的顺序起动PLC接线如图2.3-17所示。

3. 编写梯形图

根据任务要求编写梯形图及其指令语句表，如图2.3-18所示。

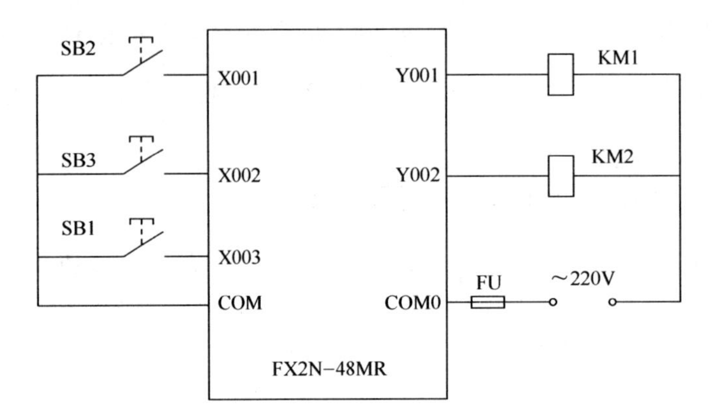

图 2.3-17　两台电动机的顺序起动 PLC 接线图

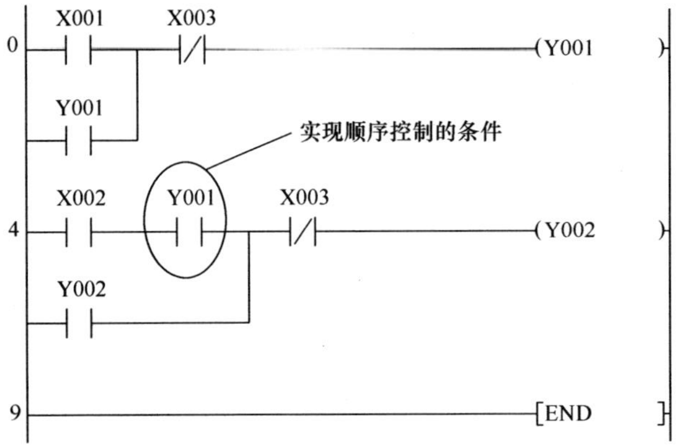

图 2.3-18　两台电动机的顺序起动梯形图

应用实例 7　4 台电动机的顺序起动控制

有 4 台电动机，起动时要求：每隔 5min 依次起动；停止时，按下起动按钮，4 台电动机同时停止。试编制 PLC 控制程序来实现此功能。

1. 列出 I/O 分配表（见表 2.3-7）

表 2.3-7　I/O 分配表

输　入			输　出		
作　用	输入元件	输入点	输出点	输出元件	作　用
起动按钮	SB1	X000	Y000	KM1	电动机 1 接触器
停止按钮	SB2	X001	Y001	KM2	电动机 2 接触器
			Y002	KM3	电动机 3 接触器
			Y003	KM4	电动机 4 接触器

2. 画出 PLC 接线图

4 台电动机顺序起动控制 PLC 接线如图 2. 3-19 所示。

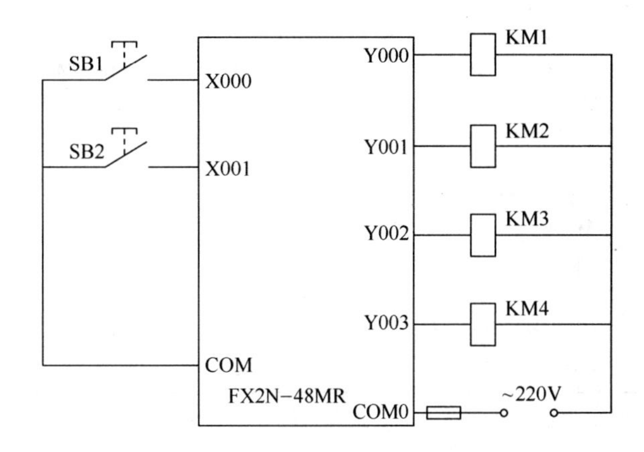

图 2. 3-19　4 台电动机顺序起动控制 PLC 接线图

3. 编写梯形图

我们可以用 3 种方法来实现 4 台电动机的顺序起动控制。

方法一：

如图 2. 3-20 所示，采用定时器来实现 4 台电动机的顺序控制。

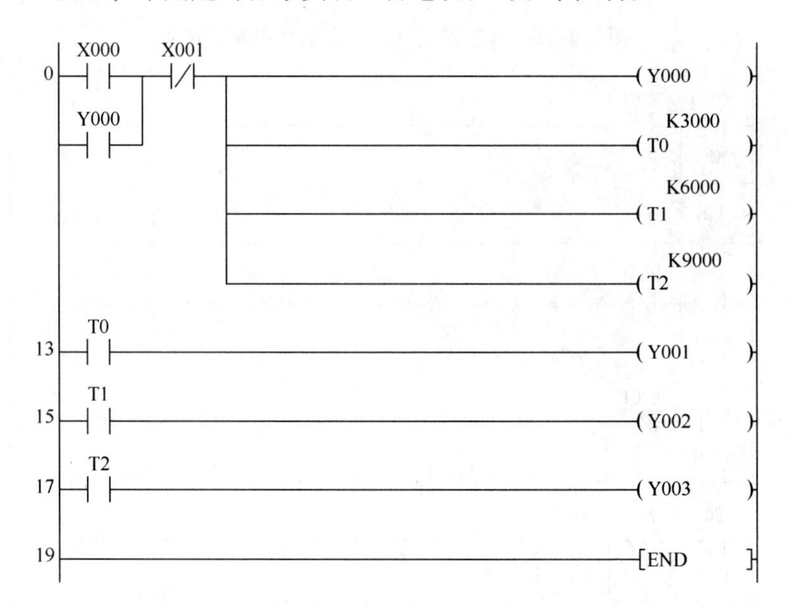

图 2. 3-20　用定时器实现 4 台电动机的顺序控制

方法二：

如图 2. 3-21 所示，是采用计数器实现的 4 台电动机顺序控制。

方法三：

如图 2. 3-22 所示，是采用连续脉冲信号实现的 4 台电动机顺序控制。

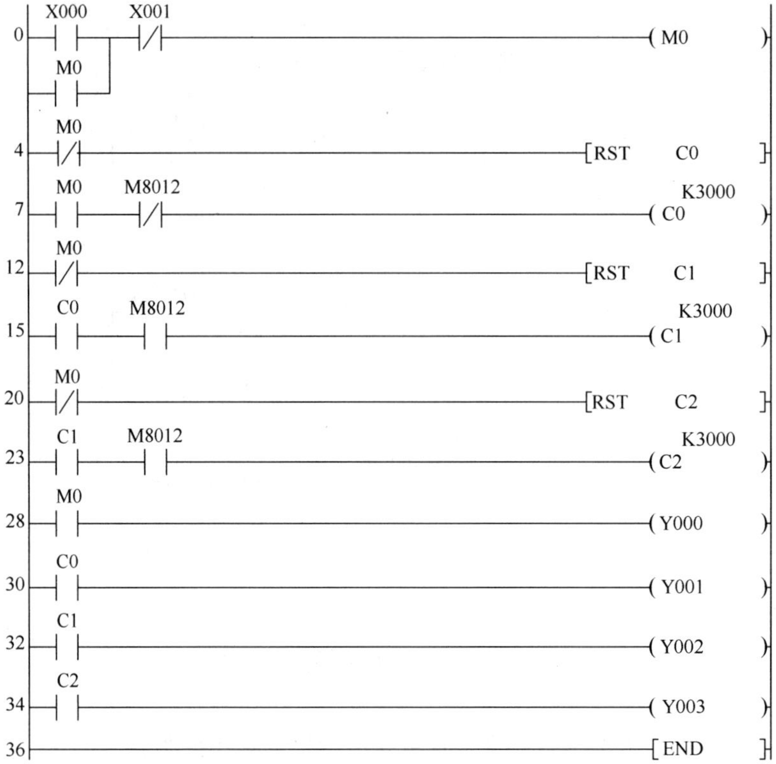

图 2.3-21　计数器实现的 4 台电动机顺序控制

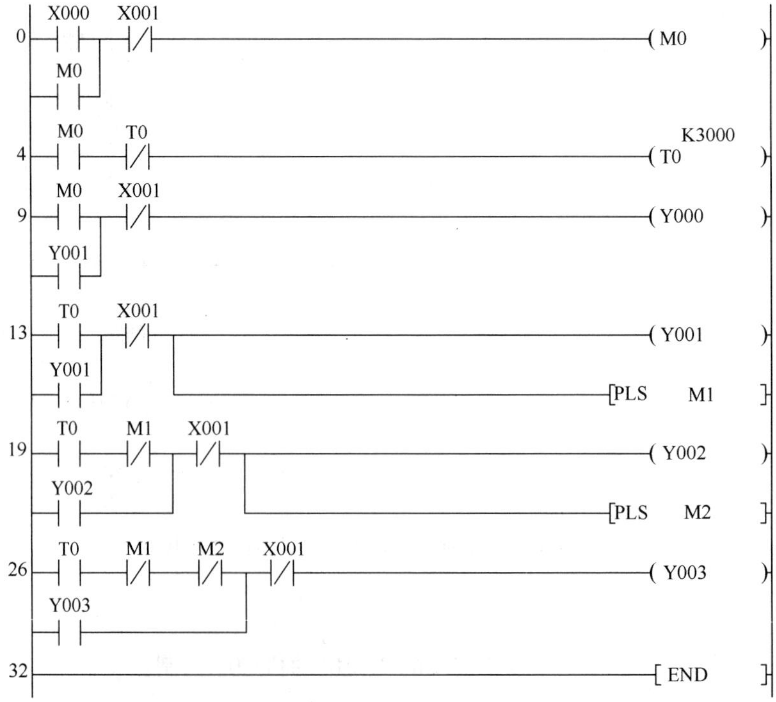

图 2.3-22　用连续脉冲信号实现的 4 台电动机顺序控制

应用实例 8　三相异步电动机的Y-△减压起动控制

如图 2.3-23 所示为三相异步电动机Y-△减压起动控制线路：按下起动按钮Y交流接触器得电，同时主交流接触器得电，电动机进行Y减压起动，起动时间为 8s，8s 后，Y交流接触器失电，△交流接触器得电，电动机全压运行。试编制 PLC 控制程序。

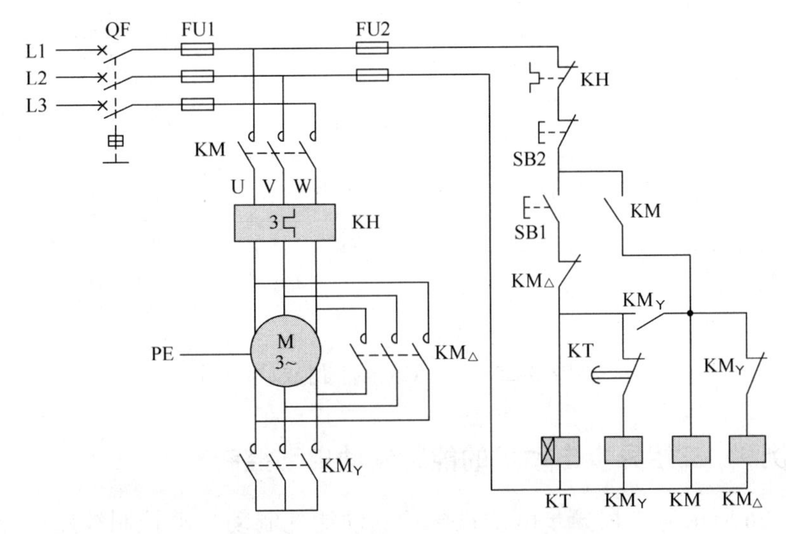

图 2.3-23　Y-△减压起动控制线路

1. 列出 I/O 分配表（见表 2.3-8）

表 2.3-8　I/O 分配表

输　入			输　出		
作　用	输入元件	输入点	输出点	输出元件	作　用
起动按钮	SB1	X000	Y001	KM	主交流接触器
停止按钮	SB2	X001	Y002	KM_Y	Y交流接触器
			Y003	$KM_△$	△交流接触器

2. 画出 PLC 接线图

Y-△减压起动控制 PLC 接线如图 2.3-24 所示。

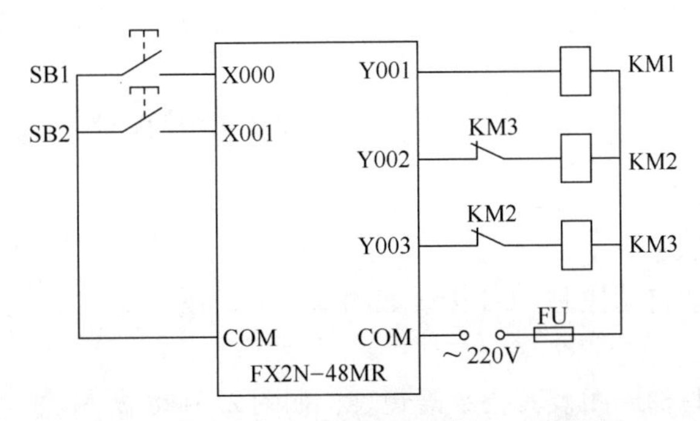

图 2.3-24　Y-△减压起动控制 PLC 接线图

3. 编写梯形图

根据任务要求编写梯形图及其指令语句表，如图 2. 3-25 所示。

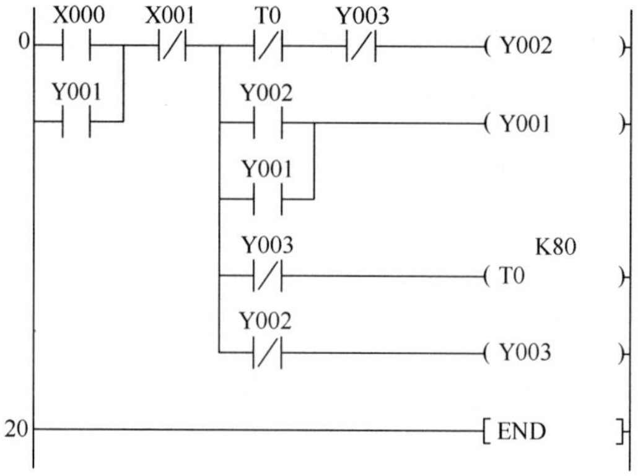

```
0   LD   X000
1   OR   Y001
2   ANI  X001
3   MPS
4   ANI  T0
5   ANI  Y003
6   OUT  Y002
7   MRD
8   LD   Y002
9   OR   Y001
10  ANB
11  OUT  Y001
12  MRD
13  ANI  Y003
14  OUT  T0    K80
17  MPP
18  ANI  Y002
19  OUT  Y003
20  END
```

图 2. 3-25　Y-△减压起动控制梯形图

应用实例 9　三相异步电动机的能耗制动自动控制

如图 2. 3-26 所示为三相异步电动机单相起动能耗制动自动控制线路：按下起动按钮 SB1，电动机连续运转；按下停止按钮 SB2，KM2 得电接通制动电路，同时时间继电器开始定时，待定时时间到，KM2 失电切断制动电路。试编制 PLC 控制程序。

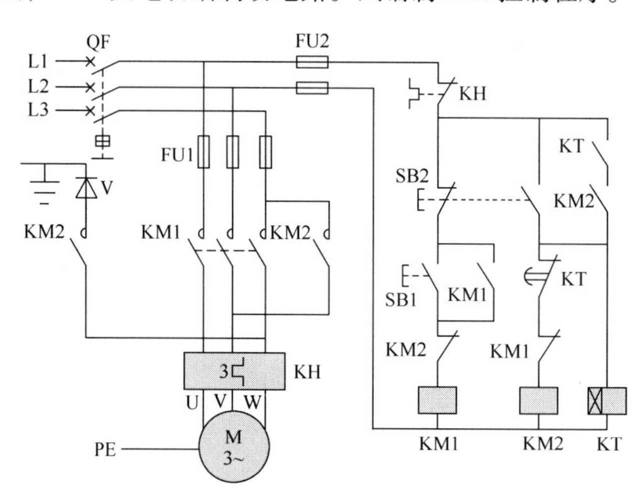

图 2. 3-26　单相起动能耗制动自动控制线路

1. 列出 I/O 分配表（见表 2. 3-9）

2. 画出 PLC 接线图

单相起动能耗制动自动控制 PLC 接线如图 2. 3-27 所示。

3. 编写梯形图

根据任务要求编写梯形图及其指令语句表，如图 2. 3-28 所示。

表 2.3-9　I/O 分配表

输　入			输　出		
作　用	输入元件	输入点	输出点	输出元件	作　用
起动按钮	SB1	X001	Y001	KM1	电动机用接触器
停止按钮	SB2	X002	Y002	KM2	制动用接触器

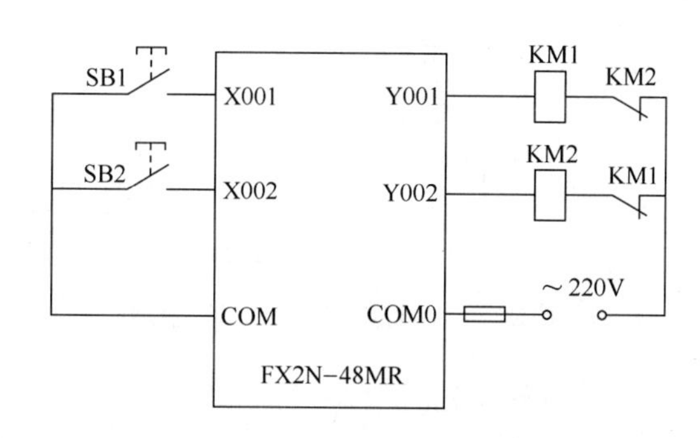

图 2.3-27　单相起动能耗制动自动控制 PLC 接线图

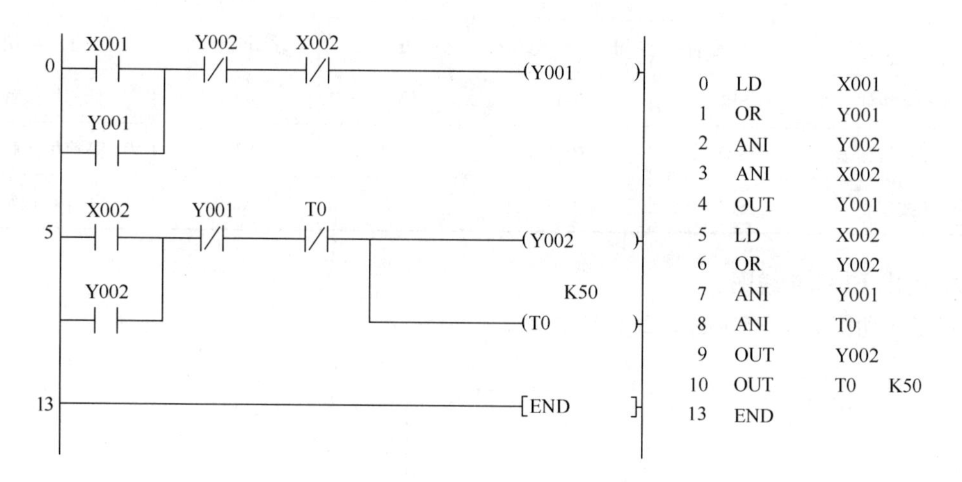

图 2.3-28　单相起动能耗制动自动控制梯形图

应用实例 10　双速异步电动机控制

如图 2.3-29 所示为按钮和时间继电器控制双速异步电动机控制线路。低速时的连接：三相电源分别接至定子绕组作△联结顶点的出线端 U1、V1、W1，另外三个出线端 U2、V2、W2 空着不接，此时电动机定子绕组接成△，磁极为 4 极，同步转速为 1500r/min。

高速时，把 3 个出线端 U1、V1、W1 并接在一起，另外 3 个出线端 U2、V2、W2 分别接到三相电源上，这时电动机定子绕组接成 YY，磁极为 2 极，同步转速为 3000r/min。

试编制 PLC 控制程序来实现以上功能。

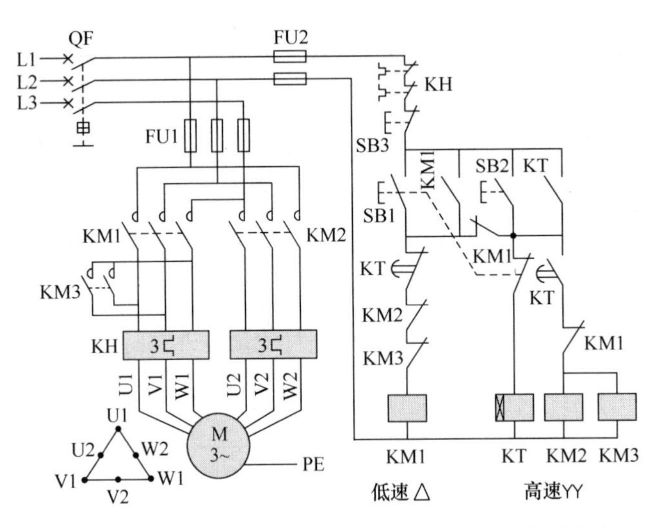

图 2.3-29　按钮和时间继电器控制双速电动机控制线路

1. 列出 I/O 分配表（见表 2.3-10）

表 2.3-10　I/O 分配表

输　入			输　出		
作　用	输入元件	输入点	输出点	输出元件	作　用
低速起动按钮	SB1	X001	Y001	KM1	低速用接触器
高速起动按钮	SB2	X002	Y002	KM2	高速用接触器
停止按钮	SB3	X003	Y003	KM3	YY用接触器

2. 画出 PLC 接线图

双速电动机 PLC 接线如图 2.3-30 所示。

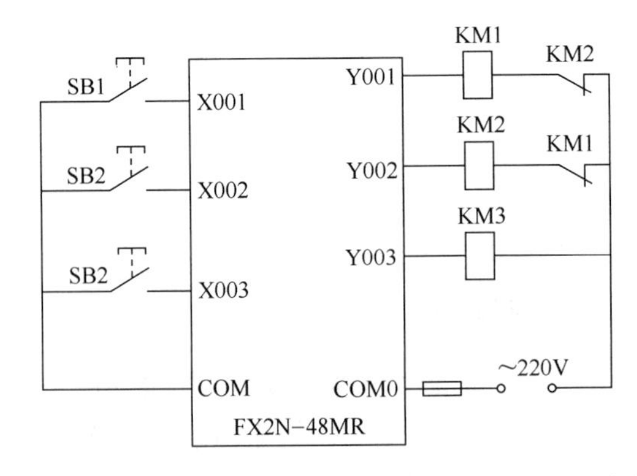

图 2.3-30　按钮和时间继电器控制双速电动机 PLC 接线图

3. 编写梯形图

根据任务要求编写梯形图及其指令语句表，如图 2.3-31 所示。

```
0   LD    X001
1   OR    Y001
2   ANI   Y002
3   ANI   Y003
4   ANI   X003
5   ANI   T1
6   OUT   Y001
7   LD    X002
8   OR    M0
9   ANI   T1
10  OUT   M0
11  OUT   T1    K50
12  LD    T1
15  OR    Y002
16  ANI   Y001
17  ANI   X003
18  OUT   Y002
19  OUT   Y003
20  END
```

图 2. 3-31　按钮和时间继电器控制的双速电动机梯形图

第三章 顺序控制

第一节　顺序控制及顺序功能图

一、顺序控制概述

顺序控制设计法是一种先进的设计方法，容易被初学者接受，也极大地提高了程序设计的效率，并且程序的修改、调试和可阅读都很方便。那么，什么是顺序控制呢？顺序控制，就是按照生产工艺预先设定的顺序，在各个输入信号的作用下，根据内部状态和时间的顺序，使生产过程的各个执行机构自动有序地进行操作。

在顺序控制编程中，生产过程是按顺序、有步骤地进行连续工作的，因此可以将一个较复杂的生产过程分解成若干步骤，每一步对应生产过程中的一个控制任务，也成为一个工步（或一个状态）。在顺序控制的每个工步中，都应含有完成相应控制任务的输出执行机构和转移到下一个工步的转移条件。

顺序控制编程有以下几个优点：

1）在程序中可以直观地看到设备的动作顺序。顺序控制程序（SFC 程序）是按照设备（或工艺）的动作顺序而编写，所以程序的规律性较强，容易读懂，具有一定的可视性。

2）在设备发生故障时能很容易找出故障所在位置。

3）不需要复杂的互锁电路，更容易设计和进行系统的维护。

二、顺序功能图的基本结构

我们以“运料小车”控制为例来认识一下顺序控制的基本结构。如图 3.1-1 所示为运料小车示意图，其控制要求如下：

小车开始停在左侧限位开关 SQ2 处，按下起动按钮 SB1，开始装料，装料时间为 20s，装料结束后小车右行，碰到右限位开关 SQ1，开始卸料，经过 10s 后，小车自动左行，碰到左限位开关后，停止运行。

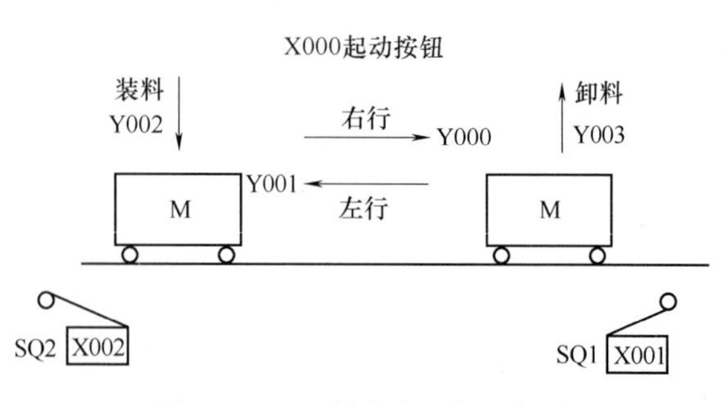

图 3.1-1　运料小车运行示意图

根据控制要求可知，整个过程可分为 4 步：装料、右行、卸料、左行。I/O

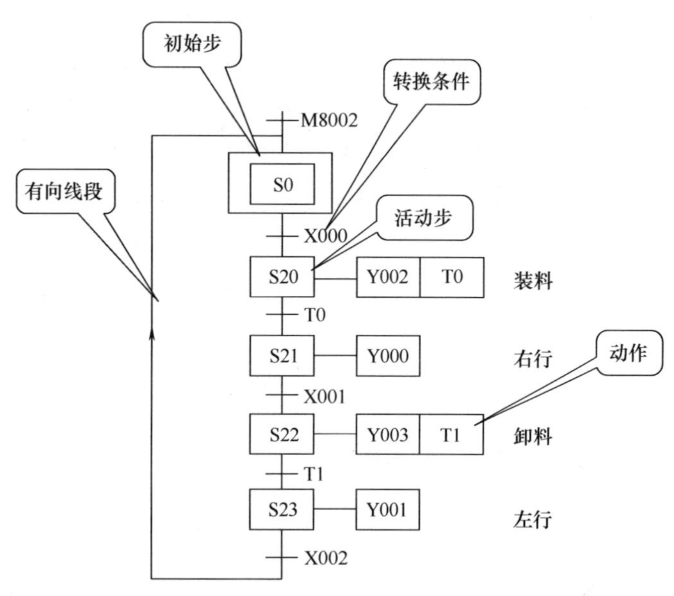

图 3.1-2 运料小车控制的顺序功能图

地址通道分配可以参照图 3.1-1 来列出。

如图 3.1-2 所示为运料小车控制的顺序功能图，它由步、有向连线、转换及转换条件和动作（或命令）4 个部分组成。

1. 步

顺序控制的思想，就是把一个控制系统的工作周期分为几个顺序相连的工序，这些工序就称为“步”。“步”可以用编程软元件辅助继电器 M 或状态元件 S 来表示，我们在后面学习步进顺序控制时，主要用状态元件 S 来表示。

“步”是控制系统中的一个相对稳定的状态，步的划分原则是：根据输出量的状态变化来划分，也就是说在任何一步内，各个输出量的 ON/OFF 状态不变，但相邻步的输出量的状态是不同的。顺序功能图中的“步”可分为初始步和活动步。

（1）初始步

与系统的初始状态相对应的步称为初始步。初始状态是系统运行的起点，初始步用双线框表示，如 S0 ，每一个顺序功能图至少有一个初始步。

（2）活动步

当系统正处于某一步所在的阶段时，该步就处于活动状态，我们把该步称为“活动步”，用矩形框表示，如 S20 。步处于活动状态时，后面的动作将被执行；步处于不活动状态时，其后面的动作将被停止（存储型动作除外）。

2. 有向线段

步与步之间的有向线段用来表示步的活动状态和进展方向。从上到下和从左到右这两个方向上的箭头可以省略，其他方向上必须加上箭头用来注明步的进展方向。

3. 转换及转换条件

转换是垂直于有向线段的短划线，其作用是将相邻的两步分开。转换旁边要注明转换条件，它是与转换有关的逻辑命题，转换条件可以用文字语言、布尔代数表达式或图形符号进行标注。转换条件可以为一个，也可为多个条件的逻辑组合。

4. 动作（或命令）

一个步表示控制过程中的稳定状态，它可以对应一个或多个动作。可以在步右边加一个矩形框，在框中用简明的文字说明该步对应的动作。一个步可以有一个或多个动作。

根据以上分析，绘制顺序功能图应注意几个问题：

1）两个步之间必须用转换隔开，两个步绝对不可直接相连。

2）两个转换必须用一个步隔开，两个转换也不能相连。

3）系统必须有等待系统启动的初始状态。

4）在顺序功能图中，只有当某一步的前级步是活动的，转换条件又满足时，这一步才能变为活动步，同时其前级步自动变为不活动步。

例如在图 3.1-2 中，当 S20 为活动步时，而且此时 T0 的定时时间到，所以步可以由 S20 转移到 S21，于是 S21 变为活动步，而 S20 就自动变为不活动步。

三、步进指令与状态元件

在顺序控制中，“步”可以用 M 或 S 来表示，当“步”用状态继电器 S 表示时，需要配合步进指令来使用。

FX2N 系列 PLC 的步进指令有两条：STL（步进接点指令）和 RET（步进返回指令）。

STL 为步进接点指令，其功能是将步进接点接到左母线。

STL 指令的操作元件是状态继电器 S，例如可以记作 —[ ]— S20。步进接点只有常开触点，没有常闭触点。当步进接点接通时，将左母线移到新的临时位置，即移到步进接点右边，产生一个临时的左母线。这样，与步进接点相连的逻辑行就可以执行，并且可以采用基本指令写出其指令语句表。

RET 是步进返回指令，其功能是用来复位 STL 指令的，使临时左母线返回到原先左母线的位置。RET 指令没有操作元件。

注意：STL 和 RET 指令只有与状态继电器 S 配合使用才能具有步进功能。

状态继电器（S）共分为 5 类，主要功能如下：

1）初始状态继电器 S0 ~ S9 共 10 点；

2）回零状态继电器 S10 ~ S19 共 10 点；

3）通用状态继电器 S20 ~ S499 共 480 点；

4）具有断电保持功能的状态继电器 S500 ~ S899 共 400 点；

5）供报警用的状态继电器 S900 ~ S999 共 100 点。

在步进顺序控制里，我们使用前 4 种状态继电器来表示顺序控制里的各个步。

步进指令在使用时应注意以下问题：

1）STL 指令的状态继电器 S 的常开触点称为 STL 触点，是“胖”触点。步进触点只有常开触点，用 —[ ]— 表示，与左侧母线相连，步进触点没有常闭触点。

2）状态继电器使用时可以按编号顺序使用，也可以任意选择使用，但是不允许重复使用。

3）与 STL 触点相连的触点应用 LD 或 LDI 指令，只有执行完 RET 后才返回到最初的左母线。

4）只有步进触点闭合时，它后面的电路才能动作。如果步进触点断开则其后面的电路将全部断开。但是在一个扫描周期以后，不再执行指令。

5）STL 触点可直接驱动或通过别的触点驱动 Y、M、S、T、C 等元件的线圈。当前状态可由单个触点作为转移条件，也可由多个触点的组合作为转移条件。

6）由于 PLC 只执行活动步对应的电路块，所以使用 STL 指令时允许双线圈输出（步进顺序控制在不同的步可多次驱动同一线圈）。

7）STL 触点驱动的电路块中不能使用 MC 和 MCR 指令，但可以用 CJ 指令。

8）在中断程序和子程序里，不能使用 STL 指令。

在实现控制要求时，往往需要把顺序功能图转化为梯形图，在进行梯形图转换时，要注意 STL、RET 指令的特殊用法。STL、RET 指令的应用如图 3.1-3 所示。

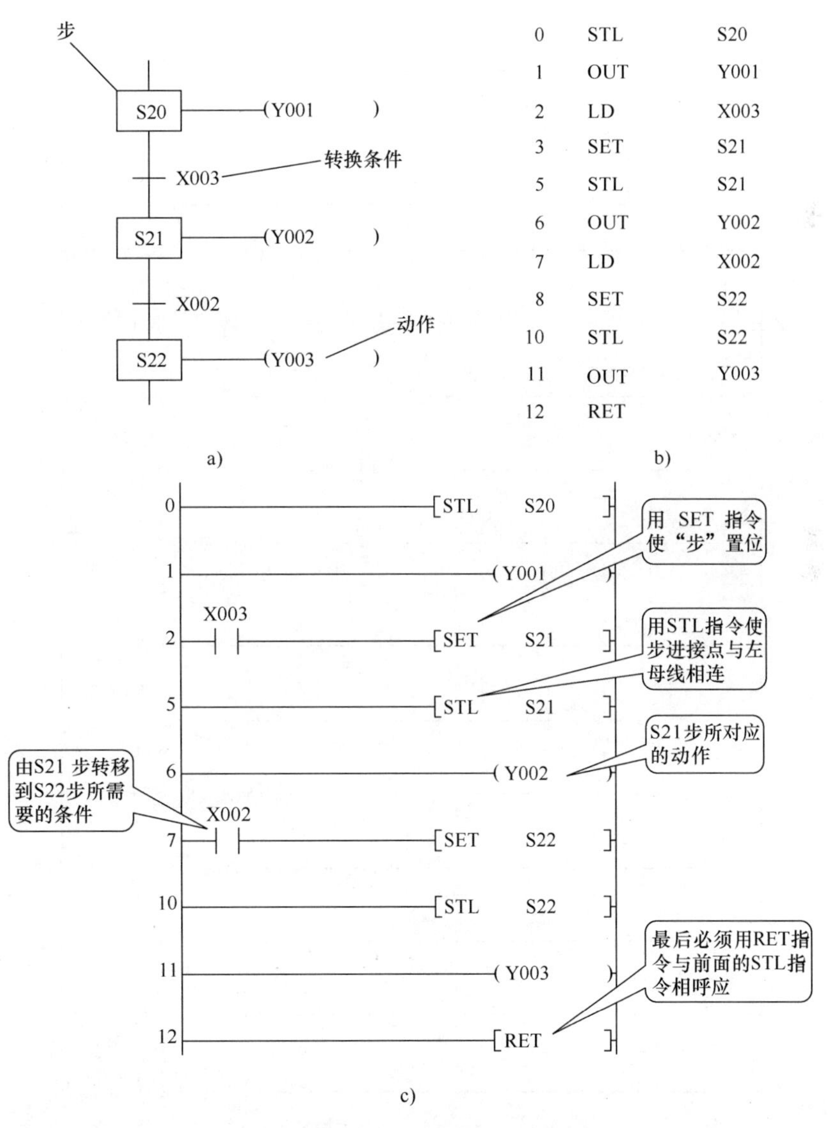

图 3.1-3　STL、RET 指令的应用

a）顺序功能图　b）指令语句表　c）梯形图

应用实例　运料小车控制的梯形图编程

应用步进指令，可以写出图 3. 1-2 运料小车控制顺序功能图所对应的梯形图，如图 3. 1-4 所示。

```
M8002
─┤ ├──────────────────[SET  S0  ]
──────────────────────[STL  S0  ]
X000
─┤ ├──────────────────[SET  S20 ]
──────────────────────[STL  S20 ]
──────┬───────────────(Y001     )
      │                  K200
      └───────────────(T0       )
T0
─┤ ├──────────────────[SET  S21 ]
──────────────────────[STL  S21 ]
──────────────────────(Y000     )
X001
─┤ ├──────────────────[SET  S22 ]
──────────────────────[STL  S22 ]
──────┬───────────────(Y003     )
      │                  K100
      └───────────────(T1       )
T1
─┤ ├──────────────────[SET  S23 ]
──────────────────────[STL  S23 ]
──────────────────────(Y001     )
X002
─┤ ├──────────────────[SET  S0  ]
──────────────────────[RET      ]
──────────────────────[END      ]
```

图 3. 1-4　运料小车控制的梯形图

第二节 单序列顺序控制

一、顺序控制设计法编程的基本步骤

顺序控制编程大致可以分为以下几个步骤：

1）详细分析系统的工艺过程，列出I/O分配表。将整个控制过程分为几个工步，确定每个工步的动作及转移到下一个工步的条件等，为画顺序功能图理清思路。

2）画出PLC接线图。

3）根据控制要求或加工工艺要求，设计顺序功能图（SFC）。

4）根据顺序功能图编制出相应的梯形图。

5）输入程序，根据控制要求进行调试。

二、单序列顺序控制的结构

单序列步进顺序控制结构如上节的图3.1-2所示，我们可以看到，程序的运行方向为从上到下，没有分支，运行到最后一步S23，再返回到初始状态S0，像这种没有任何分支的顺序控制结构称为单序列结构。图3.1-2所示的控制只执行一个周期，所以也称为单周期控制。

有时候系统要求进行连续循环的工作方式，则在顺序功能图中，就要求运行完最后一步S23之后，系统回到S20，继续下一个周期，这种控制方式称为多周期，运料小车控制的多周期顺序功能图如图3.2-1所示。

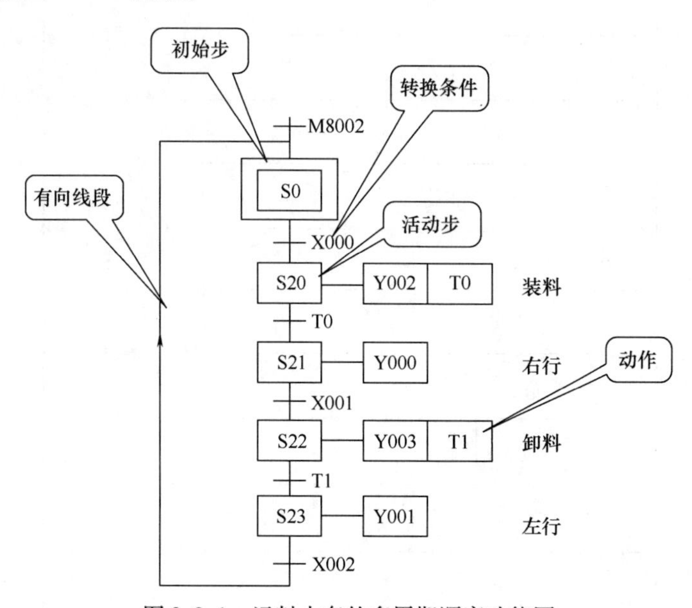

图3.2-1 运料小车的多周期顺序功能图

应用实例1 减压起动控制

在第二章的应用实例8中，我们用基本指令实现了三相异步电动机的Y-△减压起动控制，下面改用单序列顺序控制来实现相同的控制。

Y-△减压起动的控制线路图、I/O 地址通道分配表、PLC 接线图见第二章应用实例 8。

1. 设计顺序功能图

Y-△减压起动顺序功能图如图 3.2-2 所示。

2. 编写梯形图

根据顺序功能图编制Y-△减压起动控制的梯形图如图 3.2-3 所示。

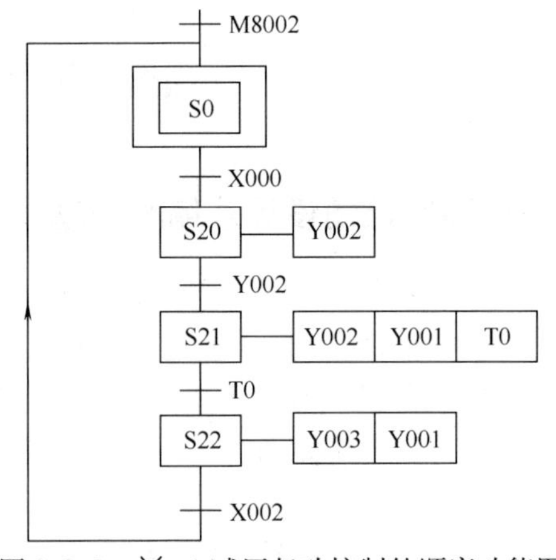

图 3.2-2　Y-△减压起动控制的顺序功能图

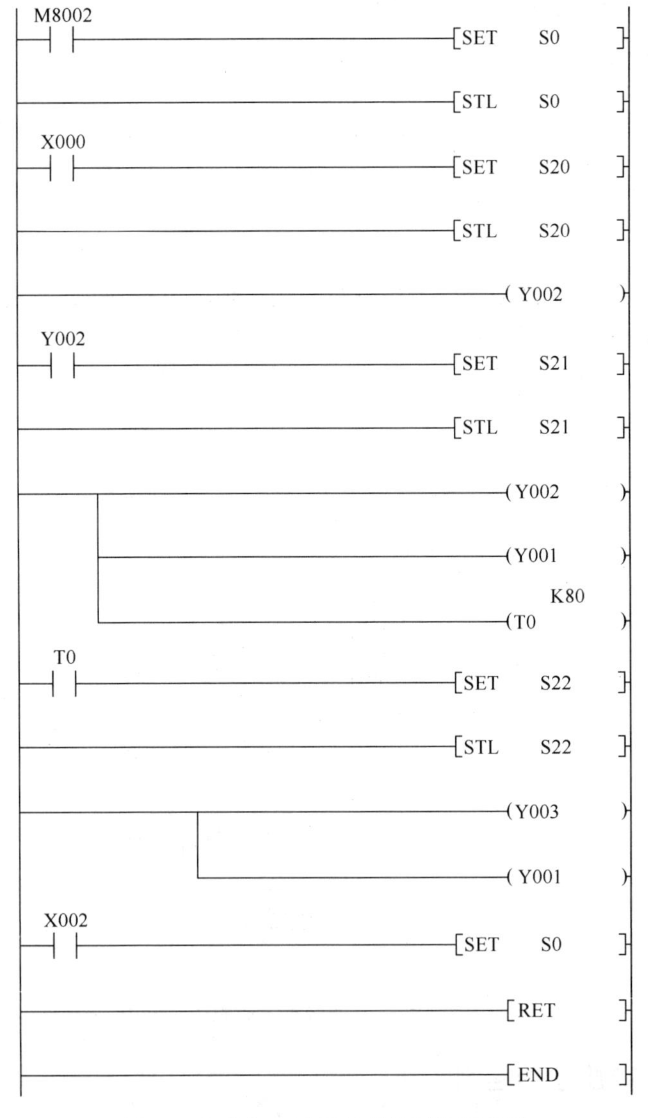

图 3.2-3　Y-△减压起动控制的梯形图

应用实例2 液料混合控制

在化工行业经常会涉及多种液体的混合问题。如图3.2-4所示为液体混合装置，上、中、下限位传感器在其各自被液体淹没时为ON，否则为OFF。电磁阀YV1、YV2、YV3，当其线圈通电时打开，线圈断电时关闭。开始容器是空的，电磁阀均处于关闭状态，传感器为OFF状态。

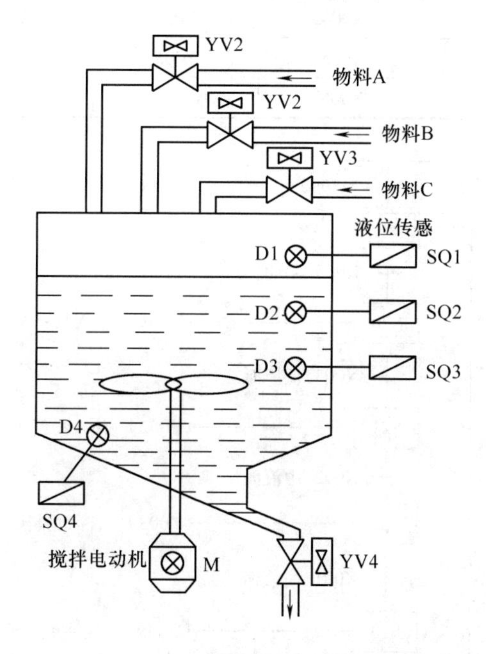

图3.2-4 液料混合装置示意图

按下起动按钮，打开阀YV1，液体A流入容器中，限位开关SQ3变为ON时，关闭阀YV1，打开阀YV2，液体B流入容器，当液位到达限位开关SQ3时，关闭阀YV2，打开阀YV3，液体C流入容器，当液位到达限位开关SQ1时，关闭阀YV3，搅拌电动机开始运行，搅动液体60s后停止搅拌，打开阀YV4，放出混合液，当液面降至限位开关SQ4后再过5s，关闭阀YV4，系统回到初始状态。

1. 分析系统工艺要求，列出I/O地址通道分配表

根据控制要求，液料混合的过程控制属于单序列顺序控制，我们可以将整个过程分为以下几个步骤：

初始状态→液体A流入→液体B流入→液体C流入→搅动液体→放出混合液体→计时5s→停止在初始状态。

I/O地址通道分配见表3.2-1。

2. 设计顺序功能图

液料混合控制的单序列顺序功能图如图3.2-5所示。

3. 根据顺序功能图，编制出相应的梯形图

液料混合控制的梯形图如图3.2-6所示。

表 3.2-1 I/O 分配表

输 入			输 出		
作 用	输入元件	输 入 点	输 出 点	输出元件	作 用
高限位开关	SQ1	X001	Y001	YV1	液料 A 电磁阀
中限位开关	SQ2	X002	Y002	YV2	液料 B 电磁阀
低限位开关	SQ3	X003	Y003	YV3	液料 C 电磁阀
下限位开关	SQ4	X004	Y004	YV4	放料阀
起动按钮	SB1	X005	Y005	KM1	搅拌电动机 M
停止按钮	SB2	X006			

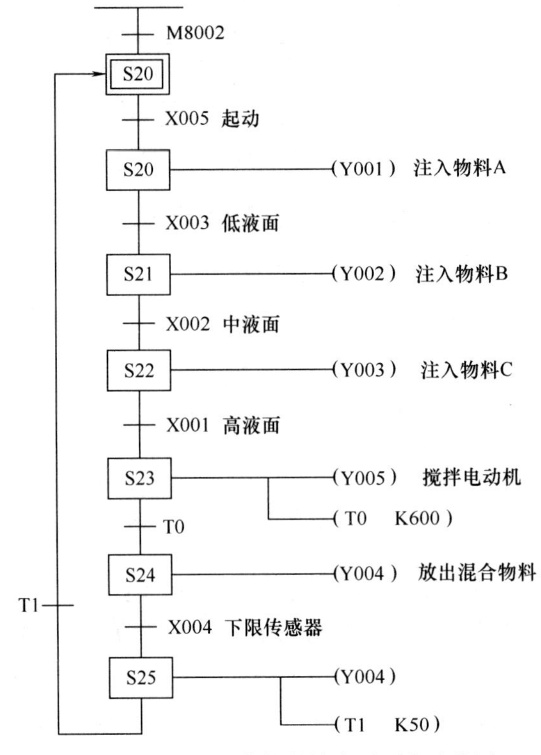

图 3.2-5 液料混合控制单序列顺序功能图

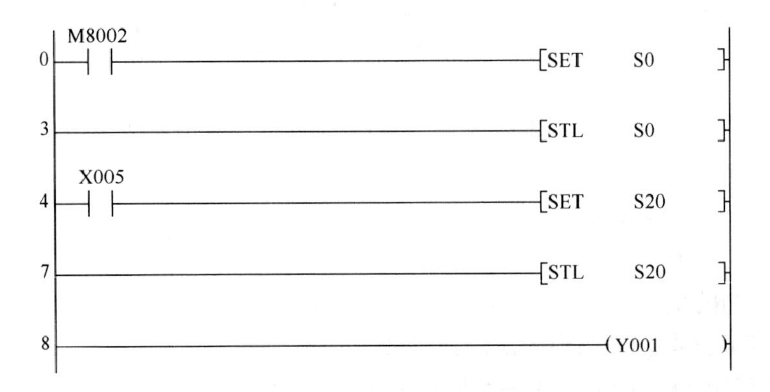

图 3.2-6 液料混合控制的梯形图

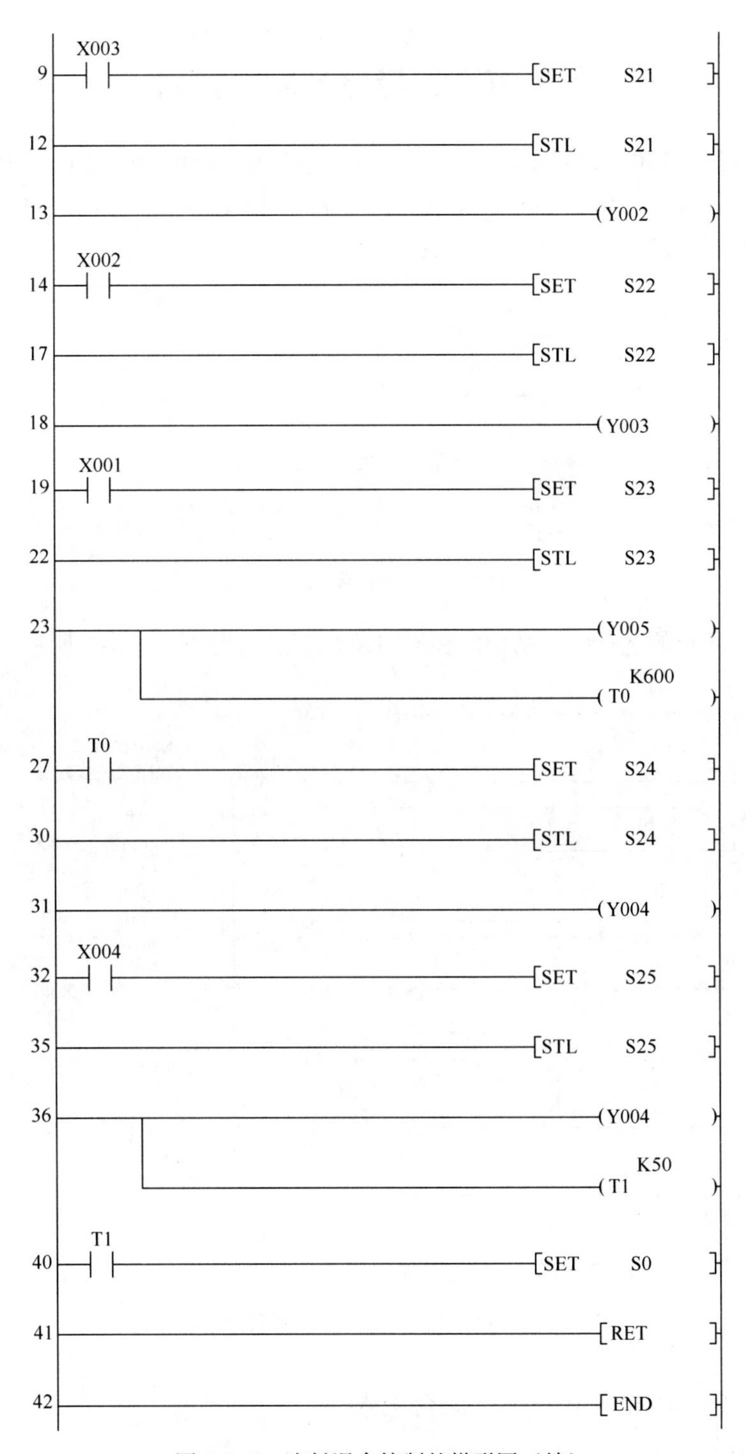

图 3.2-6 液料混合控制的梯形图（续）

4. 输入程序，进行调试

将程序输入到 PLC 中，然后进行程序调试。调试过程中要注意各动作顺序，每次操作都要注意监控观察各输出和相关的定时器（T1 和 T2 的变化），检查是否实现了液料混合系统所要求的液体混合、搅拌和放出的功能。

第三节　选择序列顺序控制

选择序列的结构如图 3. 3-1 所示，在 S20 和 X000 条件满足的情况下，X001 的动作与否决定了程序的转移方向：如果$\overline{\text{X001}}$条件满足，程序转向 S21 执行；如果 X001 条件满足，则程序转向 S31 执行，这样的序列称之为选择序列。

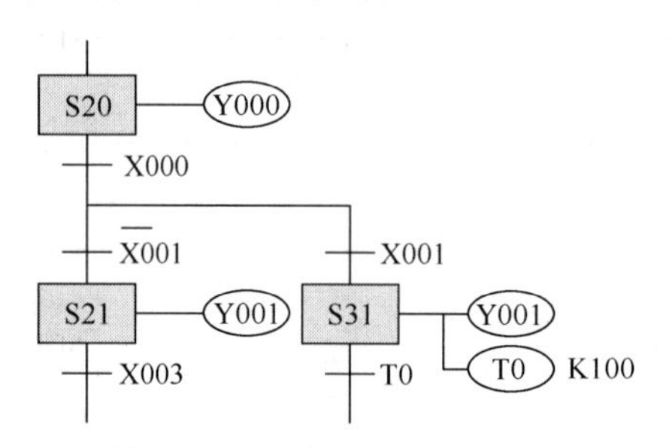

图 3. 3-1　选择序列的结构

如图 3. 3-1 所示的选择序列结构的梯形图及指令语句表如图 3. 3-2 所示。

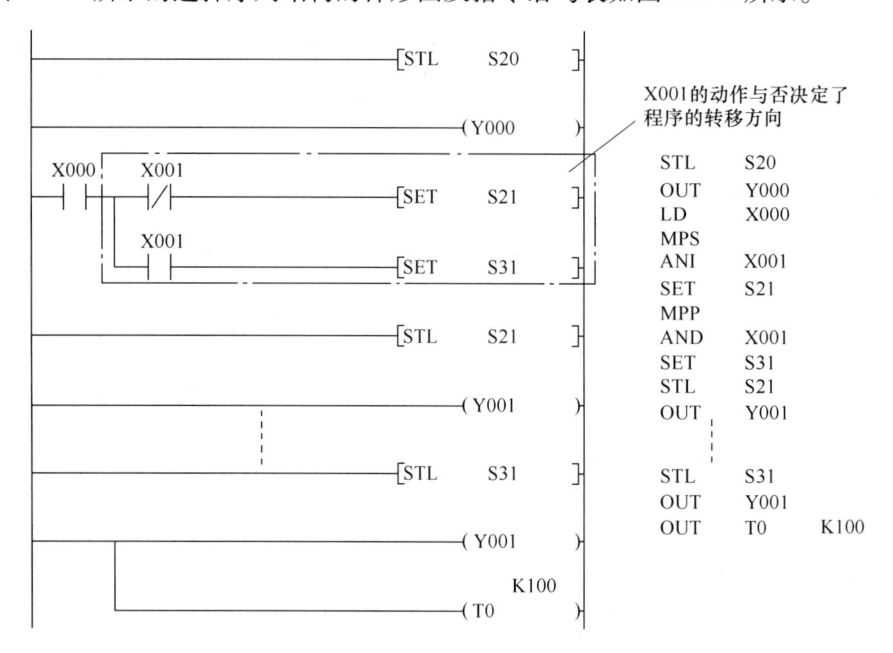

图 3. 3-2　选择序列结构的梯形图和指令语句表

应用实例 1　加入停止的液料混合控制

对于液料混合控制，可以再附加以下控制要求：

1）一个周期结束后，又打开阀 YV1，开始下一个周期的操作。

2）按下停止按钮，在当前工作周期的操作结束后，才停止操作，系统停在初始状态。

1. 分析工艺要求，设计顺序功能图

根据控制要求，结合前一节学习的单序列顺序控制，可以看出，在这里需要解决两个问题：一是要实现多周期控制；二是停止按钮的使用。按过停止和没按过停止按钮，顺序控制选择的路径是不同的，所以在这里涉及的是根据不同的条件进行选择的问题。

整个控制过程可具体分为以下步骤：

初始状态→液体 A 流入→液体 B 流入→液体 C 流入→搅动液体→放出混合液体→计时 5s→
- 没按过停止，系统继续循环。
- 按过停止，系统回到初始状态。

根据控制要求设计顺序功能图如图 3.3-3 所示。

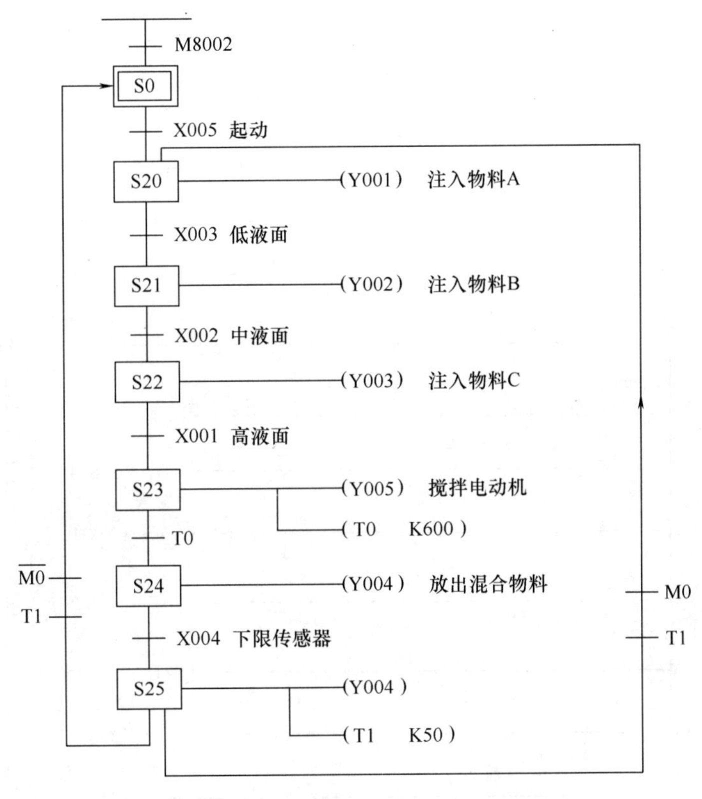

图 3.3-3　液料混合控制加入停止操作的顺序功能图

2. 编写梯形图

根据顺序功能图编制出相应的梯形图如图 3.3-4 所示。

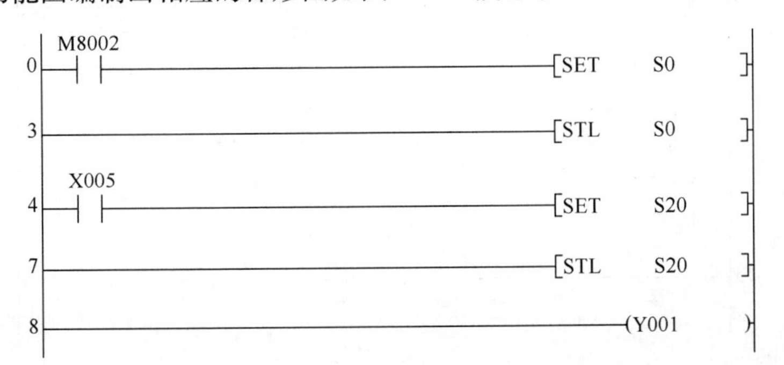

图 3.3-4　液料混合加入停止控制的梯形图

```
9   X003 ─┤ ├──────────────[SET S21]
12  ───────────────────────[STL S21]
13  ───────────────────────(Y002)
14  X002 ─┤ ├──────────────[SET S22]
17  ───────────────────────[STL S22]
18  ───────────────────────(Y003)
19  X001 ─┤ ├──────────────[SET S23]
22  ───────────────────────[STL S23]
23  ──┬────────────────────(Y005)
      │                      K600
      └────────────────────(T0)
27  T0 ─┤ ├────────────────[SET S24]
30  ───────────────────────[STL S24]
31  ───────────────────────(Y004)
32  X004 ─┤ ├──────────────[SET S25]
35  ───────────────────────[STL S25]
36  ──┬────────────────────(Y004)
      │                      K50
      └────────────────────(T1)
40  T1 ─┤ ├── M10 ─┤/├─────[SET S0]
44  T1 ─┤ ├── M10 ─┤ ├─────[SET S20]
48  ───────────────────────[RET]
49  X005 ─┤ ├─┬─ X006 ─┤/├─(M0)
    M0   ─┤ ├─┘
53  ───────────────────────[END]
```

图 3.3-4　液料混合加入停止控制的梯形图（续）

程序说明：

在顺序功能图3.3-3中，出现了$\overset{\overline{M0}}{T2}$┼和┼$\overset{M0}{T2}$两个不同的转移条件，其中$\overset{\overline{M0}}{T2}$┼条件下实现的是回到初始状态，而┼$\overset{M0}{T2}$条件下是继续开始一个新的周期。那么M0起什么作用呢？有关M0的梯形图如图3.3-5所示。

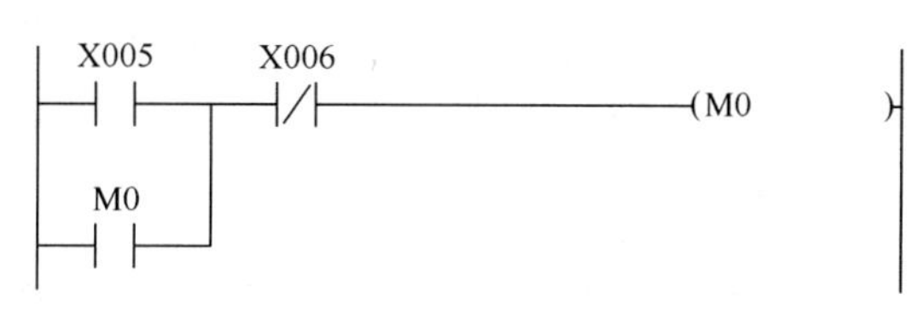

图3.3-5　加入停止的控制“M0”的梯形图

从图3.3-5中我们可以看到：按下起动按钮后，M0处于得电状态，$\overset{M0}{┤├}$闭合使M0线圈保持得电；在停止按钮没按前，M0线圈一直得电，所以转移条件┼$\overset{M0}{T2}$会满足，因此在顺序功能图中，在执行完最后一步 S25 后，会转移到 S20 步，开始一个新的循环。如果按下了停止按钮，M0线圈失电，所以转移条件$\overset{\overline{M0}}{T2}$┼会满足，因此在顺序功能图中，在执行完最后一步 S25 后，会转移到初始状态 S0 。

通过以上分析可知，加入M0实现了顺序控制中对停止的控制要求。

程序调试说明：

首先按照单序列控制调试程序；再看程序是否能进行循环操作；以上控制调试好之后，再在调试过程中的任何时刻按下停止按钮，观察停止功能，是否在当前工作周期结束后才能响应停止操作并返回初始状态。

应用实例2　简易洗车控制系统

简易洗车控制系统控制要求如下：

1）若方式选择开关SA置于OFF状态，当按下起动按钮SB1后，则按下列程序动作：

① 执行泡沫清洗；

② 按SB3则执行清水冲洗；

③ 按SB4则执行风干；

④ 按SB5则结束洗车。

2）若方式选择开关SA置于ON状态，当按起动按钮SB1后，则自动按洗车流程执行。其中泡沫清洗10s、清水冲洗20s、风干5s，结束后回到待洗状态。

3）任何时候按下SB2，则所有输出复位，停止洗车。

1. 分析工艺过程，列出I/O地址通道分配表

根据控制要求，系统分为两种功能，手动、自动只能选择其一，因此需要使用选择分支来实现。而每种功能均有3种状态，泡沫清洗→清水冲洗→风干。手动情况下，这3种状态按照各个功能按钮顺序执行；自动状态下，这 3 种状态按设定时间自动顺序执行。

根据任务要求分配 I/O 地址通道，见表 3. 3-1。

表 3. 3-1　I/O 地址通道分配表

输　　入			输　　出		
作　　用	输入元件	输　入　点	输　出　点	输出元件	作　　用
起动按钮	SB1	X000	Y000	KM1	清水清洗驱动
方式选择开关	SA	X001	Y001	KM2	泡沫清洗驱动
停止按钮	SB2	X002	Y002	KM2	风干机驱动
清水冲洗按钮	SB3	X003			
风干机按钮	SB4	X004			
结束按钮	SB5	X005			

2. 画出 PLC 接线图

PLC 的外部接线图，如图 3. 3-6 所示。

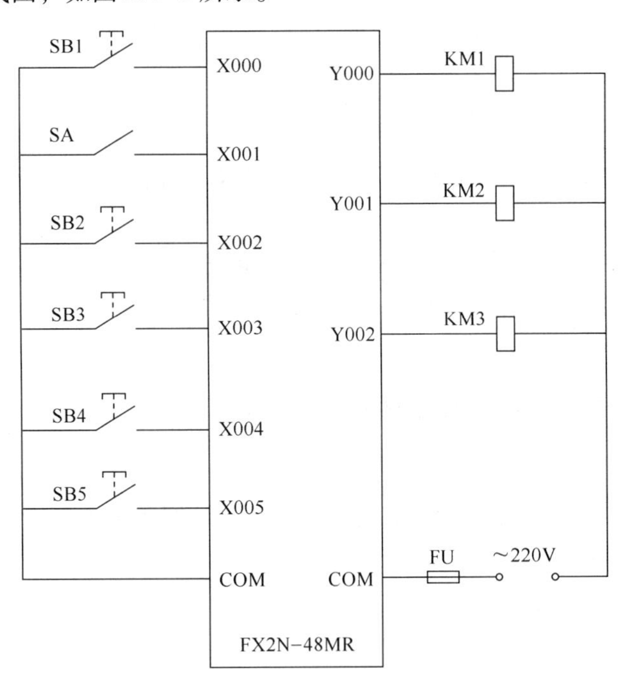

图 3. 3-6　简易洗车系统控制 PLC 外部接线图

3. 根据控制要求，设计顺序功能图

根据转换规律和转换条件，绘制顺序功能图如图 3. 3-7 所示。

4. 编写梯形图

根据设计出的顺序功能图转换为梯形图，如图 3. 3-8 所示。

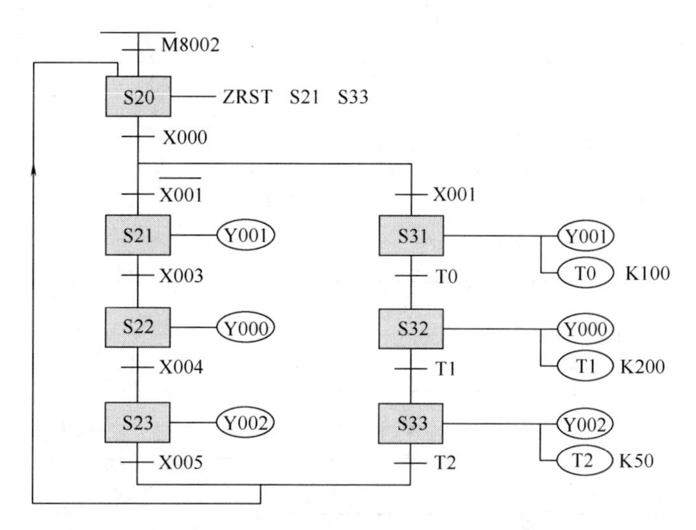

图 3.3-7　简易洗车控制系统的顺序功能图

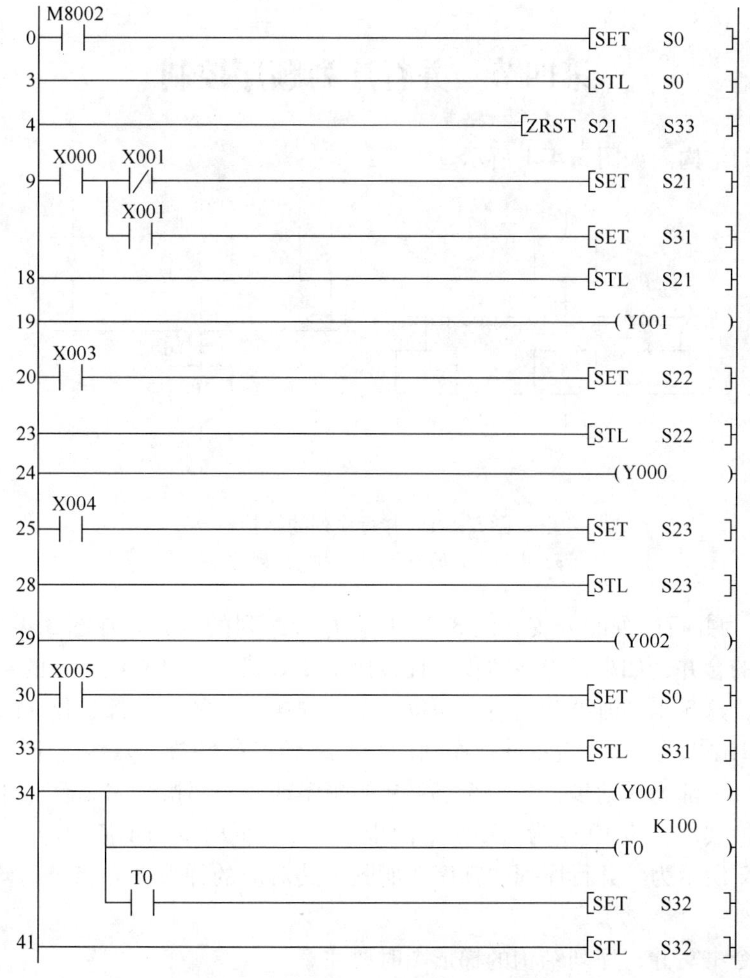

图 3.3-8　简易洗车控制系统的梯形图

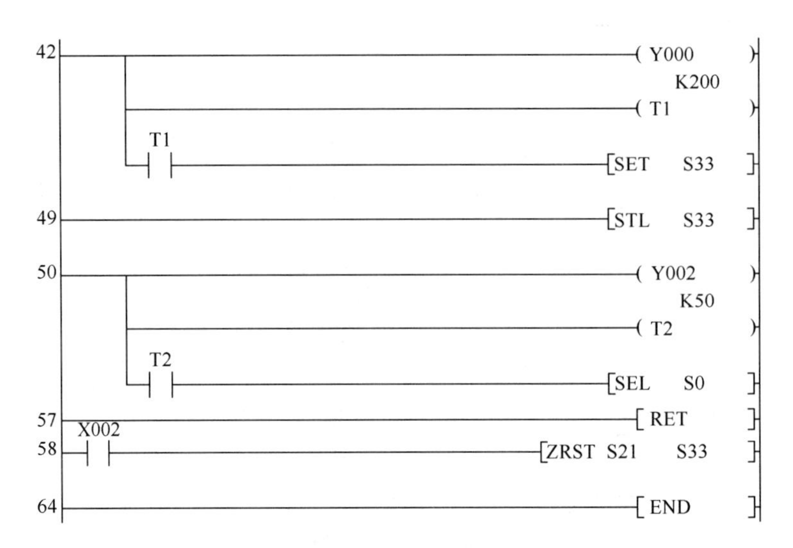

图3.3-8　简易洗车控制系统的梯形图（续）

第四节　并行序列顺序控制

并行序列的结构图如图3.4-1所示。

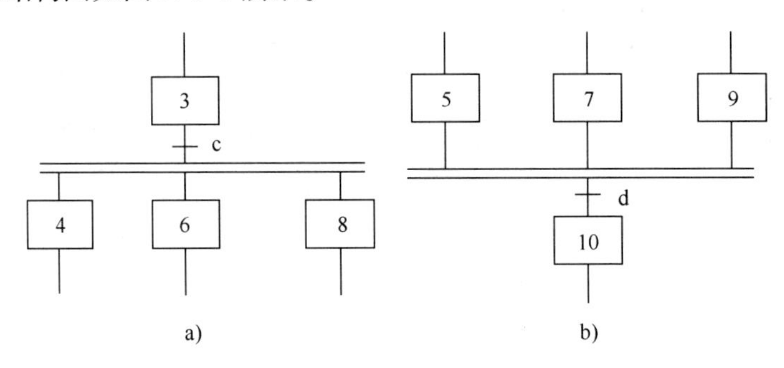

图3.4-1　并行序列的结构

a）并行序列的分支　b）并行序列的合并

图3.4-1a为并行序列的分支，图3.4-1b为并行序列的合并。在图3.4-1a中，用双线表示并行序列的合并，如果3为活动步，且转换条件C成立，则双线下面的4、6、8三步同时变为活动步，这3步同时被激活后，而每一个序列接下来的转换都是独立的。

在图3.4-1b中，用双线表示并行序列的合并，转换条件放在双线之下。当双线上的所有前级步5、7、9都为活动步，当步5、7、9的顺序动作全部执行完成后，且转换条件d成立，才能使转换实现，步10变为活动步，而步5、7、9同时变为不活动步。

如图3.4-2所示为一并行序列的顺序功能图，其对应的梯形图和指令语句表如图3.4-3所示。

用步进指令书写并行序列结构的梯形图时要注意：

分支处：当 S20 是活动步，X001条件又满足时，同时转向 S21 和 S23 两步。

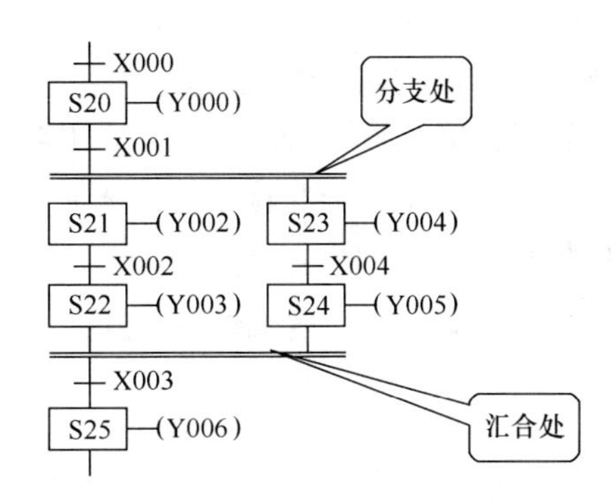

图 3.4-2 并行序列的顺序功能图

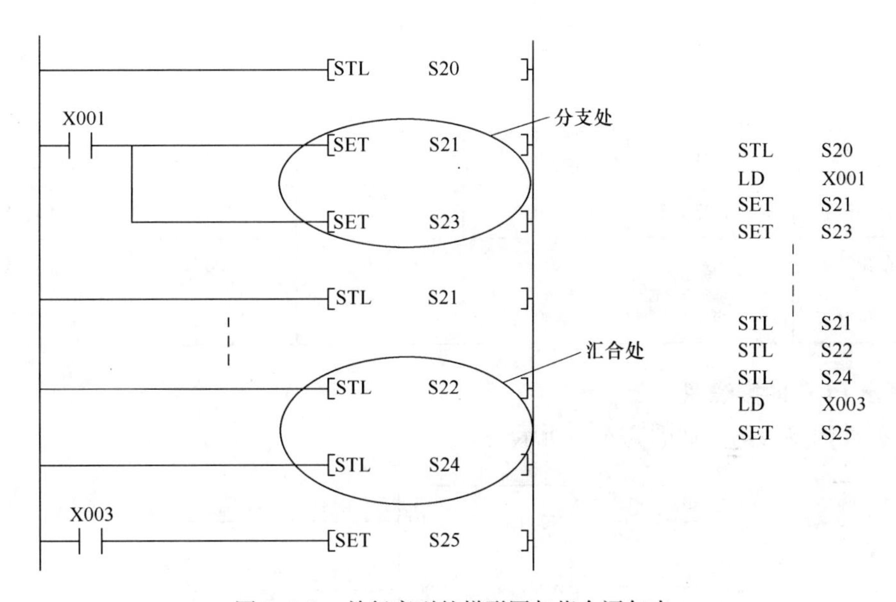

图 3.4-3 并行序列的梯形图与指令语句表

在汇合处：只有当 S22 和 S24 两步同时为活动步，并且 X003 条件又满足时，程序将转向 S25 步执行。

应用实例 1 组合钻床控制

组合钻床控制的控制要求如下：

某组合钻床可用来加工圆盘状零件上分布的 6 个孔。操作人员先放好工件，按下起动按钮工件被加紧，加紧压力继电器 X001 为 ON，Y002 和 Y004 使两只钻头同时开始向下进给。大钻头钻到限位开关 X002 所设定的深度后，Y003 使它上升，到限位开关 X003 时停止上行。小钻头同时钻，到限位开关 X004 设定的深度时，Y005 使它上升，升到由限位开关 X005 设定的起始位置时停止上行，同时设定值为 3 的计数器的当前值加 1，表明一对孔加工完毕。两个都到位后，Y006 使工件旋转 120°，旋转到位后开始钻第二对孔。3 对孔都钻完后，Y007 使工件松开，松开到位后，系统回到初始状态。

1. 分析系统工艺要求，列出 I/O 地址通道分配表

根据控制要求，大钻和小钻是同时工作，所以此序列属于并行序列；而在判断是否钻完三对孔时，需要用到选择序列，所以这是一个并行序列与选择序列的组合。

根据控制要求，列出 I/O 地址通道分配表，见表 3.4-1。

表 3.4-1　I/O 地址通道分配表

输　入			输　出		
作　用	输入元件	输入点	输出点	输出元件	作　用
起动按钮	SB1	X000	Y001	KM1	工件夹紧
夹紧压力继电器	SQ1	X001	Y002	KM2	大钻头下进给
大钻下限位开关	SQ2	X002	Y003	KM3	大钻头退回
大钻上限位开关	SQ3	X003	Y004	KM4	小钻头下进给
小钻下限位开关	SQ4	X004	Y005	KM5	小钻头退回
小钻上限位开关	SQ5	X005	Y006	KM6	工件旋转
工件旋转限位开关	SQ6	X006	Y007	KM7	工件放松
松开到位限位开关	SQ7	X007			

2. 画出 PLC 的接线图

PLC 的外部接线图，如图 3.4-4 所示。

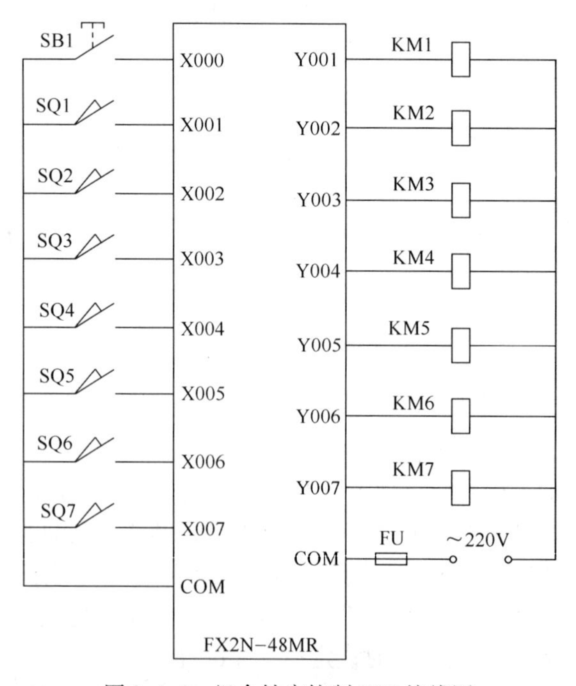

图 3.4-4　组合钻床控制 PLC 接线图

3. 根据控制要求或加工工艺要求，设计顺序功能图（见图 3.4-5）

整个控制过程的工序大致为

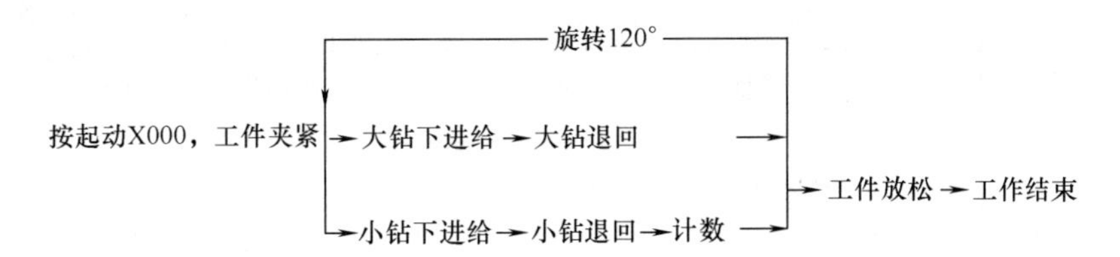

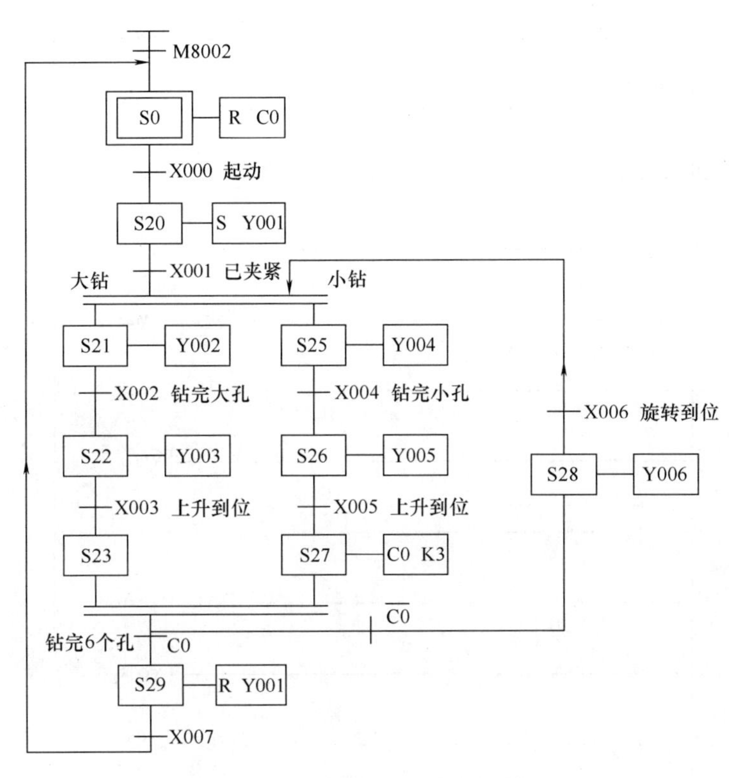

图 3.4-5　组合钻床控制顺序功能图

4. 根据顺序功能图，编制出相应的梯形图（见图 3.4-6）

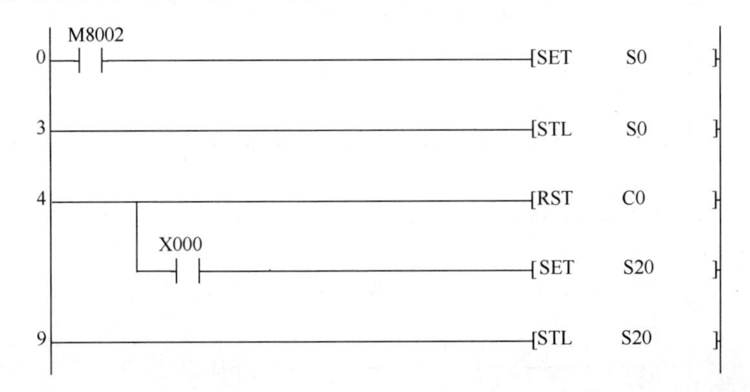

图 3.4-6　组合钻床控制梯形图

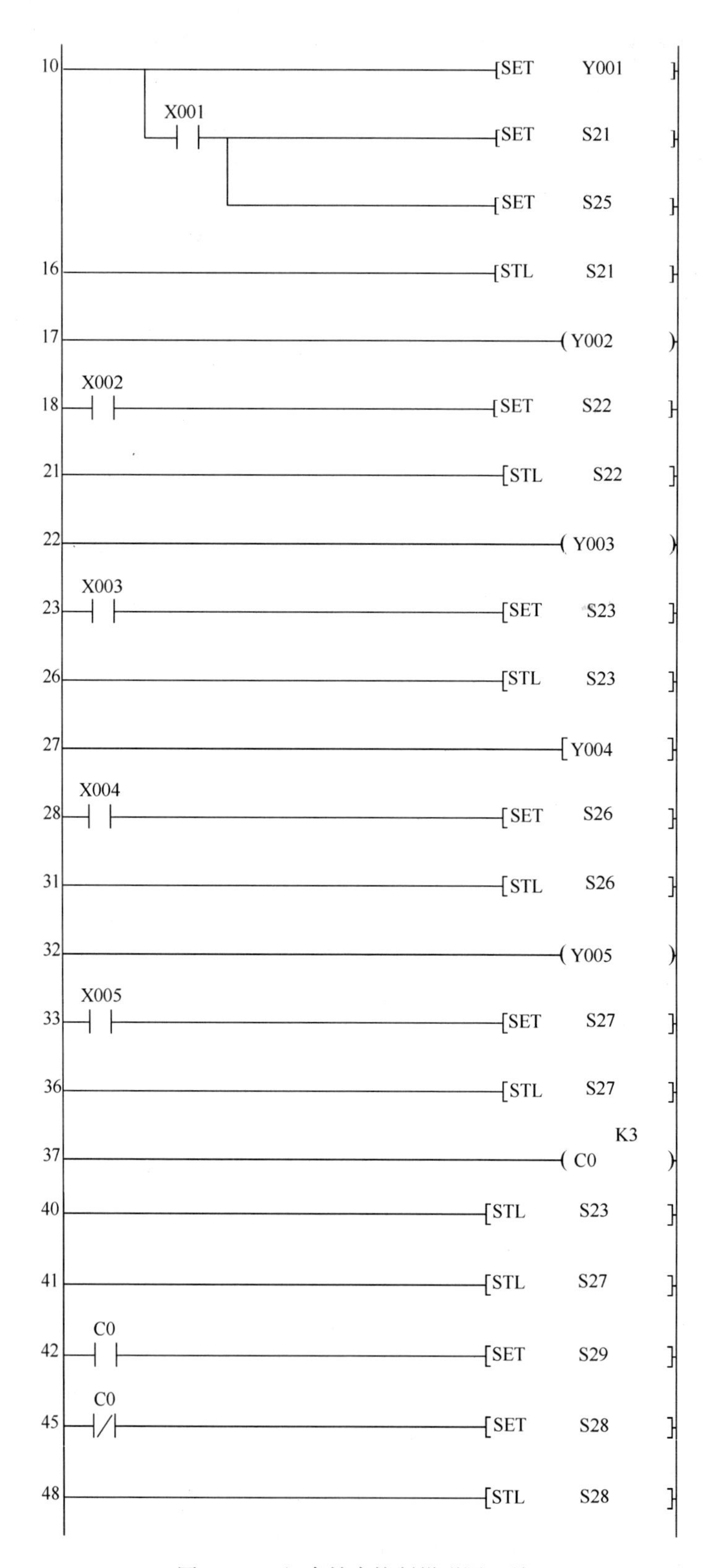

图 3.4-6　组合钻床控制梯形图（续）

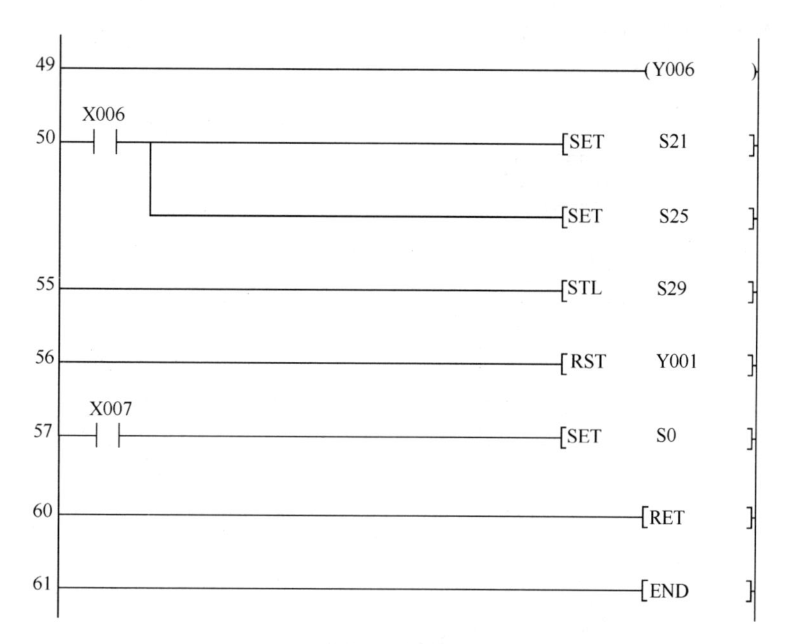

图 3.4-6 组合钻床控制梯形图（续）

5. 输入程序，进行调试

调试时，注意各动作的顺序，并注意观察计数器 C0 的数值变化，并在监控状态下，注意观察各个步之间的转换情况。

应用实例 2 十字路口交通灯控制

某十字路口有东西向和南北向红绿灯：东西向车辆通行，东西向绿灯亮 45s 后，之后闪烁 5s，此时南北向红灯亮 50s，车辆禁止通行然后南北向绿灯亮 45s，闪烁 5s，同时东西向红灯亮 50s，一直循环。

1. 分析系统工艺要求，列出 I/O 地址通道分配表

根据控制要求，南北向和东西向是同时工作的，所以此序列属于并行序列。列出 I/O 地址通道分配表如表 3.4-1 所示。

表 3.4-1 I/O 地址通道分配表

输 入			输 出		
作 用	输入元件	输 入 点	输 出 点	输出元件	作 用
起动按钮	SB1	X000	Y000	指示灯	南向红灯
			Y001	指示灯	南向绿灯
			Y002	指示灯	北向红灯
			Y003	指示灯	北向绿灯
			Y004	指示灯	东向红灯
			Y005	指示灯	东向绿灯
			Y006	指示灯	西向红灯
			Y007	指示灯	西向绿灯

2. 根据工艺要求，设计顺序功能图

顺序功能图如图 3.4-7 所示。

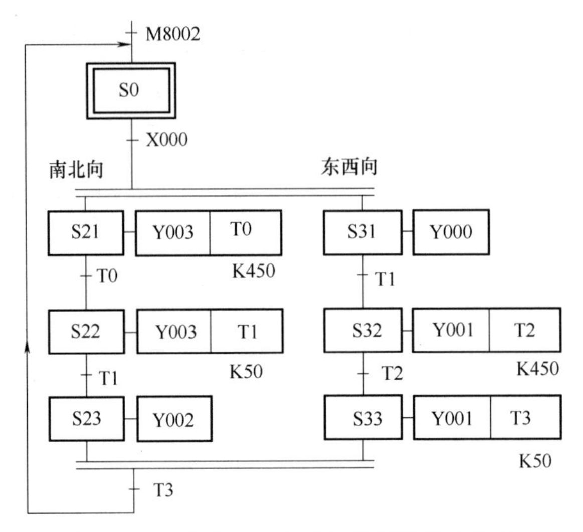

图 3.4-7　十字路口交通灯控制顺序功能图

3. 根据顺序功能图，编制相应的梯形图

梯形图如图 3.4-8 所示。

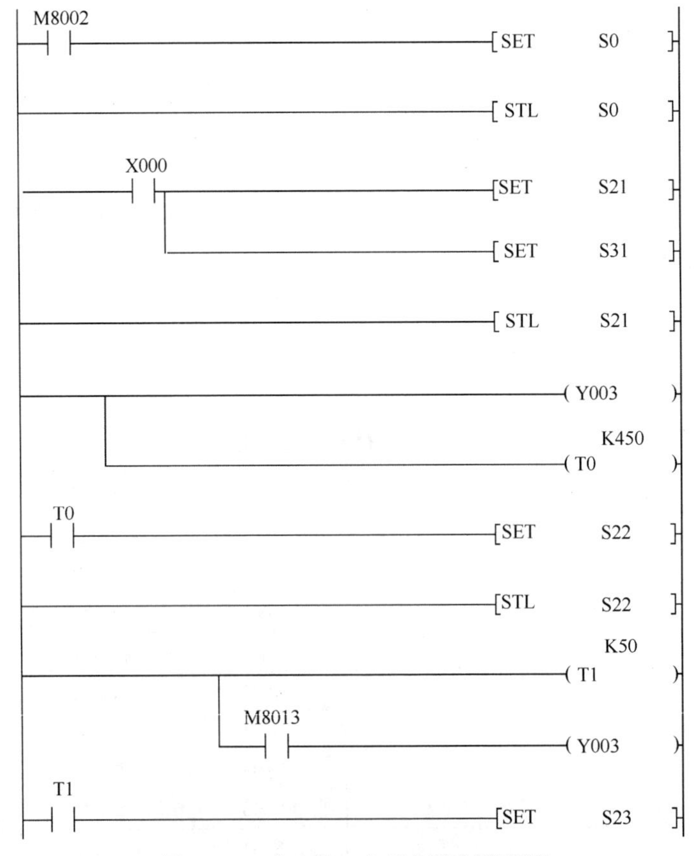

图 3.4-8　十字路口交通灯控制梯形图

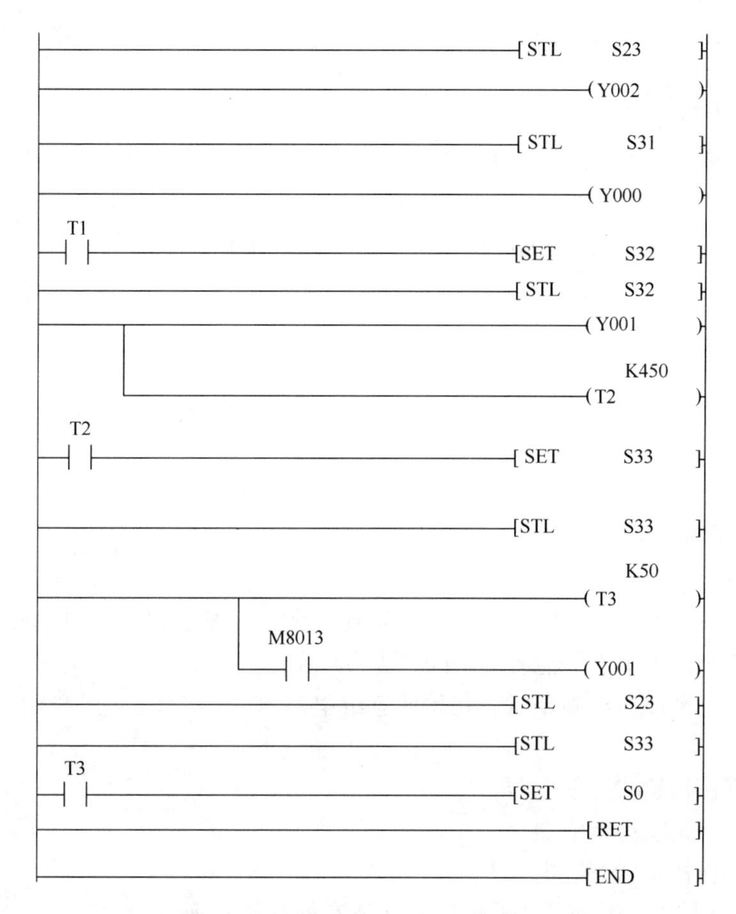

图 3.4-8　十字路口交通灯控制梯形图（续）

第五节　顺序控制的综合应用

一、多种工作方式的含义

在实际生产中，许多工业设备设置有多种工作方式，如手动工作方式和自动工作方式，而自动工作方式有可分为连续、单周期、单步和回原点工作方式。

单周期工作方式：按下起动按钮后，从初始步开始，按规定完成一个周期的工作后，返回并停留在初始步。

连续工作方式：在初始状态下按下起动按钮后，从初始步开始一个周期一个周期地反复连续工作。按下停止按钮后，并不马上停止工作，直到完成最后一个周期的工作后，系统才返回并停留在初始步。

单步工作方式：从初始步开始，按一次起动按钮，系统转换到下一步，完成该步的任务后，自动停止工作并停留在该步，再按一次起动按钮，才转换到下一步。单步工作方式常用于系统的调试。

回原点工作方式：在选择单周期、连续、单步（这些都属于自动工作方式）工作方式之前，系统应该处于原点状态。如果这一条件不满足，可以选择回原点的工作方式。

二、IST 指令介绍

如何能将多种工作方式的功能融合到一个程序里，是设计多种工作方式控制的难点。

FX2N 系列 PLC 专门提供了一条指令 IST（初始化指令），以实现将多种工作方式的功能融合到一个程序里。IST 指令的应用格式如图 3.5-1 所示。

X010：手动

X011：回原点

X012：单步运行

X013：单周期

X014：连续运行

X015：回原点起动

X016：自动操作的起动

X017：停止

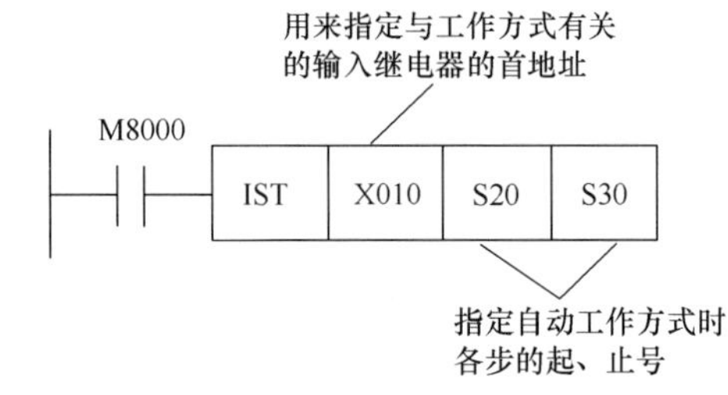

图 3.5-1　初始化指令的应用格式

以上输入点中，X010 ~ X014 中同时只能有一个处于接通状态，所以必须使用选择开关，以保证这 5 个输入中不可能有两个同时为 ON 状态。

当 IST 指令的执行条件满足时，初始状态继电器 S0 ~ S2 和下列特殊继电器被自动指定为以下功能：

S0：手动操作初始状态继电器

S1：回原点初始状态继电器

S2：自动操作初始状态继电器

M8040：禁止转换。其线圈通电时，禁止所有的状态转换。手动工作方式时，M8040 一直为 ON 状态，即禁止在手动时步的活动状态的转换。

在回原点和单周期工作方式时，从按下停止按钮到按下起动按钮之间 M8040 起作用。如果在运行过程中按下停止按钮，M8040 变为 ON 并自保持，转换被禁止。在完成当前步的工作后，停在当前步。按下起动按钮后，M8040 变为 OFF，允许转换，系统才能转换到下一步，继续完成下面的工作程序。

在单步工作方式时，M8040 一直起作用，只是在按了起动按钮时才不起作用，允许转换。

在连续工作方式时，初始脉冲 M8002 一个扫描周期为 ON，M8040 变为 ON 并保持，禁止转换；按起动按钮后 M8040 变为 OFF，允许转换。

M8041：转换起动。它是自动程序中的初始步 S2 到下一步的转化条件。M8041 在单步和单周期工作方式时只有在按着起动按钮时起作用（无保持功能）。在连续工作方式按起动按钮时 M8041 变为 ON 并自保持，按停止按钮后变为 OFF，保证系统的连续运行。

M8042：起动脉冲。在非手动工作方式按起动按钮和回原点按钮，它在一个扫描周期中为 ON。

M8043：回原点完成。在回原点方式，系统自动返回原点时，通过用户程序用 SET 指令将它置位。

M8044：原点条件。在系统满足初始条件时为 ON 状态。

M8047：STL 监控有效。其线圈通电时，当前的活动步对应的状态继电器的元件号按从大到小的顺序排列，存放在特殊数据寄存器 D8040 ~ D8047 中，由此可以监控 8 点活动步对应的状态继电器的元件号。此外，若有任何一个状态继电器为 ON，特殊辅助继电器 M8046 将为 ON。

三、多种工作方式的程序结构

如图 3.5-2 所示，多种工作方式完整的程序可分为 4 段：

1）初始程序。用来设置原点条件；使用初始化指令 IST，指定与输入方式有关的各个输入继电器及自动工作方式时各步的起、止号。

2）手动程序。当选择开关打到“手动”状态，S0 = 1，执行手动程序。

3）回原点程序。当选择开关打到“回原点”状态，S1 = 1，执行回原点程序，为执行自动程序做好准备。

4）自动程序。当选择开关转换到“单步”、“单周期”、“连续运行”三者的任何一个状态，则 S2 = 1，将执行自动程序。

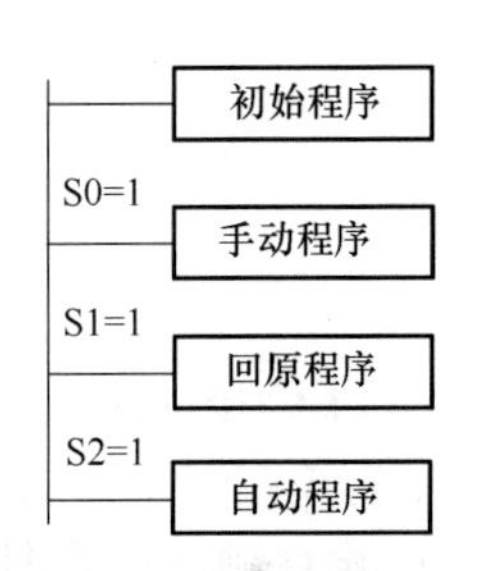

图 3.5-2 多种工作方式梯形图的基本结构

应用实例 大小球分选控制系统

某机械手用来分选钢制的大球和小球，如图 3.5-3 所示。输出继电器 Y004 为 ON 时钢球被电磁铁吸住，Y004 为 OFF 时被释放。如图 3.5-4 所示为机械手的操作面板。机械手的 5 种工作方式由工作方式开关来选择，操作面板上有 6 个手动按钮，如图 3.5-4 所示。“紧急停车”按钮是为了保证在紧急情况下能可靠地切断 PLC 的负载电源而设置的。

机械手在最上面、最左边且电磁铁线圈断电时，称为系统处于原点状态（初始状态）。

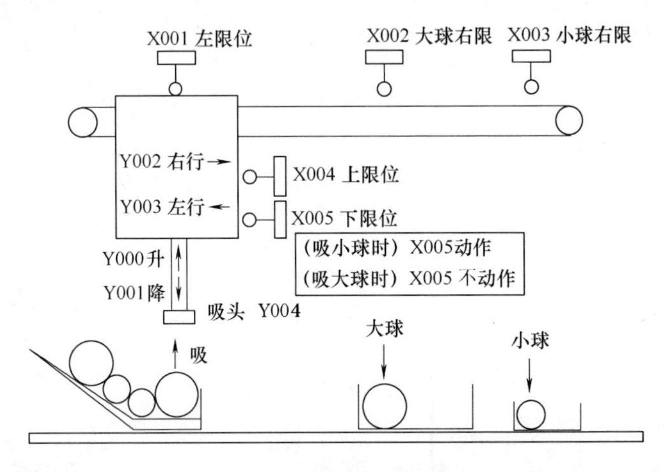

图 3.5-3 机械手分选大小球示意图

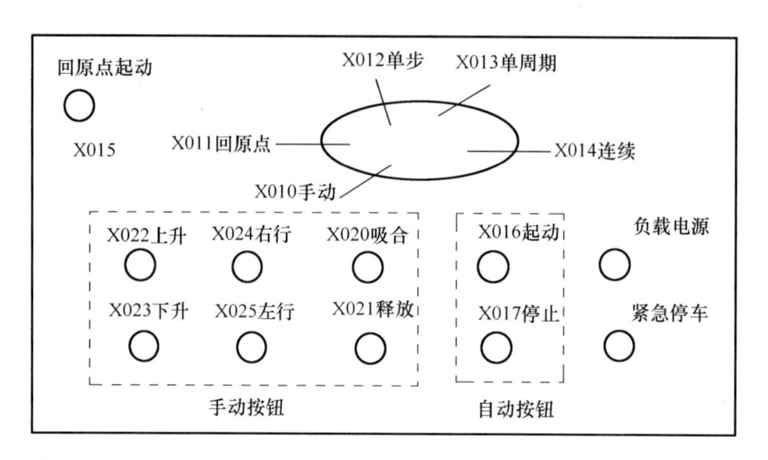

图 3.5-4　机械手分选大小球的控制面板

1. PLC 接线图

根据控制要求，画出 PLC 接线图如图 3.5-5 所示。

2. 设计顺序功能图

根据控制要求，设计机械手分选大小球的顺序功能图如图 3.5-6 所示。

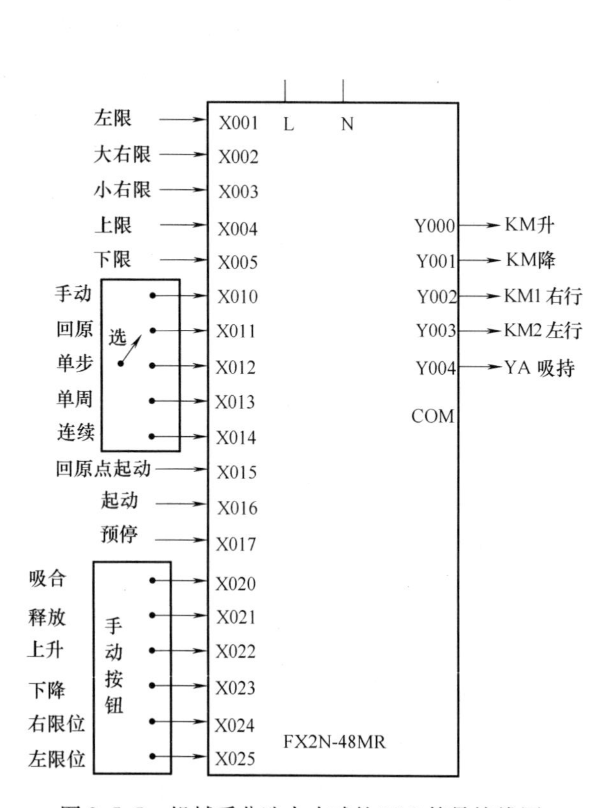

图 3.5-5　机械手分选大小球的 PLC 简易接线图

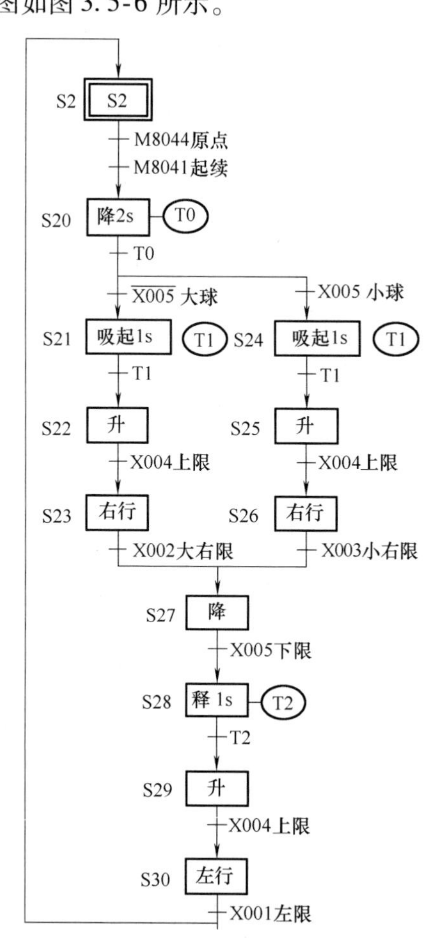

图 3.5-6　机械手分选大小球的顺序功能图

3. 编写梯形图

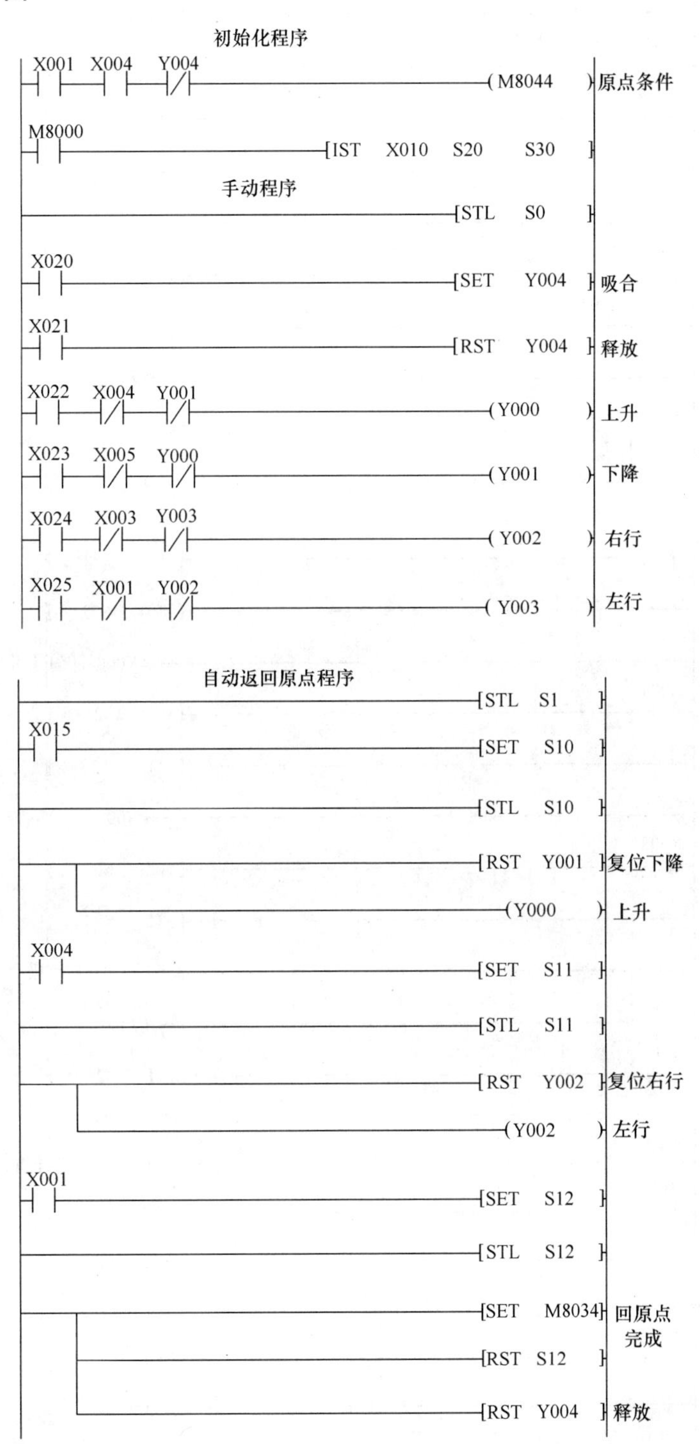

图 3.5-7 机械手分选大小球的梯形图

```
自动程序
──────────────────────────[STL   S2  ]
M8041 M8044
─┤├──┤├───────────────────[SET   S20 ]
──────────────────────────[STL   S20 ]
──┬───────────────────────(Y001      ) 下降
  │                        K20
  └───────────────────────(T0        )
T0   X005
─┤├──┤/├──────────────────[SET   S21 ]
T0   X005
─┤├──┤├───────────────────[SET   S24 ]
──────────────────────────[STL   S21 ]
──┬───────────────────────[SET   Y004] 吸合
  │                        K10
  └───────────────────────(T1        )
T1
─┤├───────────────────────[SET   S22 ]
──────────────────────────[STL   S22 ]
──────────────────────────(Y000      ) 上升
X004
─┤├───────────────────────[SET   S23 ]
──────────────────────────[STL   S23 ]
──────────────────────────(Y002      ) 右行
X002
─┤├───────────────────────[SET   S27 ]
──────────────────────────[STL   S24 ]
──┬───────────────────────[SET   Y004] 吸合
  │                        K10
  └───────────────────────(T1        )
T1
─┤├───────────────────────[SET   S25 ]
──────────────────────────[STL   S25 ]
──────────────────────────(Y000      ) 上升
X004
─┤├───────────────────────[SET   S26 ]
──────────────────────────[STL   S26 ]
──────────────────────────(Y002      ) 右行
X003
─┤├───────────────────────[SET   S27 ]
──────────────────────────[STL   S27 ]
──────────────────────────(Y001      ) 下降
X005
─┤├───────────────────────[SET   S28 ]
```

图 3.5-7　机械手分选大小球的梯形图（续）

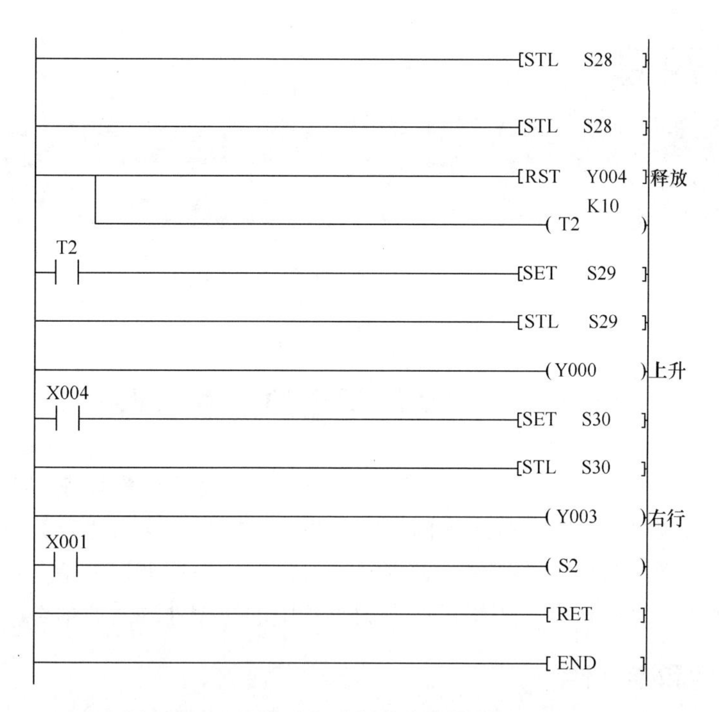

图 3. 5-7 机械手分选大小球的梯形图（续）

第四章

功能指令及应用实例

第一节　功能指令的基本知识

PLC 功能指令主要用于实现数据的传送、运算、变换及程序控制等功能。FX2N 系列 PLC 的功能指令大致可以分为：程序流向控制类指令、数据传送与比较类指令、算术与逻辑运算类指令、数据循环与移位类指令、数据处理类指令、高速处理类指令、方便控制和外部设备通信类指令等，这些指令可用于工业控制场合中的数据处理及通信。

一、位元件和字元件

1. 位元件

位元件在 PLC 的内部反映的是“位”的变化，主要用于开关量信息的传递、变换以及逻辑处理。例如输入继电器 X、输出继电器 Y、辅助继电器 M 和状态继电器 S 等元件都是“位元件”。“位元件”只有闭合和断开（即 1 和 0）两种状态。

2. 字元件

字元件是指能处理数值数据的元件。由于 PLC 功能指令的引入，需要处理大量的数据信息，需设置大量的用于存储数值数据的软元件，例如各类存储器。另外，一定量的位软元件组合起来也可用于数据的存储，定时器 T、计数器 C 的当前值寄存器也可用于数据的存储。

3. 位组合元件

位组合元件是也是一种字元件。位元件的组合由 Kn 加首元件来表示，每 4 个位元件为一组，组合成一个单元。例如 KnX0，表示位组合元件是由从 X0 开始的 n 组（4n 个）位元件组合而成的。若 n 为 1，则 K1X0 是由 X3、X2、X1、X0 四位输入继电器组合而成的。若 n 为 3，则 K2X0 是由 X0 ~ X7、X10 ~ X13 共 12 位输入继电器组合而成的。

在采用“Kn + 首元件编号”方式组合成字元件时，首元件可以任选，但为了避免混乱，通常选尾数为 0 的元件为首元件，如 X0、X10、X20 等。

二、功能指令的格式

功能指令主要由功能指令助记符和操作元件（操作数）两大部分组成，其格式如图 4.1-1 所示。

1. 助记符

FX2N 系列 PLC 的功能指令按功能号 FNC00 ~ FNC246 编排，每条功能指令都有一个对应的指令助记符（大多用英文名称或缩写表示），它反映了该指令的功能特征。

例如助记符为“MOV”的功能指令，指的是“传送指令”，它的功能号为“FNC12”。

功能指令的助记符和功能号是一一对应的。在使用功能指令编写梯形图程序时，若采用智能编程器或在计算机上编程，只需要输入该指令的助记符即可。若使用手持式简易编程器，通常需要键入该指令的功能号。

2. 操作数

操作数是指功能指令涉及或产生的数据。大多数功能指令有 1～4 个操作数，而有的功能指令却没有操作数。操作数可分为源操作、目标操作数及其他操作数。如图 4.1-2 所示。

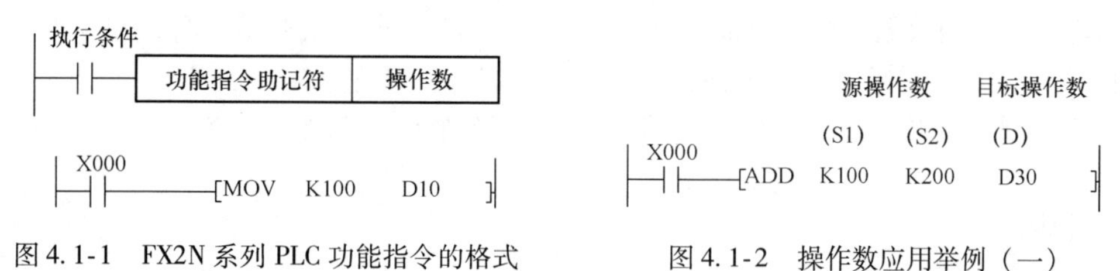

图 4.1-1　FX2N 系列 PLC 功能指令的格式　　图 4.1-2　操作数应用举例（一）

所谓操作数，就是指参加运算的数据的地址。地址是依元件的类型分布在存储区中的。由于不同指令对参与操作的元件的类型有不同的限制，因此，操作数的取值就有一定的范围。正确地选取操作数类型，对正确使用指令有很重要的意义。

1）源操作数是指令执行后不改变其内容的操作数，用［S］表示。当有多个源操作数时可用［S1］、［S2］、［S3］分别表示，另外［S·］表示允许变址寻址的源操作数。

在图 4.1-2 中，功能指令 ADD 的源操作数是 K100、K200。该功能指令将 K100 和 K200 这两个常数进行加法运算。

2）目标操作数是指令执行后将改变其内容的操作数，用［D］表示。当目标操作元件不止一个时可用［D1］、［D2］、［D3］分别表示，另外［D·］表示允许变址寻址的目标操作数。

在图 4.1-2 中，功能指令 ADD 的目标操作元件是数据寄存器 D30。

3）其他操作数常用来表示常数或对源操作数或目的操作数做出补充说明。表示常数时，K 为十进制数，H 为十六进制数。如图 4.1-3 所示中 K3 就表示十进制数 3。

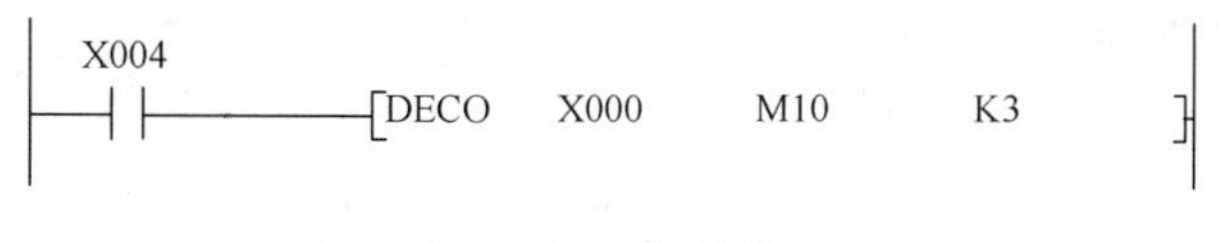

图 4.1-3　操作数应用举例（二）

3. 数据长度

功能指令按处理数据的长度分为 16 位指令和 32 位指令，其中 32 位指令在助记符前加“D”。如“DMOV”是指 32 位指令，“MOV”是 16 位指令。

4. 执行形式

执行形式对数据处理有很重要的意义，请特别注意区分。功能指令的执行形式有脉冲执行型和连续执行型两种。如“MOVP”（有“P”）为脉冲执行型，表示在执行条件满足时仅仅执行一个扫描周期。而“MOV”（没有“P”）为连续执行型，表示在执行条件满足时，每一个扫描周期都要执行一次。

三、数据寄存器（D）和变址寄存器（V、Z）

1. 数据寄存器

数据寄存器是用来存储 PLC 进行输入输出处理、模拟量控制、位置量控制时的数据和参数的。数据寄存器可分为通用型、断电保持型和特殊型 3 种。

1）通用型数据寄存器包括 D0 ~ D199 共 200 点，一旦写入数据，只要不再写入其他数据，其内容就不会发生变化。

2）断电保持型数据寄存器包括 D200 ~ D7999 共 7800 点，只要不改写，无论 PLC 是从运行到停止，还是停电状态，断电保持型数据寄存器都将保持原有数据。

3）特殊型数据寄存器包括 D8000 ~ D8255 共 256 个点，主要供监控机内元件的运行方式用。

元件说明：

1）数据寄存器按十进制编号。

2）数据寄存器为 16 位，每位都只有“0”或“1”两个数值。其中最高位为符号位，其余为数据位，符号位的功能是指示数据位的正、负；符号位为 0 表示数据位的数据为正数，符号位为 1 表示数据为负数，如图 4. 1-4 所示。

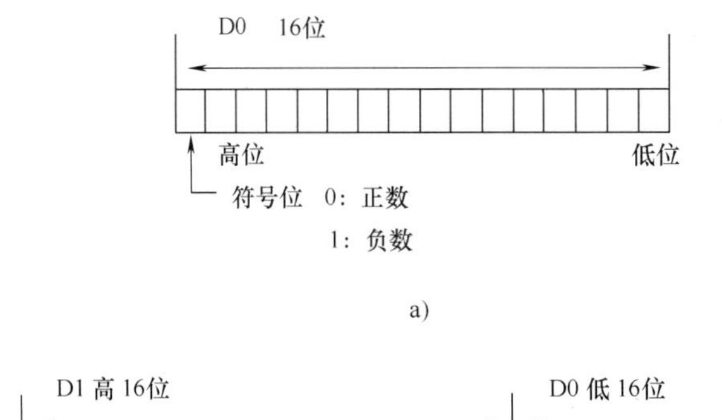

a)

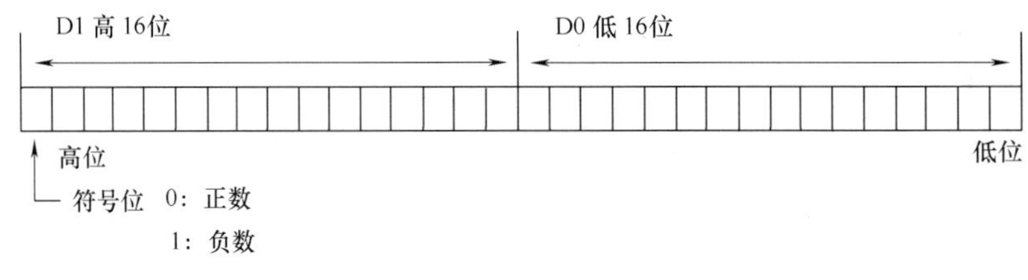

b)

图 4. 1-4 数据寄存器的数据长度

a）16 位数据示意图 b）32 位数据示意图

一个数据寄存器可以存储 16 位数据，相邻的两个数据寄存器组合起来，可以用来存储 32 位的数据。

3）通用型数据寄存器在 PLC 由 RUN → STOP 时，其数据全部清零。如果将特殊继电器 M8033 置 1，则 PLC 由 RUN → STOP 时，数据可以保持。

4）断电保持型数据寄存器只要不被改写，原有数据就不会丢失，不论电源接通与否，PLC 运行与否，都不会改变寄存器的内容。

5）特殊型数据寄存器可以用来监控 PLC 的运行状态，如扫描时间、电池电压等。

2. 变址寄存器（V、Z）

变址寄存器和通用的数据寄存器一样，是进行数据、数值的读、写，是一种 16 位特殊用途的数据寄存器，相当于计算机中的变址寄存器，主要用于运算操作数地址的修改，FX2N 的变址寄存器用 V 和 Z 来表示，各 8 个点，分别为 V0 ~ V7、Z0 ~ Z7。

需要进行 32 位操作时，可将 V、Z 串联使用，Z 为低位，V 为高位，如图 4.1-5 所示。根据 V 与 Z 的内容进行修改元件地址号，成为元件的变址。可以使用变址寄存器进行变址的元件是 X、Y、M、S、T、C、P、D、K、H、KnX、KnY、KnM、KnS。这时，操作数的实际地址是现地址加上变址寄存器 V 或 Z 内所存的地址。例如，如果 V2 = 26，则 K100V2 为 K126（100 + 26 = 126）；如果 V4 = 16，则 D10V4 变为 D26（10 + 16 = 26）。

但是变址寄存器不可以修改 V 和 Z 本身或位数制定用的 Kn 参数。例如 K2M0Z2 有效，而 K2Z2M0 则是无效的。如图 4.1-6 所示为变址寄存器的应用。执行程序时，当 X0 = ON 的状态，则 D15 和 D26 的数据都是 K20。

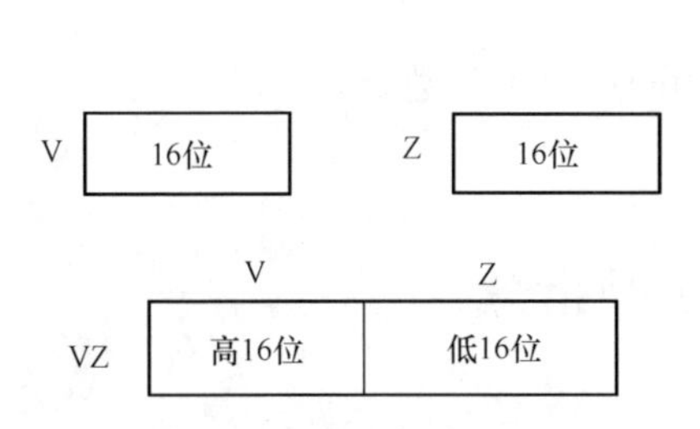

图 4.1-5　变址寄存器的组合使用

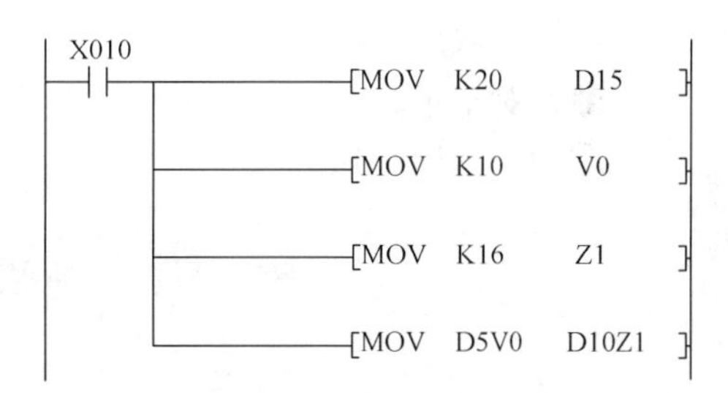

图 4.1-6　变址寄存器的应用

四、几种常用的进制

在功能指令编程时，常用到十进制、二进制、八进制及十六进制等基本数制，也常用到原码、反码、补码等基本概念，下面进行简单的介绍。

1. 基本数制

十进制是人们日常生活中最熟悉的进位计数制，十进制用 D（Decimal）来表示。在十进制中，用 0，1，2，3，4，5，6，7，8，9 这十个符号来描述。十进制的计数规则是逢十进一。

二进制是在计算机系统中采用的进位计数制，二进制用 B（Binary）来表示。在二进制中，用 0 和 1 两个符号来描述。二进制的计数规则是逢二进一。

八进制用 O（Octal）来表示，八进制中包括 0，1，2，3，4，5，6，7 这 8 个符号。八进制的计数规则是逢八进一。

十六进制是人们在计算机指令代码和数据的书写中经常使用的数制，十六进制用 H（Hexadecimal）来表示。在十六进制中，数用 0，1，…，9 和 A，B，…，F 等 16 个符号来描述。十六进制的计数规则是逢十六进一。

2. 进制之间的转换

在进制转换中，最常用到的是二进制与十进制之间的转换。

二进制到十进制的转换方法：将二进制按权位展开，然后各项相加，就得到相应的十进

制数。例如将二进制的 11010 转换为十进制数的方法为

$$
\begin{aligned}
(11010)_2 &= 1\times2^4 + 1\times2^3 + 0\times2^2 + 1\times2^1 + 0\times2^0 \\
&= 16 + 8 + 2 \\
&= (26)_{10}
\end{aligned}
$$

十进制到二进制的转换方法：把要转换的数除以 2，把余数作为新进制的最低位；把上一次得的商再除以 2，把余数作为新进制的次低位；继续上一步，直到最后的商为零，这时的余数就是二进制的最高位。

例如：将十进制的 58 转化为二进制，需要连除以 2 取余数，例如：

$$(58)_{10} = (111010)_2$$

3. 常用的码制

原码是用“符号 + 数值”表示，对于正数，符号位为 0，对于负数，符号位为 1，其余各位表示数值部分。

在反码中，对于正数，其反码表示与原码表示相同；对于负数，符号位为 1，其余各位是将原码数值按位取反。

在补码中，对于正数，其补码表示与原码表示相同；对于负数，符号位为 1，其余各位是在反码数值的末位加“1”。

第二节　数据传送类指令

一、MOV、BMOV

1. MOV 指令

MOV 是数据传送指令，其功能是将源操作数 S 传送到目标元件 D 中。有 16 位操作 MOV、MOV(P) 和 32 位操作 (D)MOV、(D)MOV(P) 两种形式，16 位操作时占 5 个程序步，32 位操作时占 9 个程序步。

如果源操作数据是十进制常数，则 CPU 自动将其转换成二进制数后再传送到目标元件中。

如图 4.2-1 所示是 MOV 指令的应用格式和操作数的范围，其功能是：当 X002 闭合时将十进制常数 10 传送到数据寄存器 D20 单元中。

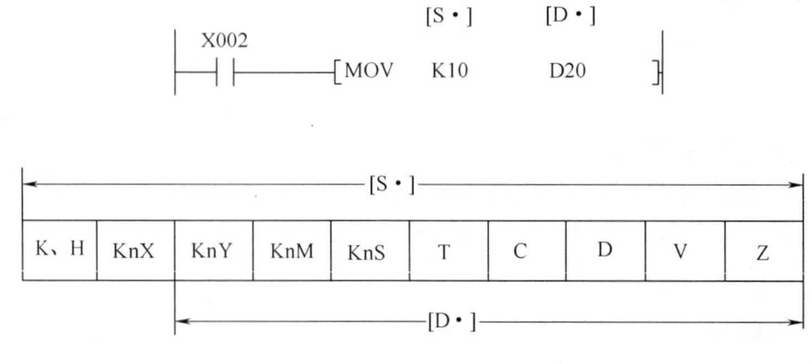

图 4.2-1　MOV 指令应用格式和使用范围

2. BMOV 指令

BMOV 是数据块传送指令，其功能是将以源操作数为首址的 n 个连续单元内的数据传送到以目标元件 D 为首址的 n 个连续单元中去。

如图 4.2-2 所示为 BMOV 指令的应用，当 X010 闭合时指令执行，可以将 D0 ~ D2 内的 3 个数据分别传送到 D20 ~ D22 中。

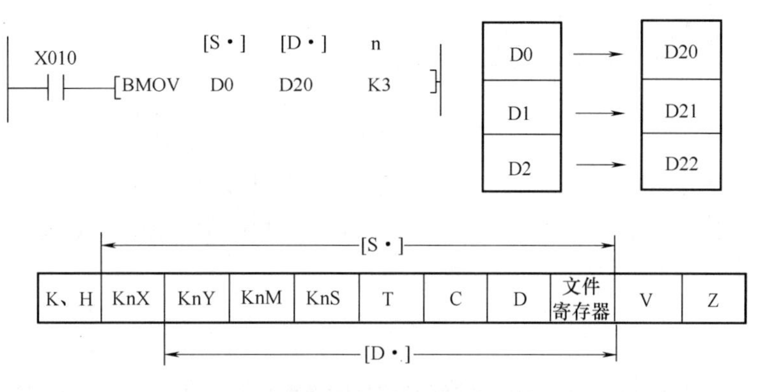

图 4.2-2　BMOV 指令的应用格式和使用范围

使用注意事项：

1）当 BMOV 指令中的源操作数与目标操作数都是位组合元件时，要采用相同的位数。如图 4.2-3 所示，其功能是将以 M10 为首地址的 8 个位的数据对应传给以 Y0 为首地址的 8 个位。

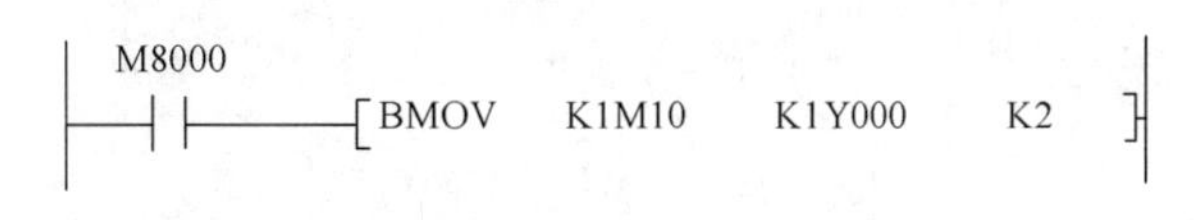

图 4.2-3　BMOV 指令操作数是位组合元件

2）利用 BMOV 指令可以读出文件寄存器（D1000 ~ D7999）中的数据读出并传送到目标元件中。

二、XCH

XCH 是数据交换指令，其功能是：将指定的两个同类目标元件内的数据相互交换。

XCH 指令有 16 位操作 XCH、XCH(P) 和 32 位操作（D)XCH、（D)XCH(P) 两种形式。

如图 4.2-4 所示为 XCH 指令的应用格式与范围，梯形图的功能是：当 X000 条件满足时，D10 和 D20 两者的数据进行交换。

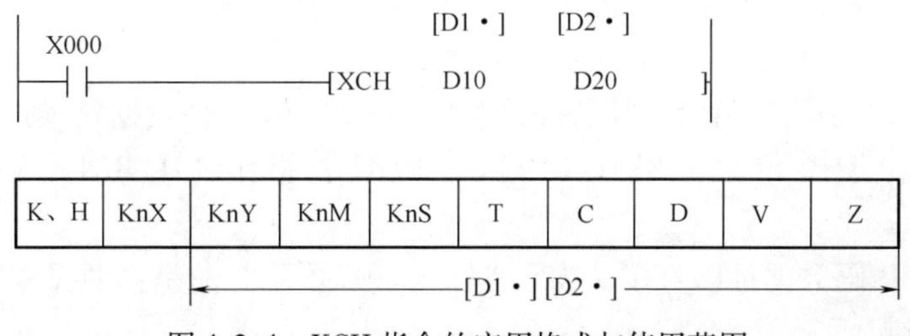

图 4.2-4　XCH 指令的应用格式与使用范围

XCH 指令的应用举例如图 4. 2-5 所示。

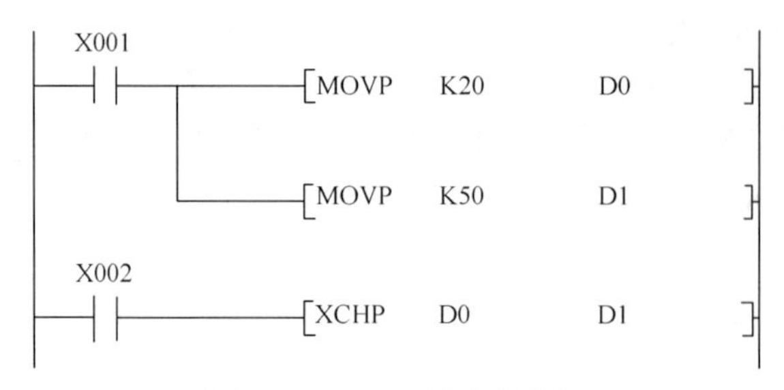

图 4. 2-5 XCH 指令的应用

在图 4. 2-5 中当 X001 为 ON 时，将十进制数 20 传送给 D0，十进制数 50 传送给 D1；当 X002 为 ON 时，执行数据交换指令 XCH，将目标元件 D0、D1 里的数据进行交换，则 D0 中的数据位 50，D1 中的数据为 20。

三、CML

CML 是取反传送指令，其功能是将源操作数中的数据逐位取反，并传送到指定的目标元件中。CML 指令可用于交替输出控制（例如彩灯的交替点亮等）。

如图 4. 2-6 所示，若 D10 中的数据在指令执行前为 1110 0011 1011 1000，则当 X002 为 ON 的时，M15 ~ M0 的数据变为 0001 1100 0100 0111。

图 4. 2-6 CML 指令的应用

四、BCD、BIN

1. BCD 指令（二进制数到 BCD 码变换指令）

BCD 是二—十进制转换指令，其指令功能是将二进制源数 S 转换成 BCD 码，结果存放在目标元件 D 中。有 16 位操作 BCD，BCD(P) 和 32 位操作 (D)BCD，(D)BCD(P) 两种形式。

转换后的 BCD 码可直接输出到七段数码管显示，但其转换范围不能超过 0 ~ 9999（16 位）或 0 ~ 99999999（32 位），否则会出错。

如图 4. 2-7 所示为 BCD 码变换指令的应用格式和使用范围。当 X010 接通，则将执行 BCD 码变换指令，即将 D0 中的二进制数转换成 BCD 码，然后将低 8 位内容送到 Y000 ~ Y007 中去。其执行过程如图 4. 2-8 所示。

2. BIN 指令（BCD 码到二进制数变换指令）

BIN 是十—二进制转换指令，其功能是将源数内的 BCD 码数据转换成二进制数据并保存到目标元件中。有 16 位操作 BIN，BIN(P) 和 32 位操作 (D)BIN，(D)BIN(P) 两种形式。

被转换的 BCD 码数据可以直接从拨码盘输入。必须注意的是：源操作数必须是 BCD 码数据，否则会出错。

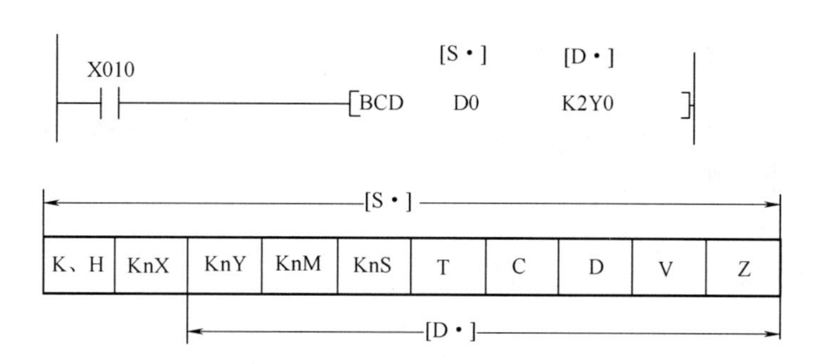

图 4.2-7　BCD 指令的应用格式和使用范围

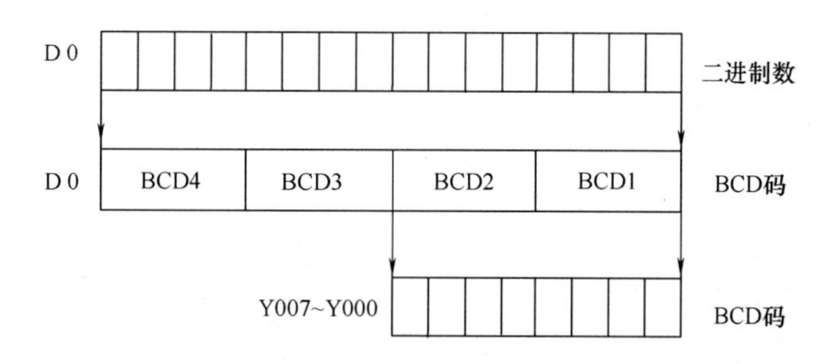

图 4.2-8　BCD 指令执行示意图

如图 4.2-9 所示为 BIN 指令的应用格式与使用范围。

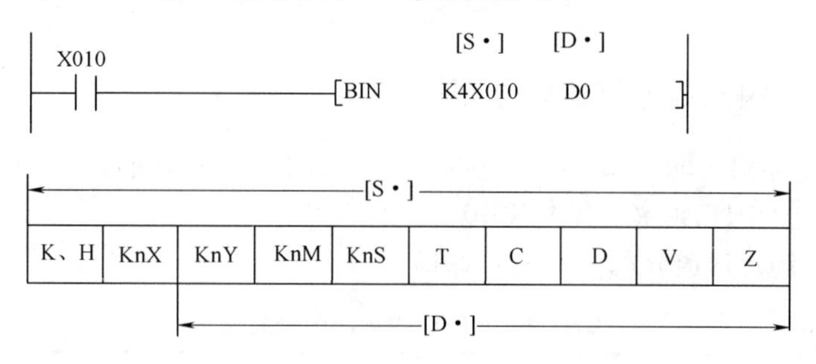

图 4.2-9　BIN 指令的应用格式与使用范围

如图 4.2-9 所示，当 X010 接通，则将执行 BIN 变换指令，把从 X017～X010 上输入的两位 BCD 码，变换成二进制数，传送到 D0 的低 8 位中；把从 X027～X020 上输入的两位 BCD 码，变换成二进制数，传送到 D0 的高 8 位中。

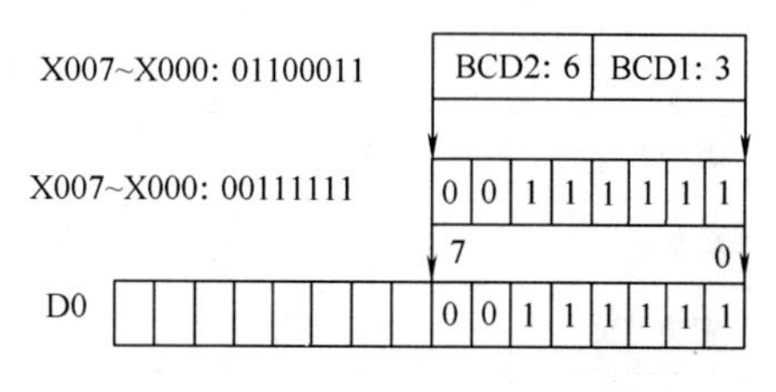

图 4.2-10　BIN 指令执行示意图

指令执行过程如图 4.2-10 所示，设输入的 BCD 码 =63，如果直接输入，是二进制 01100011（十进制 99），就会出错。如用 BIN 变换指令输入，将会先把 BCD 码 63 转化成二进制 00111111，就不会出错了。

应用实例 1　用功能指令实现 Y-△减压起动控制

在第二章的应用实例 8 中，我们用基本指令实现了三相异步电动机的Y-△减压起动控制，下面改用功能指令实现相同的控制。

Y-△减压起动的控制线路图、I/O 分配表、PLC 接线图见第二章应用实例 8。

用 MOV 指令实现的Y-△减压起动控制梯形图如图 4.2-11 所示。

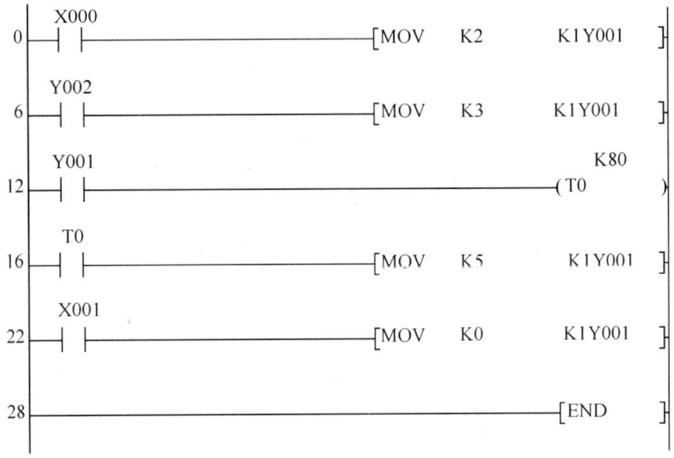

```
      X000
 0 ──┤ ├──────────────────────[MOV   K2    K1Y001 ]
      Y002
 6 ──┤ ├──────────────────────[MOV   K3    K1Y001 ]
      Y001                                   K80
12 ──┤ ├──────────────────────────────────(T0     )
      T0
16 ──┤ ├──────────────────────[MOV   K5    K1Y001 ]
      X001
22 ──┤ ├──────────────────────[MOV   K0    K1Y001 ]

28 ───────────────────────────────────────[END    ]
```

图 4.2-11　功能指令实现的Y-△减压起动控制梯形图

应用实例 2　闪光信号灯的闪光频率控制

有一个闪光信号灯，输入端有 4 个置数开关，编制程序实现通过这 4 个置数开关的动作来改变闪光信号灯的闪光频率。其中 X010 为起停开关。

1. 列出 I/O 地址通道分配（见表 4.2-1）

表 4.2-1　I/O 地址通道分配表

输　　入			输　　出		
作　用	输入元件	输入点	输出点	输出元件	作　用
起停开关	SB1	X010	Y001	信号灯	闪光指示
置数开关	SB2	X000			
置数开关	SB3	X001			
置数开关	SB4	X002			
置数开关	SB5	X003			

2. 编写梯形图

编写控制程序如图 4.2-12 所示。

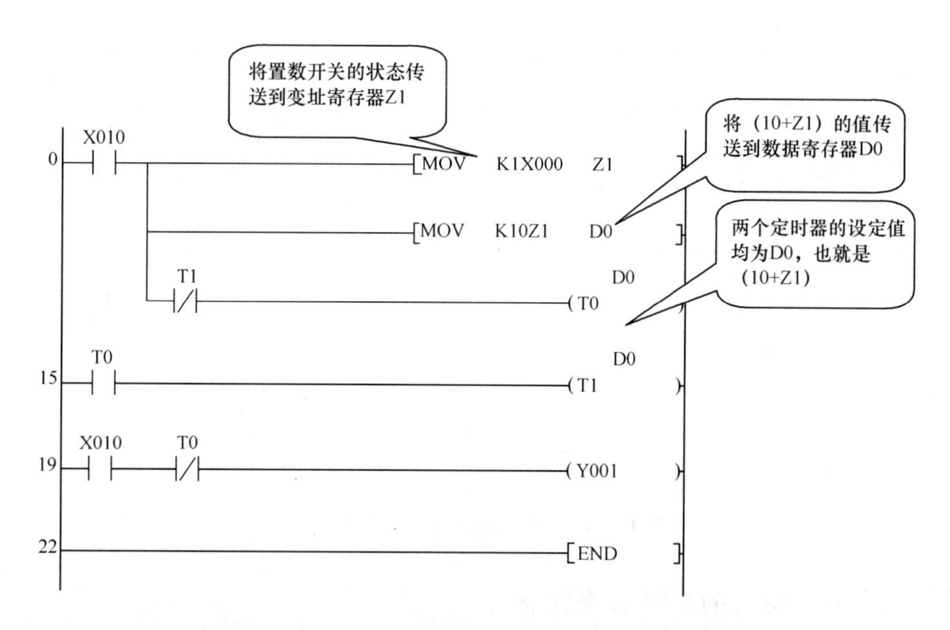

图 4.2-12　闪光信号灯的闪光频率控制梯形图

应用实例 3　外置数计数器控制

两位拨码开关接于 X000 ~ X007，通过它可以自由设定数值在 99 以下的计数值。X010 为计数脉冲，X020 为起停开关，当计数器 C0 的当前值与拨码开关所设定的数值相等时，输出 Y001 被驱动。

1. 列出 I/O 地址通道分配表

分析控制要求，先进行 I/O 地址通道分配（见表 4.2-2）。

表 4.2-2　I/O 地址通道分配表

输　入			输　出		
作　用	输入元件	输入点	输出点	输出元件	作　用
拨码开关	SB1	X003 ~ X000	Y001	KM1	电磁阀
	SB2	X007 ~ X004			
计数脉冲		X010			
启停开关	SB3	X020			

2. 编写梯形图

编写外置数计数控制程序如图 4.2-13 所示。

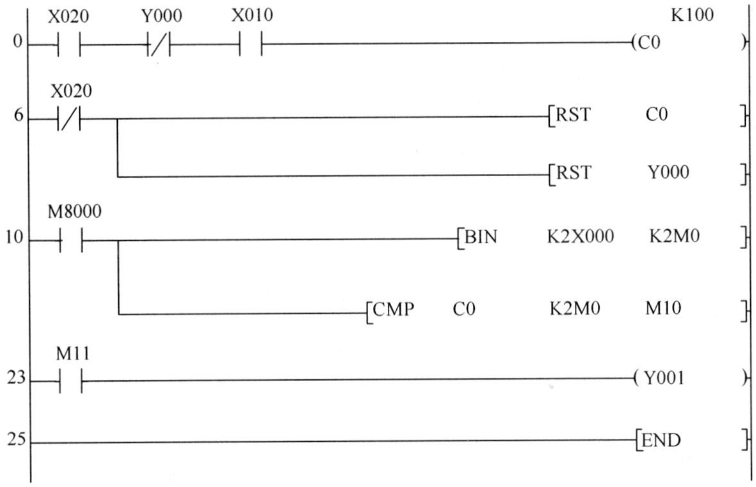

```
     X020    Y000    X010                       K100
0 ───┤ ├─────┤/├─────┤ ├────────────────────────(C0      )
     X020
6 ───┤/├──┬─────────────────────────[RST    C0           ]
          └─────────────────────────[RST    Y000         ]
     M8000
10 ──┤ ├──┬─────────────────[BIN    K2X000   K2M0        ]
          └──────────[CMP    C0      K2M0     M10        ]
     M11
23 ──┤ ├────────────────────────────────────(Y001        )
25 ─────────────────────────────────────────[END         ]
```

图 4.2-13　外置数计数器控制梯形图

应用实例 4　彩灯的交替点亮控制

有一组灯 L1 ~ L8，要求隔灯显示，每 2s 变换一次，反复进行，用一个开关实现起停控制。

1. 列出 I/O 地址通道分配表

分析控制要求，I/O 地址通道分配见表 4.2-3。

表 4.2-3　I/O 地址通道分配表

输　入			输　出		
作　用	输入元件	输　入　点	输　出　点	输出元件	作　用
启停开关	SB1	X010	Y000 ~ Y007	HL	指示灯

2. 编写梯形图

以上控制要求可以通过几种方式来实现，下面分别进行介绍。

控制程序一：

如图 4.2-14 所示，可以利用 MOV 指令和 XCH 指令来实现。

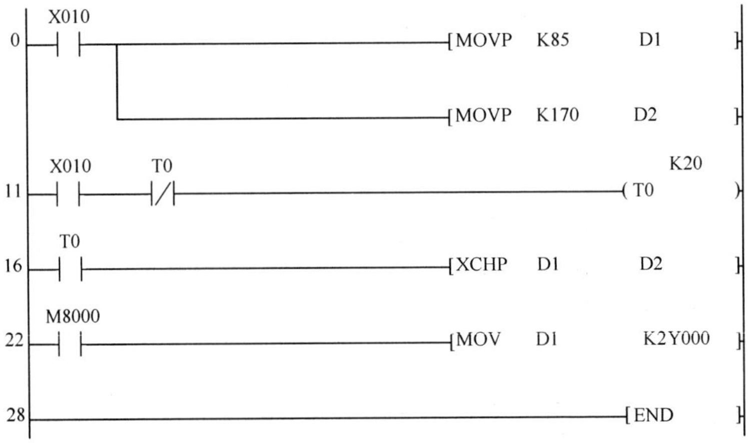

```
     X010
0 ───┤ ├──┬─────────────────[MOVP   K85      D1          ]
          └─────────────────[MOVP   K170     D2          ]
     X010    T0                                 K20
11 ──┤ ├─────┤/├────────────────────────────(T0          )
     T0
16 ──┤ ├────────────────────[XCHP   D1       D2          ]
     M8000
22 ──┤ ├────────────────────[MOV    D1       K2Y000      ]
28 ─────────────────────────────────────────[END         ]
```

图 4.2-14　彩灯的交替点亮控制梯形图一

控制程序二：

如图 4. 2-15 所示，可以利用 MOV 指令和 CML 指令来实现。

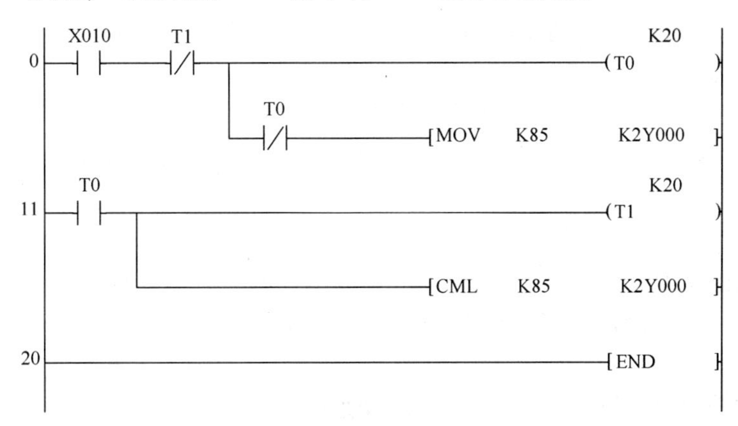

图 4. 2-15　彩灯的交替点亮控制梯形图二

第三节　数据比较类指令

一、CMP

CMP 是数据比较指令，指令功能是将源操作数 S1 与 S2 进行比较，结果用 3 个地址连续的目标位元件的状态来表示。有 16 位操作和 32 位操作两种形式。

如图 4. 3-1 所示为 CMP 指令的应用格式和使用范围。当条件 X000 = ON 时，执行 CMP，目标元件由 M10 为首地址的三位来表示（即 M10、M11、M12 三个位元件组成），指令执行后有 3 种可能的结果：

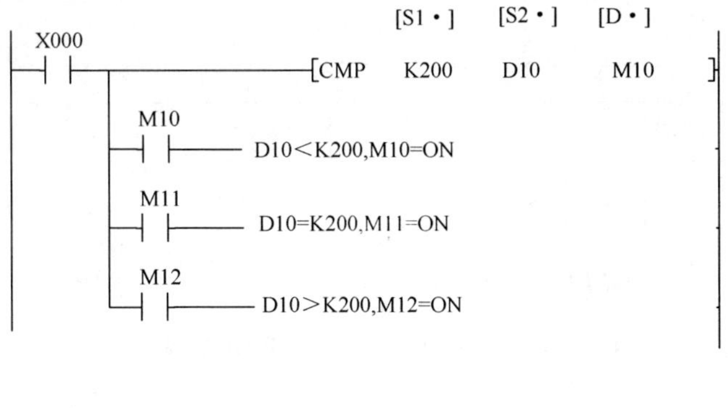

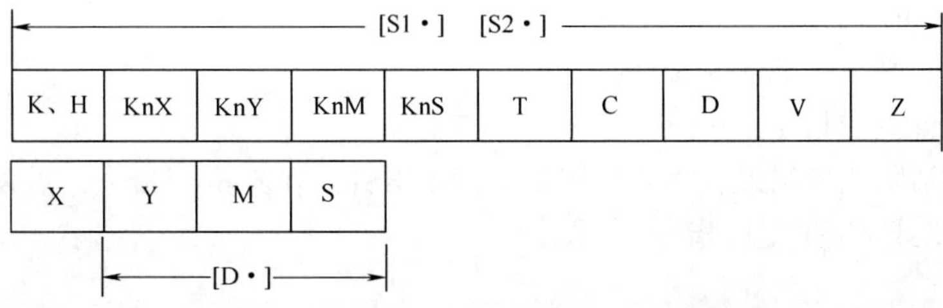

图 4. 3-1　CMP 指令的应用格式和使用范围

若〔S1·〕>〔S2·〕，则 M10 置 1；

〔S1·〕=〔S2·〕，则 M11 置 1；

〔S1·〕<〔S2·〕，则 M12 置 1。

指令使用说明：

1）不执行指令操作时，目标元件状态保持不变，除非用 RST 指令将其复位。

2）目标元件只能是 Y、M、S。

二、ZCP

ZCP 是数据区间比较指令，其功能是源操作数 S3 与 S1 和 S2 构成的数据区间（注意必须满足 S1 < S2）进行比较，结果由 3 个连续的目标元件来表示。ZCP 有 16 位操作和 32 位操作两种形式。

如图 4.3-2 所示为 ZCP 指令的应用格式和使用范围。

即 S3 < S1，目标元件 M10 置 1；

S1 < S3 < S2，目标元件 M11 置 1；

S3 > S2，目标元件 M12 置。

指令不执行时目标元件的状态将保持不变。

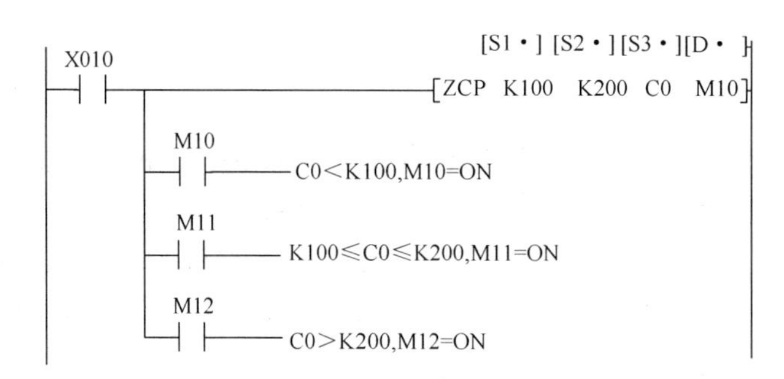

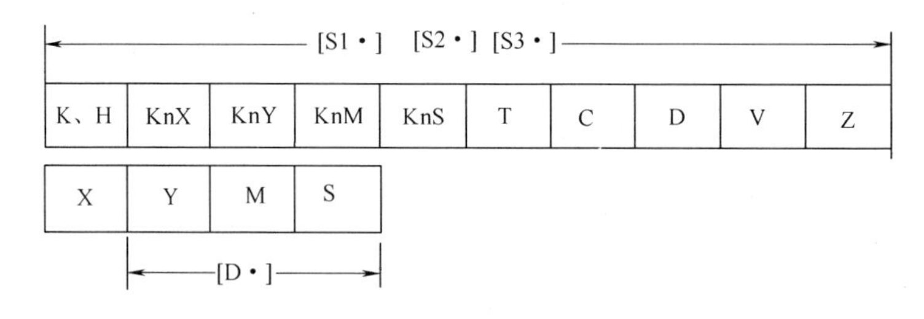

图 4.3-2　ZCP 指令的应用格式和使用范围

指令使用说明：

1）源操作数必须满足 S1 < S2 的条件。

2）目标元件只能是 Y、M、S。

3）如果要清除比较结果，需要采用复位指令 RST，在不执行指令，需要清除比较结果时，也要用 RST 或 ZRST 复位指令。

应用实例 1　简易定时报时器

有一住宅控制器，要实现一天 24h 的控制，具体控制要求如下：

1）早上 6 点起床，闹钟每秒响一次，30s 后闹钟自动停止。

2）早上 9 点到下午 17 点，启动住宅报警系统。

3）18 点打开住宅照明系统。

4）22 点关闭住宅照明系统。

1. 列出 I/O 地址通道分配表

根据对控制要求的分析，首先进行 I/O 地址通道分配，见表 4.3-1。

表 4.3-1　I/O 地址通道分配表

输　入			输　出		
作　用	输入元件	输　入　点	输　出　点	输出元件	作　用
起停开关	SB1	X000	Y000	KM1	闹钟
15min 试验开关	SB2	X001	Y001	KM2	住宅报警监控
格数试验开关	SB3	X002	Y002		住宅照明

2. 编写梯形图

编写控制梯形图如图 4.3-3 所示。

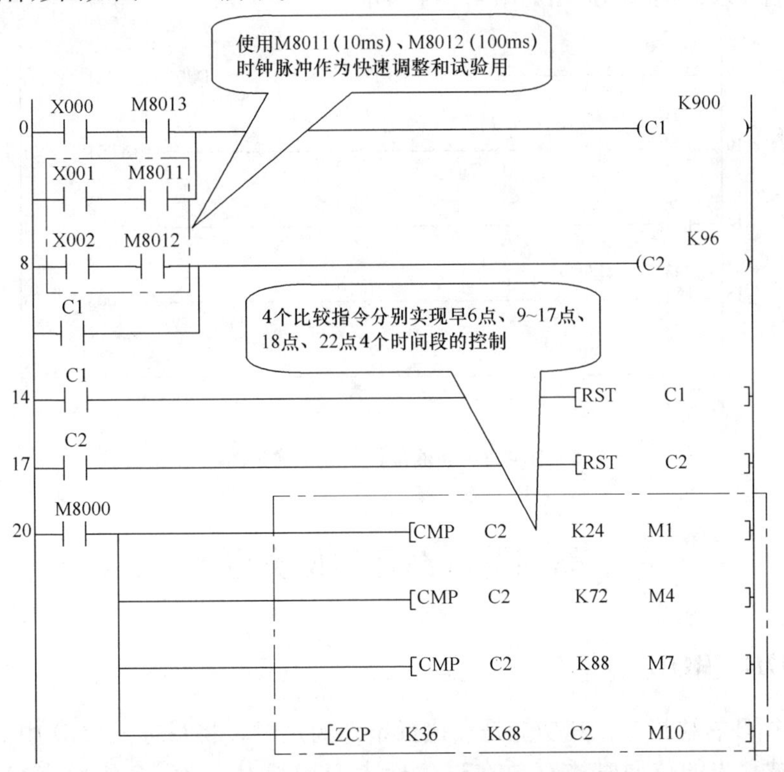

图 4.3-3　简易定时报时器控制系统梯形图

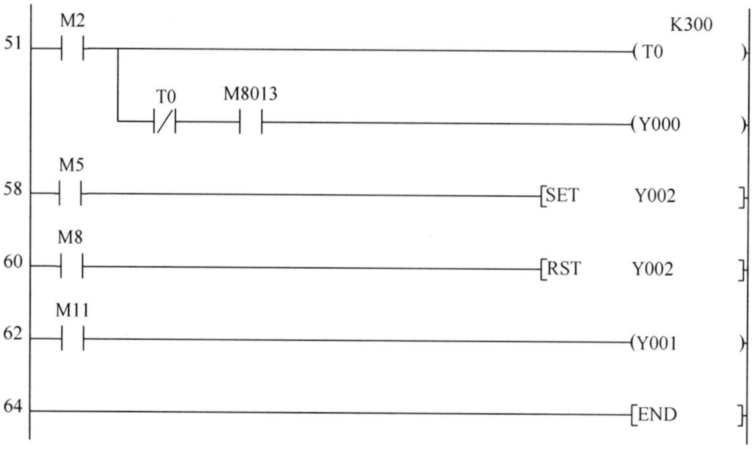

51 M2 K300 (T0)
T0 M8013 (Y000)
58 M5 [SET Y002]
60 M8 [RST Y002]
62 M11 (Y001)
64 [END]

图 4. 3-3　简易定时报时器控制系统梯形图（续）

应用实例 2　液位控制显示程序

一液料混合装置的低限位刻度是 100，高限位刻度是 900，且水位数值被存储在数据寄存器 D20 中，当液位低于 100 时，黄灯闪烁（Y001）报警；当液位高于 900 时，红灯闪烁报警（Y003）；液位在正常范围内，绿灯亮（Y002）。

根据控制要求，编制梯形图如图 4. 3-4 所示。

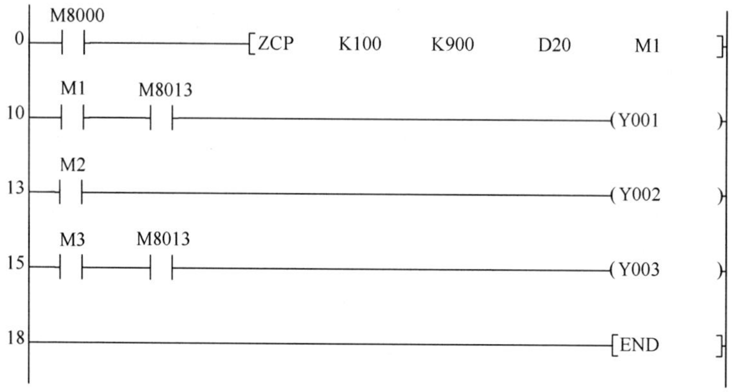

0 M8000 [ZCP K100 K900 D20 M1]
10 M1 M8013 (Y001)
13 M2 (Y002)
15 M3 M8013 (Y003)
18 [END]

图 4. 3-4　液位控制显示梯形图

第四节　循环移位类指令

一、ROR、ROL

ROR 是循环右移指令，其功能是在执行条件满足时，将目标元件 D 中的位循环右移 n 位，最后被移出的位同时被存放在进位标志 M8022 中。有 16 位操作和 32 位操作两种形式。

ROL 是循环左移指令，其功能是在执行条件满足时，将目标元件 D 中的位循环左移 n 位，最后被移出的位同时被存放在进位标志 M8022 中。有 16 位操作和 32 位操作两种形式。

ROR、ROL 指令的应用格式和使用范围如图 4.4-1 所示。

在图 4.4-1a 中，如果 D0 = 0000 1111 0000 1111，则执行一次循环右移指令后，D0 = 1110 0001 1110 0001，并且 M8022 = 1。

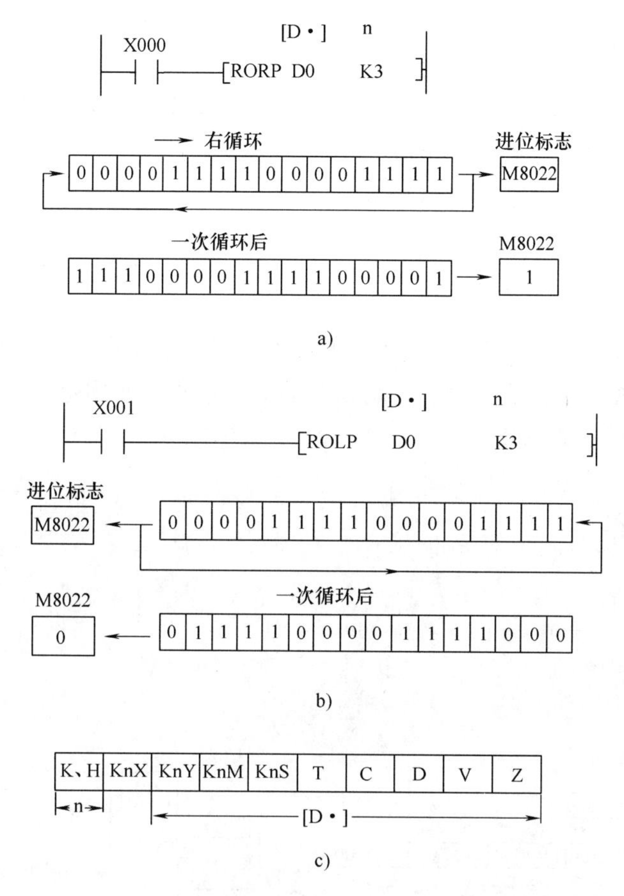

图 4.4-1　ROR、ROL 指令的应用格式和使用范围

a）ROR 指令的应用　b）ROL 指令的应用　c）ROR、ROL 指令的使用范围

二、RCR、RCL

RCR 是带进位的右循环移位指令，其功能是在执行条件满足时，将目标元件 D 中的数据与进位位一起（16 位指令时一共 17 位）向右循环移动 n 位。有 16 位操作和 32 位操作两种形式。

RCL 是带进位的左循环移位指令，其功能是在执行条件满足时，将目标元件 D 中的数据与进位位一起（16 位指令时一共 17 位）向左循环移动 n 位。有 16 位操作和 32 位操作两种形式。

RCR、RCL 指令的应用格式和使用范围如图 4.4-2 所示。

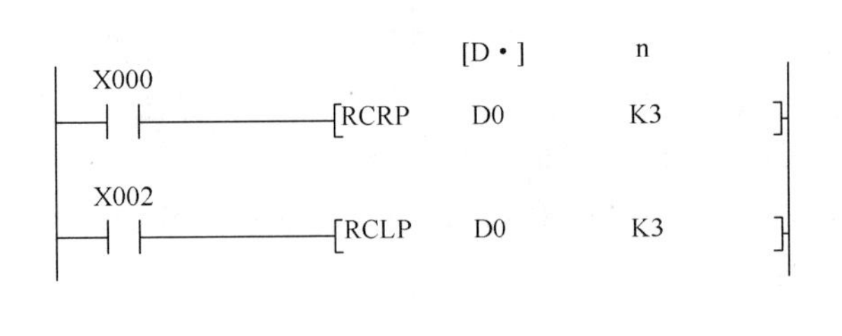

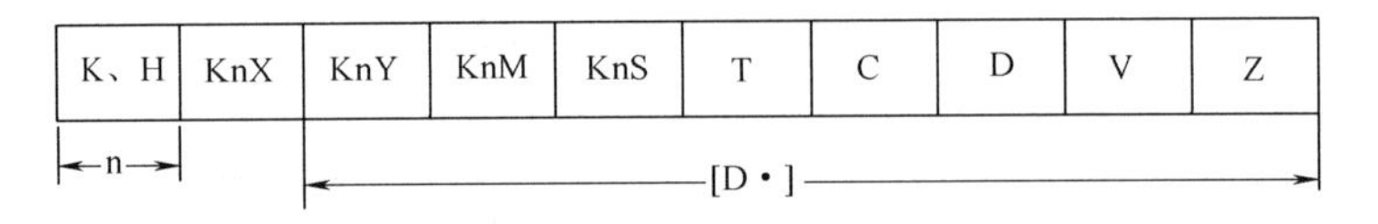

图 4.4-2　RCR、RCL 指令的应用格式和使用范围

三、SFTR、SFTL

SFTR 是位的右移指令，SFTL 是位的左移指令。其功能是使目标元件中的状态成组的向右（左）移动，如图 4.4-3 所示为位移动指令的应用格式和使用范围，其中 n1 指定目标元件的长度，n2 指定移位的位数。

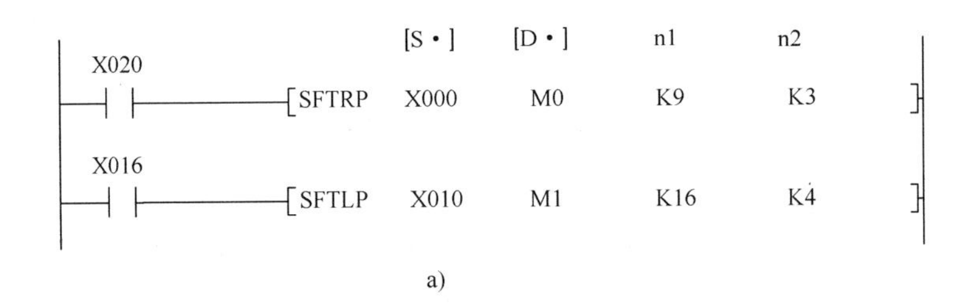

a)

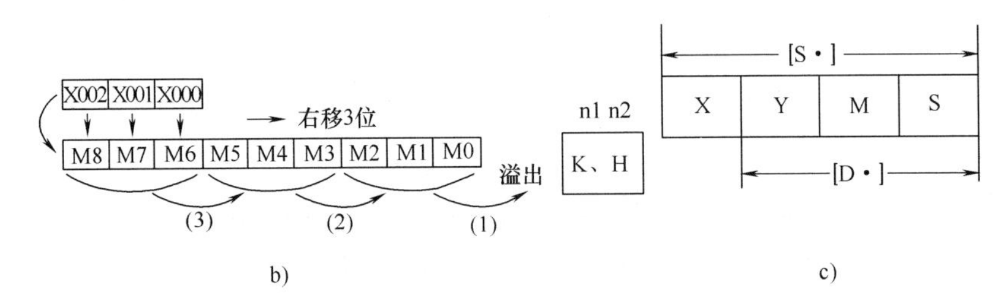

b)　　c)

图 4.4-3　位移动指令的应用格式和使用范围

a）SFTR、SFTL 指令的应用格式　b）SFTR 指令的移位举例　c）操作数的范围

应用实例　流水灯光控制

按下起动按钮后，8 盏灯以正序每隔 1s 轮流点亮，当最后一盏灯亮后，停 5s；然后以反序每隔 1s 轮流点亮，当第一盏灯亮后，5s 后重复以上过程。按下停止按钮时，停止工作。

1. 列出 I/O 地址通道分配表

根据对控制要求的分析，首先进行 I/O 地址通道分配（见表 4.4-1）。

表 4.4-1 I/O 地址通道分配表

输 入			输 出		
作 用	输入元件	输 入 点	输 出 点	输出元件	作 用
起动按钮	SB1	X010	Y007 ~ Y000	HL	灯光控制
停止按钮	SB2	X011			

2. 编写梯形图：

编写流水灯光控制梯形图如图 4.4-4 所示。

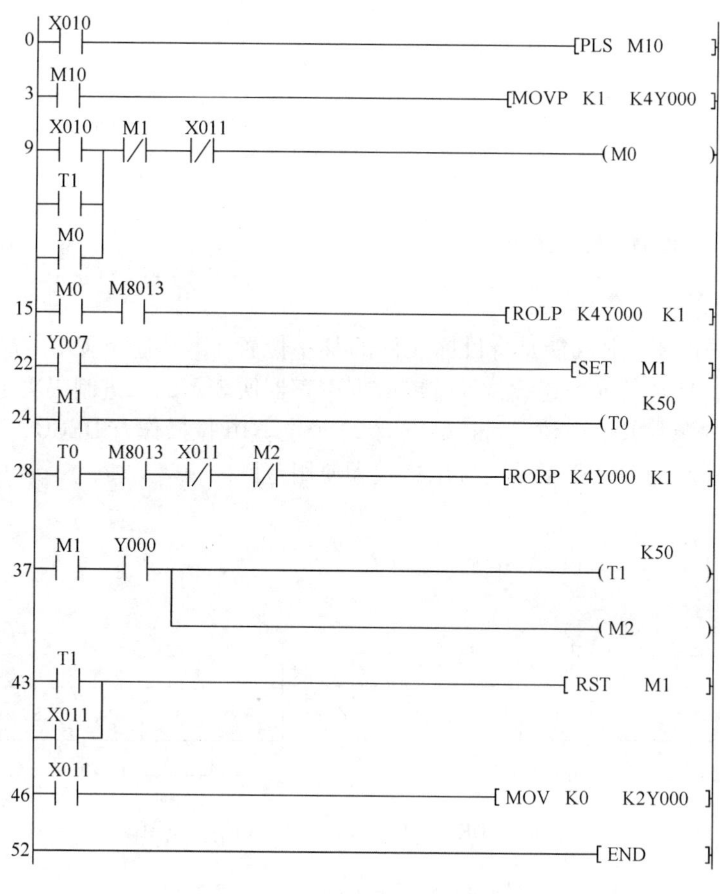

图 4.4-4 流水灯光控制梯形图

第五节 数据处理类指令

一、ZRST

ZRST 是区间复位指令，其功能是指定同类目标元件范围内的元件复位。16 位操作数有 ZRST、ZRST（P）。

指令应用时指定元件必须属于同一类，且 D1 < D2；当指定目标元件为通用计数器时，

不能含有高速计数器。

ZRST 指令的应用格式和使用范围如图 4.5-1 所示。

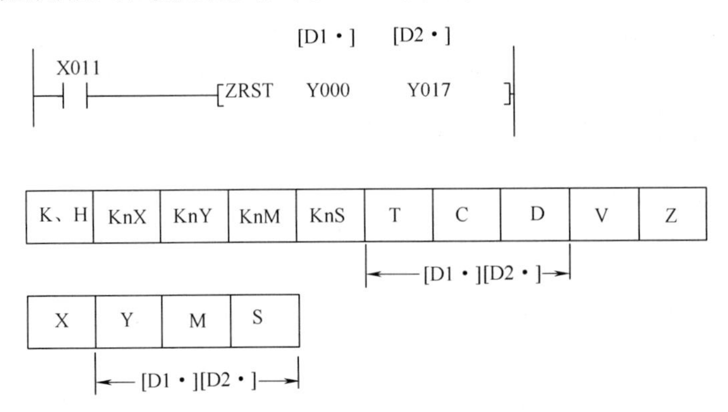

图 4.5-1　ZRST 指令的应用格式和使用范围

二、DECO、ENCO、BON

1. DECO 指令

DECO 是译码指令，其功能是将目标元件的某一位置 1，其他位置 0，置 1 的位的位置由源操作数 S 为首地址的 n 位连续位元件或数据寄存器所表示的十进制码决定。常数 n 标明参与该指令操作的源数共 n 个位，目标数共有 2^n 个位。16 位操作有 DECO、DECO（P）。

如图 4.5-2 所示为 DECO 指令的应用格式和使用范围。

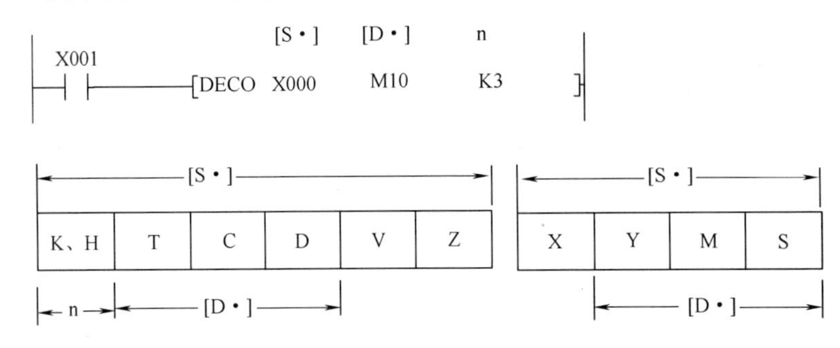

图 4.5-2　DECO 指令的应用格式和使用范围

在图 4.5-2 中，以 X000 为首地址的 3 位（$n=3$）X002X001X000 = 101，用十进制数表示为 5；则当 X001 = ON 时，执行 DECO 指令，将以 M10 为首地址的 8 位（$2^3=8$）中的第 5 位置 1，其他位置 0。其执行过程如图 4.5-3 所示。

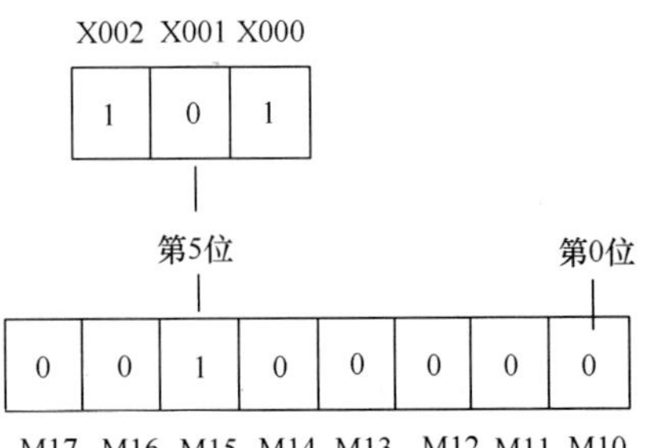

图 4.5-3　DECO 指令执行示意图

2. ENCO 指令

ENCO 是编码指令，其功能是将源数为 1 的最高位的位置存放在目标元件中。16 位操作有 ENCO、ENCO（P）。

如图 4.5-4 所示为 ENCO 指令的应用格式和使用范围。

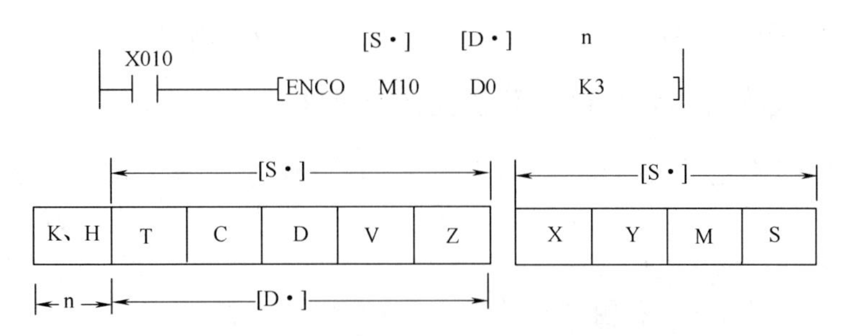

图 4.5-4　ENCO 指令的应用格式和使用范围

在图 4.5-4 中，对源数 M10 为首地址的连续 8 个位元件 M10 ~ M17 进行编码，其结果存入 D0 中，若 M13 = 1，其余位均为 0，则 ENCO 指令执行后将 3 存入到 D0 中，则 D0 = 0000 0000 0000 0011。如果 M10 ~ M17 中有两个或两个以上的位为 1，则只有最高位的 1 有效，如图 4.5-5 所示为 ENCO 指令执行示意图。

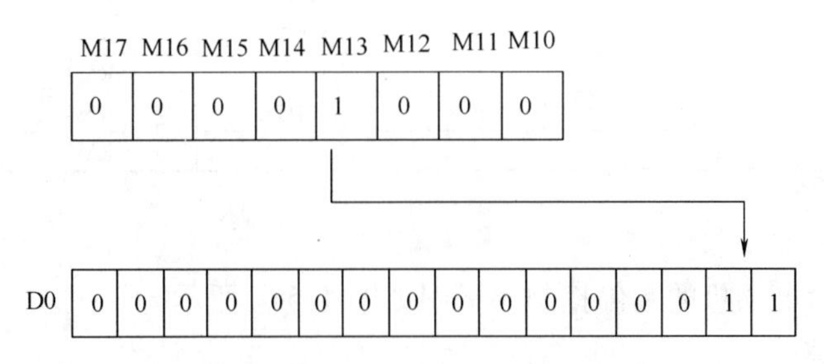

图 4.5-5　ENCO 指令执行示意图

3. BON 指令

BON 是位判别指令，其功能是判断源数第 *n* 位的状态并将结果存放在目标元件中。常数 *n* 表示对源操作数首位（0 位）的偏移量。如果 *n* = 0 是判断第 1 位的状态；*n* = 15 时是判断第 16 位的状态。因此对于 16 位源数，*n* 的取值范围是 0 ~ 15，对于 32 位操作，*n* 的取值是 0 ~ 31。

有 16 位操作［BON，BON(P)］和 32 位操作［(D)BON，(D)BON(P)］几种形式。

如图 4.5-6 所示为 BON 指令的应用格式和使用范围。

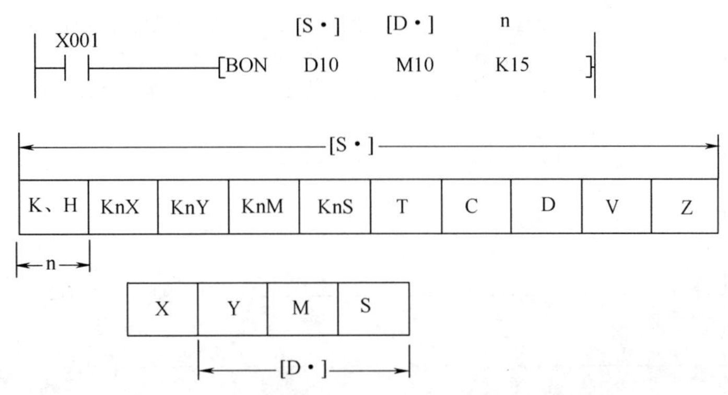

图 4.5-6　BON 指令的应用格式和使用范围

在图 4.5-6 中，X001 闭合时，每扫描一次梯形图就将 D10 的第 15 位状态存入到 M10 中去。

应用实例　单按钮实现 5 台电动机的起停控制

用单按钮实现 5 台电动机的起停。按下按钮一次（保持 2s 以上），1 号电动机起动，再按按钮，1 号电动机停止；按下按钮 2 次（第二次保持 2s 以上），2 号电动机起动，再按按钮，2 号电动机停止；依次类推，按下按钮 5 次（最后一次保持 2s 以上），5 号电动机起动，再按按钮，5 号电动机停止。利用 PLC 控制程序实现以上功能。

1. 列出 I/O 地址通道分配表

根据对控制要求的分析，进行 I/O 地址通道分配，见表 4.5-1。

表 4.5-1　I/O 分配表

输　入			输　出		
作　用	输入元件	输入点	输出点	输出元件	作　用
起动按钮	SB1	X010	Y000	KM1	1 号电动机
			Y001	KM2	2 号电动机
			Y002	KM3	3 号电动机
			Y003	KM4	4 号电动机
			Y004	KM5	5 号电动机

2. 编写梯形图

单按钮实现 5 台电动机的起停控制梯形图如图 4.5-7 所示。

```
 0  X010 ─┬──────────────── [DECO  M10  M0  K3]
          ├──────────────── [INCP  K1M10]
          └─ T0 ─────────── [INCP  K1M8]
15  X010 ─┬─ M9(常闭) ───── (T0  K20)
    T0 ───┘
21  T0 ───┬─ M0 ─────────── (Y000)
          ├─ M1 ─────────── (Y001)
          ├─ M2 ─────────── (Y002)
          ├─ M3 ─────────── (Y003)
          └─ M4 ─────────── (Y004)
37  M9 ──────────────────── [ZRST  M8  M12]
43  ─────────────────────── [END]
```

图 4.5-7　单按钮实现 5 台电动机的起停控制梯形图

第六节　四则运算指令

一、ADD、SUB、MUL、DIV

1. ADD 指令

ADD 是二进制加法指令，其功能是将两个源操作数相加（二进制代数运算），结果存到目标元件 D 中。有 16 位操作 ADD、ADD(P) 和 32 位操作（D)ADD、(D)ADD(P) 两种形式。图 4.6-1 是 ADD 指令的应用格式和使用范围。

加法指令 ADD 有 3 个常用的标志，M8020 为零标志、M8022 为进位标志、M8021 为借位标志。

执行 ADD 指令后，若计算结果为 0，则零标志位 M8020 置 1；若结果超过 32767（16 位）或 2147483647（32 位），则进位标志 M8022 置 1；若结果小于 -32768（16 位）或 -2147483647（32 位），则借位标志 M8021 置 1。

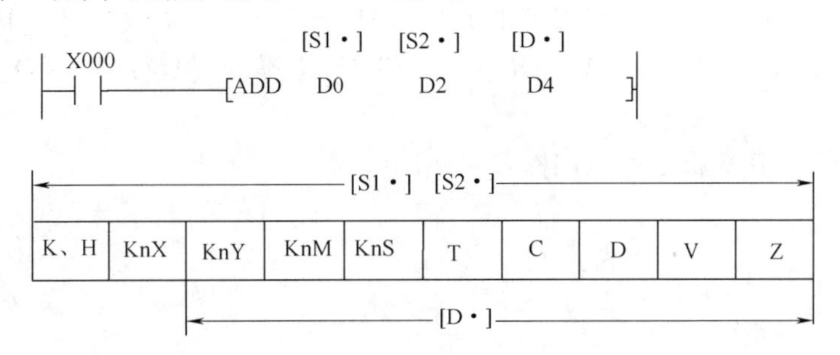

图 4.6-1　ADD 指令的应用格式和使用范围

2. SUB 指令

SUB 是二进制减法指令，其功能是把源操作数 S1 减去 S2，将结果存到目标元件 D 中。有 16 位操作 SUB、SUB(P) 和 32 位操作(D)SUB，(D)SUB(P) 两种形式。

在进行运算时，标志位的动作、与数值的正负之间的关系以及指令的使用等与加法指令相同。如图 4.6-2 所示为 SUB 指令的应用格式和使用范围。

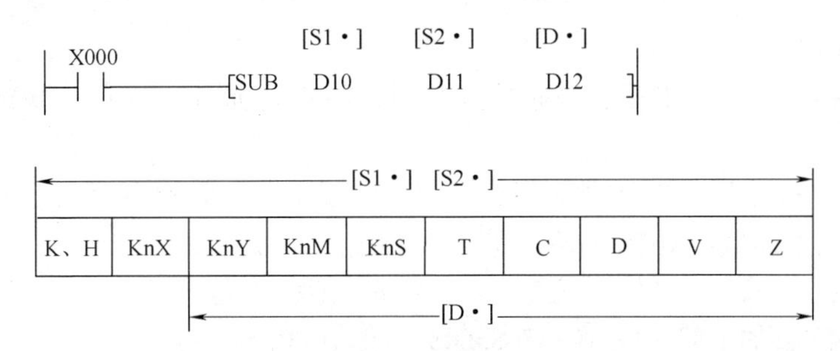

图 4.6-2　SUB 指令的应用格式和使用范围

3. MUL 指令

MUL 是二进制乘法指令，其指令功能是把源操作数 S1 与 S2 相乘，将结果存到目标元件 D 中。有 16 位操作 MUL、MUL(P) 和 32 位操作(D)MUL、(D)MUL(P)两种形式。当源操作数是 16 位时，目标操作数是 32 位，则［D·］为目标操作数的首地址。

图 4.6-3 所示为 MUL 指令的应用格式和使用范围。

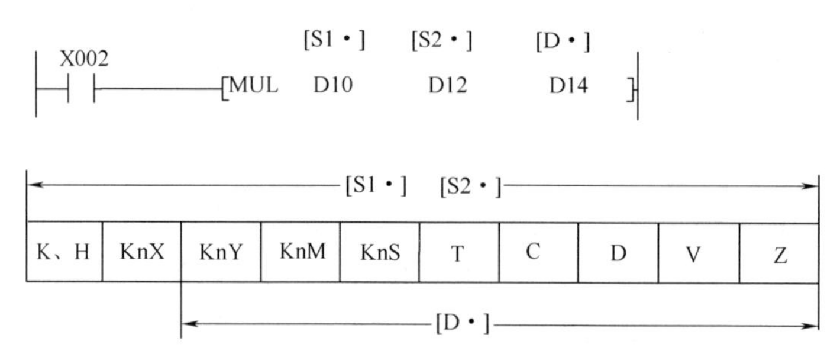

图 4.6-3　MUL 指令的应用格式和使用范围

4. DIV 指令

DIV 是二进制除法指令，指令功能是将指定的源元件中的二进制数相除，［S1·］为被除数，［S2·］为除数，商送到指定的元件［D·］中去，余数送到［D·］的下一个目标元件中去。有 16 位操作 DIV、DIV(P) 和 32 位操作（D)DIV、(D)DIV(P) 两种形式。

图 4.6-4 所示为 DIV 指令的应用格式和使用范围。

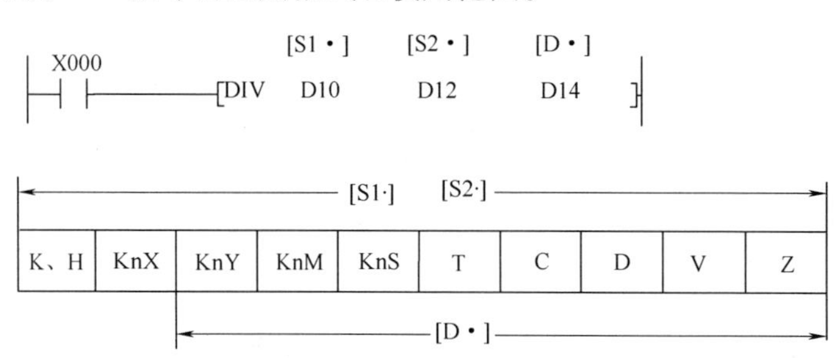

图 4.6-4　DIV 指令的应用格式和使用范围

二、INC、DEC

1. INC 指令

INC 为加 1 指令，其功能是：当条件满足时，将指定元件［D·］中的二进制数自动加 1。

如图 4.6-5 所示为 INC 指令的应用格式和使用范围。当 X000 接通时，D10 里的数据自动加 1。如果使用连续执行型指令 INC，则每个扫描周期都要加 1。

16 位运算时，+32767 再加 1 就变为 -32768，但标志位不置位。同样，在 32 位运算时，+2147483647 再加 1 就变成 -2147483648，标志位也不置位。

2. DEC 指令

DEC 为减 1 指令，其功能是：当条件满足时，将指定目标元件［D·］中的二进制数自动减 1。

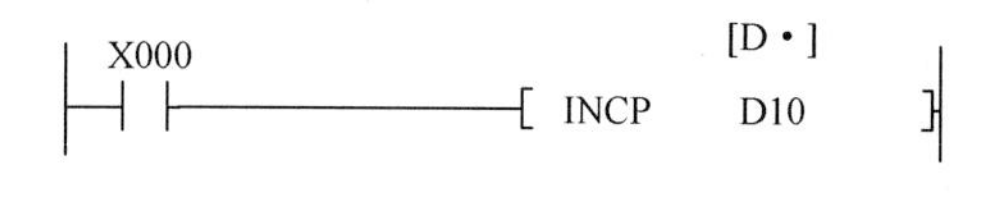

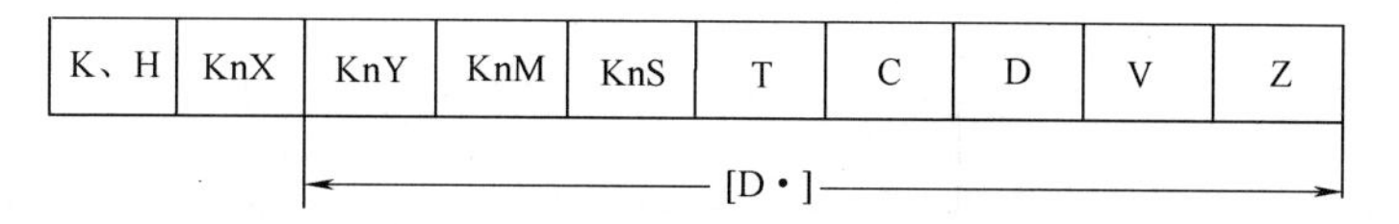

图 4. 6-5　INC 指令的应用格式和使用范围

如图 4. 6-6 所示为 DEC 指令的应用格式和使用范围。当 X010 接通时，D12 中的数据会自动减 1。如果使用连续执行型指令 DEC，则每个扫描周期都要减 1。

16 位运算时，-32768 再减 1 就变为 +32767，但标志位不置位。同样，在 32 位运算时，-2147483648 再减 1 就变成 +2147483647，标志位也不置位。

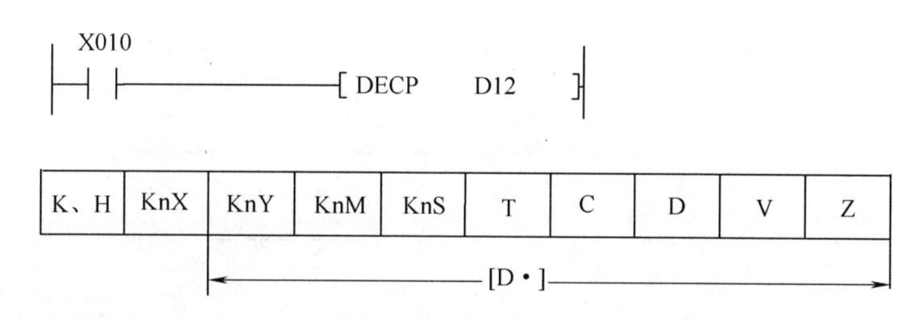

图 4. 6-6　DEC 指令的应用格式和使用范围

应用实例 1　彩灯控制（一）

用乘除法指令实现灯组的移位循环：一组灯共 14 个，要求当 X000 为 ON 时，灯正序每隔 1s 单个移动，并循环；当 X001 为 ON 且 Y000 为 OFF 时，灯反序每隔 1s 单个移位，至 Y000 为 ON 时停止。

1. 列出 I/O 地址通道分配表

根据对控制要求的分析，进行 I/O 地址通道分配，见表 4. 6-1。

表 4. 6-1　I/O 地址通道分配表

输　入			输　出		
作　用	输入元件	输　入　点	输　出　点	输出元件	作　用
正序开关	SB1	X000	Y000 ~ Y007 Y010 ~ Y015	HL	
反序开关	SB2	X001			

2. 编写梯形图

编写控制程序梯形图如图 4. 6-7 所示。

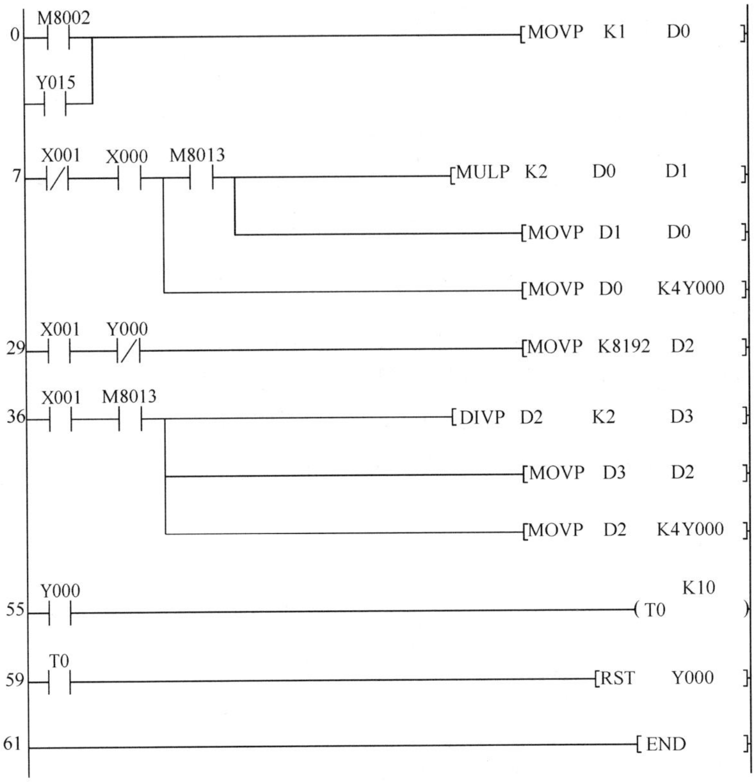

```
0   M8002 ┤├ / Y015 ┤├                 [MOVP  K1     D0    ]
7   X001 ┤/├ X000 ┤├ M8013 ┤├          [MULP  K2     D0    D1]
                                       [MOVP  D1     D0    ]
                                       [MOVP  D0     K4Y000]
29  X001 ┤├ Y000 ┤/├                   [MOVP  K8192  D2    ]
36  X001 ┤├ M8013 ┤├                   [DIVP  D2     K2    D3]
                                       [MOVP  D3     D2    ]
                                       [MOVP  D2     K4Y000]
55  Y000 ┤├                            (T0   K10)
59  T0 ┤├                              [RST   Y000]
61                                     [END]
```

图 4.6-7　彩灯控制（一）梯形图

应用实例 2　彩灯控制（二）

用一个起停开关来控制 12 盏彩灯：正序亮至全亮、反序熄灭至全部熄灭，然后再循环，试编制控制程序。

列出 I/O 地址通道分配表

根据对控制要求分析，进行 I/O 地址通道分配见表 4.6-2。

表 4.6-2　I/O 分配表

输　入			输　出		
作　用	输入元件	输　入　点	输　出　点	输出元件	作　用
起停按钮	SB1	X001	Y000 ~ Y007 Y010 ~ Y013	彩灯	显示

梯形图：

彩灯控制（二）梯形图如图 4.6-8 所示。

```
0   M1(常闭) M8013  X001 ──┬── [INCP  K4Y000Z0]
                           └── [INCP  Z0]
9   X001  M8013  M1 ───────┬── [DECP  Z0]
                           └── [DECP  K4Y000Z0]
18  X001(常闭) ─────────────── ( M8034 )
21  M8002 ──────────────────── [RST   Z0]
25  Y014 ───────────────────── [SET   M1]
27  Y000(常闭)  M1 ─────────── [PLS   M0]
31  M0 ─────────────────────── [RST   M1]
33  ────────────────────────── [ END ]
```

图 4.6-8　彩灯控制（二）梯形图

应用实例 3　电加热炉的挡位控制

一电加热炉，其加热功率有 500W、1000W、1500W、2000W、2500W、3000W、3500W 共 7 挡可以选择。功率大小的选择由一个按钮来控制，每按一次，加热功率会依次升高，直到按第 8 次，电热炉将停止加热。另有一停止按钮，可随时停止加热。

1. 列出 I/O 地址通道分配表

根据控制要求，分析题意，首先进行 I/O 地址通道分配，见表 4.6-3。

表 4.6-3　I/O 地址通道分配表

输　入			输　出		
作　用	输入元件	输　入　点	输　出　点	输出元件	作　用
功率选择开关	SB1	X001	Y000	电阻 R1	500W
停止按钮	SB2	X002	Y001	电阻 R2	1000W
			Y002	电阻 R3	2000W

2. 编写梯形图

电加热炉的挡位控制梯形图如图 4.6-9 所示。

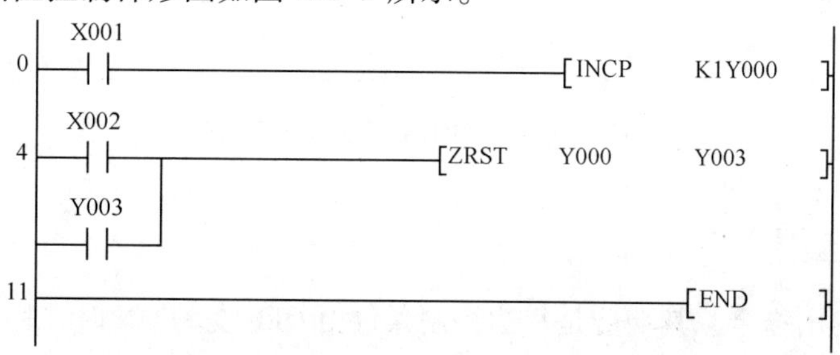

图 4.6-9　电加热炉挡位控制梯形图

第七节　方便指令和外部 I/O 设备指令

一、TTMR

TTMR 是示教定时器指令，其功能是用［D·］开始的第二个数据寄存器 D+1 来测定执行条件为 ON 的时间，乘以 *n* 指定的倍率后存入［D·］。

指令应用格式如图 4.7-1 所示。

D101 对 X010 接通的时间进行计时，时间单位为 100ms，D100 乘以 *n* 中指定的倍数后传送到 D100 中。当 X010 断开时，D101 的数值会复位，D100 的数值保持不变。TTMR 可用于调试时测量开关接通时间的测量工具。

二、STMR

STMR 是多功能定时器指令，功能是通过［S·］中指定的定时器，按照 *n* 中指定的设定值进行定时，控制［D·］中开始的 4 个连续地址输出。其中［S·］的范围是 T0～T199，［D·］可以是 Y、M 或 S。

STMR 指令应用格式如图 4.7-2 所示。

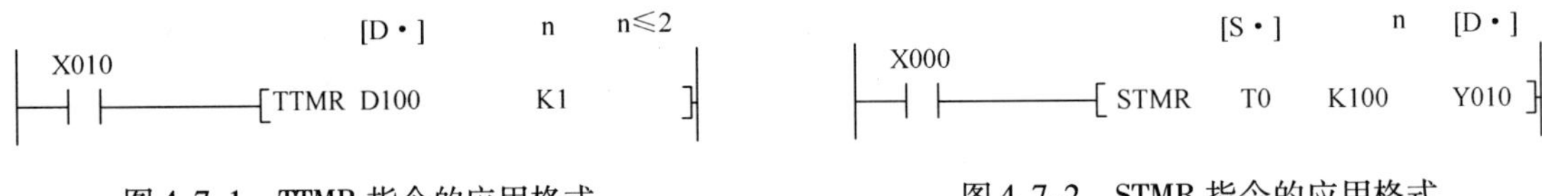

图 4.7-1　TTMR 指令的应用格式　　图 4.7-2　STMR 指令的应用格式

如图 4.7-3 所示为 STMR 指令的应用举例，T12 的设定值为 5s，M0 是断开延时而定时器，M1 是当 X002 由 ON 变为 OFF 时的单脉冲定时器，M2 和 M3 是为闪动控制而设计的。

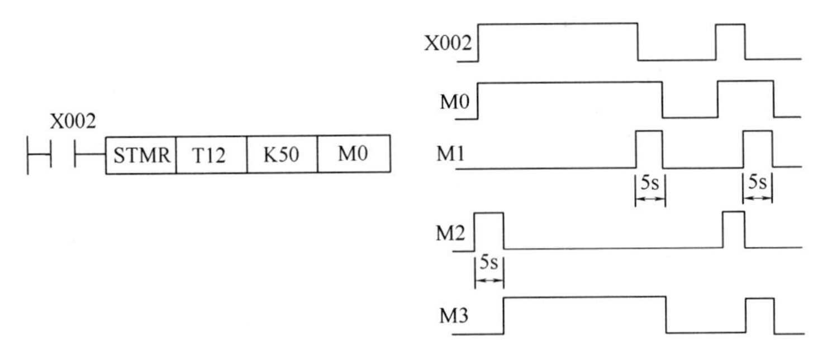

图 4.7-3　STMR 指令的应用举例

三、ALT

ALT 是交替输出指令，其功能是每当控制条件由 OFF 变为 ON 时，目标操作元件的状态就会发生一次改变，即由接通状态变为断开状态，或由断开状态变为接通状态。ALT 指令的使用格式如图 4.7-4 所示，其中目标操作元件可以是 Y、M、S。

ALT 指令具有分频的作用，如图 4.7-5 可实现单按钮控制一台电动机的起停。

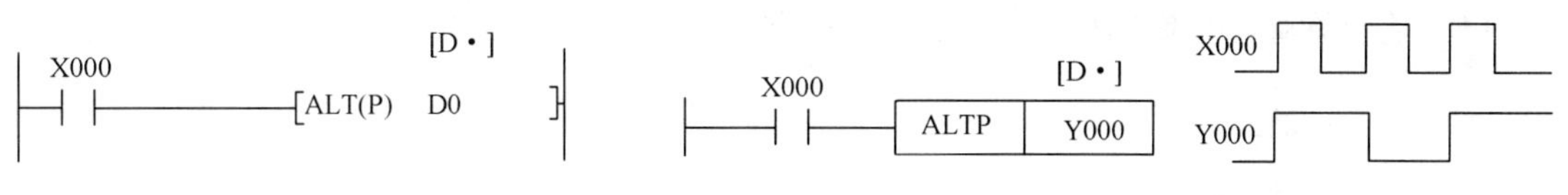

图 4.7-4 ALT 指令的使用格式　　图 4.7-5 单按钮控制一台电动机的起停

四、SEGD

SEGD 是七段译码指令，其功能是将［S・］所指定的元件低 4 位中的十六进制数译码后传送给 7 段显示器，译码后的信号存在［D・］所指定的单元，则输出需要占 7 个输出点。

SEGD 指令的应用格式如图 4.7-6 所示。

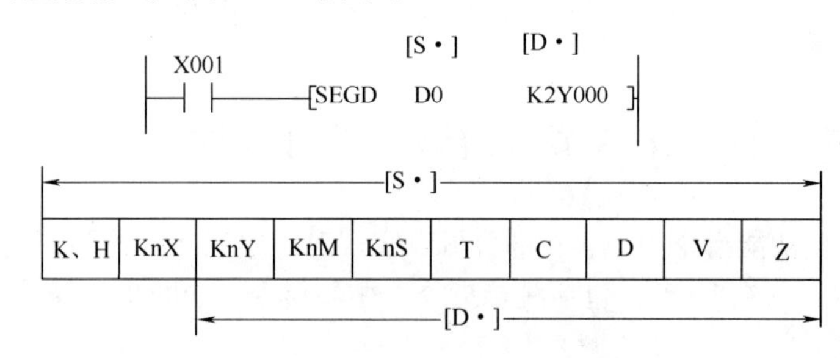

图 4.7-6 SEGD 指令的应用格式和使用范围

应用实例 LED 数码管显示控制

LED 数码管顺序显示数字 0 ~ F，在系统刚开始时，LED 数码管显示数字“0”，第一次按下按钮 SB1，LED 数码管显示“1”，第二次按下按钮，LED 数码管显示“2”，……以此类推，按第 15 次时，显示“F”。按钮 SB2 作为复位用。

1. 列出 I/O 地址通道分配表

分析题意，首先进行 I/O 地址通道分配，见表 4.7-1。

表 4.7-1 I/O 地址通道分配表

输入			输出		
作用	输入元件	输入点	输出点	输出元件	作用
起动按钮	SB1	X000	Y000	LED 数码管 a 段	a 段亮
复位按钮	SB2	X001	Y001	LED 数码管 b 段	b 段亮
			Y002	LED 数码管 c 段	c 段亮
			Y003	LED 数码管 d 段	d 段亮
			Y004	LED 数码管 e 段	e 段亮
			Y005	LED 数码管 f 段	f 段亮
			Y006	LED 数码管 g 段	g 段亮

2. 编写梯形图

LED 数码管显示控制的梯形图如图 4. 7-7 所示。

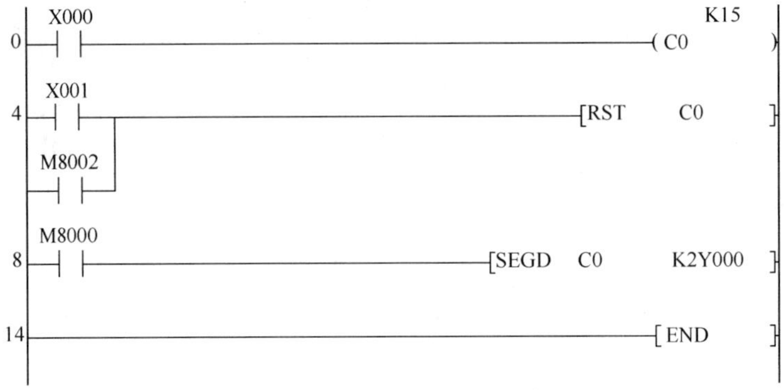

```
    X000                                              K15
 0 ─┤ ├──────────────────────────────────────────( C0      )
    X001
 4 ─┤ ├──┬───────────────────────────────────[RST     C0   ]
    M8002│
   ─┤ ├──┘
    M8000
 8 ─┤ ├──────────────────────────────[SEGD   C0    K2Y000  ]

14 ──────────────────────────────────────────[END          ]
```

图 4. 7-7　LED 数码管显示控制梯形图

第八节　跳转与循环程序

FX2N 系列 PLC 功能指令中，有一部分可以实现对程序流向的控制，这一类指令称为程序流程控制类指令，共有 10 条，包括跳转指令、循环指令、中断指令等。

一、CJ

CJ 为条件跳转指令，其功能是当跳转条件满足时，将跳过一段程序不执行，跳转至指令中所标明的标号处继续执行；若条件不满足则继续按顺序执行。由于被跳过的梯形图不再被扫描，所以使用跳转指令可以缩短扫描周期。

在使用程序流程类指令时，需要标明程序流向的方向，可以通过指针 P 来实现。

FX2N 系列 PLC 的指针有 P0 ~ P127 共 128 个点，P 指针作为一种标号，用于跳转指令 CJ 或子程序调用指令 CALL 的跳转或调用。

关于指针 P 在使用时要注意以下几种情况：

1）一个指针只能在一个程序里出现一次，如果出现两次或两次以上，程序就会出错。

2）多条跳转指令可以使用相同的指针。

3）P63 是 END 所在的步序，在程序中不需要设置 P63 指针。

4）跳转指令具有选择程序段的功能。在同一个程序中，位于不同程序段的程序不会被同时执行，所以不同程序段中的同一线圈不能视为双线圈。

5）指针也可以出现在相应的跳转指令之前，但是，如果反复跳转的时间超过监控定时器的设定时间，会引起监控定时器出错。

例如在工业控制中，为了提高设备的可靠性，许多设备需要建立自动及手动两种工作方式。这就要求在编程中书写两段程序，一段用于手动，一段用于自动。然后设立一个自动/手动的转换开关，以便对程序段进行选择。其功能如图 4. 8-1 所示。

其中，X001 为手动/自动的切换开关，当 X001 为 ON 时，程序将跳过自动程序，直接跳转到 P1 指针入口处，执行手动程序；当 X001 为 OFF，将执行自动程序。公用程序用于自动程序和手动程序相互切换的处理。

再通过一个实例来了解条件跳转指令 CJ 的使用，如图 4. 8-2 所示。

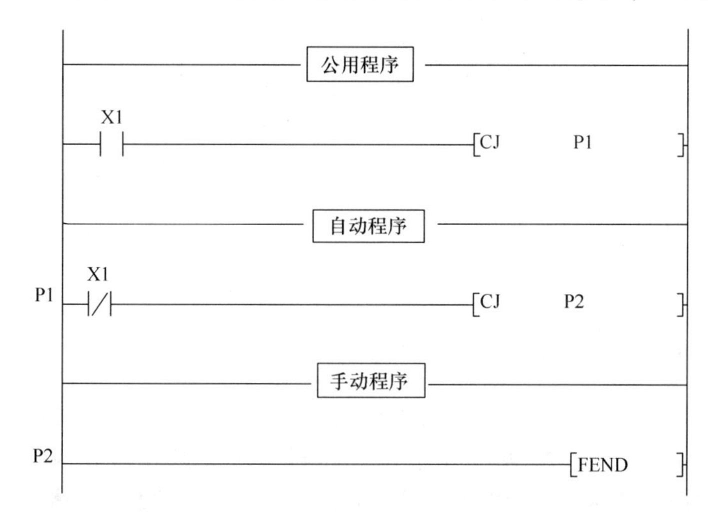

图 4. 8-1　用跳转指令实现的自动/手动切换程序

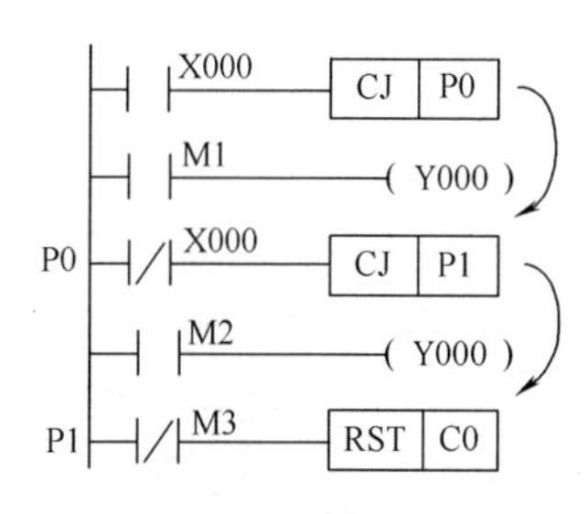

图 4. 8-2　条件跳转指令的使用

在图 4. 8-2 中，若 X000 接通，则 CJ P0 的跳转条件成立，程序将跳转到标号为 P0 处。因为 X000 常闭触点是断开的，所以 CJ　P1 的跳转条件不成立，程序顺序执行。按照 M2 的状态对 Y000 进行处理。

若 X000 断开，则 CJ　P0 的跳转条件不成立，程序会按照指令的顺序执行下去根据 M1 条件来执行 Y000 输出。当程序执行到 P0 标号处时，由于 M0 常闭触点是接通的，则 CJ P1 的跳转条件成立，因此程序就会跳转到 P1 标号处继续执行。

Y000 为双线圈输出。

在程序在执行过程中，X000 常开触点和 X000 常闭触点是一对约束条件，所以线圈 Y000 的驱动逻辑在任何时候只有一个会发生，所以在图 4. 8-2 中所出现 Y000 的双线圈输出是允许的。

二、FOR、NEXT

在某些工业控制场合，一些操作需要反复进行。例如对某一采样数据做一定次数的加权运算、或利用反复的加减运算完成一定量的增加或减少、利用反复的乘除运算完成一定量的数据移位等，这些功能都可以通过循环指令来实现。

FOR 和 NEXT 指令是一组循环指令，必须成对使用。

FOR 为循环开始指令，其操作数适用于所有的字元件，其功能是表示循环扫描从 FOR 到 NEXT 之间程序的次数，循环次数的取值范围是 1 ~ 32767。

NEXT 表示循环结束指令。如图 4. 8-3 所示为 FOR、NEXT 指令的应用格式和使用范围。

循环指令在使用时需注意以下问题：

1）FOR、NEXT 指令无需控制条件，直接与左母线相连即可。

2）循环指令可允许 5 级嵌套。

3）FOR 和 NEXT 必须成对使用。

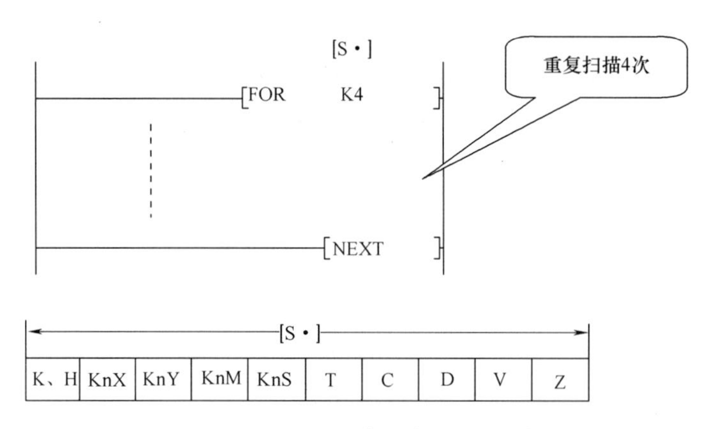

[S·]									
K、H	KnX	KnY	KnM	KnS	T	C	D	V	Z

图 4.8-3　FOR、NEXT 指令的应用格式和使用范围

如图 4.8-4 所示为 3 级嵌套使用的循环指令，程序的功能是：

当 X001 为 OFF 时，不执行跳转指令，则循环体执行 C 执行 4 次，循环体 B 执行 4 × 5 = 20 次，而循环体 A 则执行 4 × 5 × 6 = 120 次。当 X001 为 ON 时，则循环体 A 不执行。

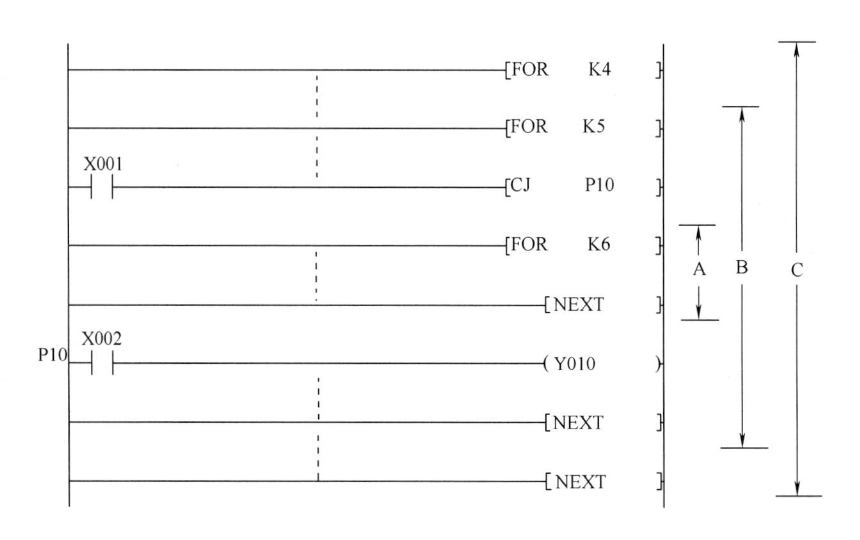

图 4.8-4　3 级嵌套循环指令的应用

应用实例 1　点动与连续的切换

三相异步电动机的点动与连续控制，当转换开关 SA 为 ON 时为连续，X001 为 OFF 时为点动，SB1 为起动按钮，SB2 为停止按钮。用跳转指令实现点动与连续的切换控制。

1. 列出 I/O 点子通道分配表

根据控制要求，首先进行 I/O 分配，见表 4.8-1。

2. 编写梯形图

点动与连续的切换梯形图如图 4.8-5 所示。

表 4.8-1　I/O 分配表

输　入			输　出		
作　用	输入元件	输入点	输出点	输出元件	作　用
转换开关	SA	X000	Y001	KM	交流接触器
连续按钮	SB1	X001			
停止	SB2	X002			
点动按钮	SB3	X003			

```
      X000
   ──┤├──────────────────────────[CJ      P1   ]
      X003
   ──┤├──────────────────────────[Y001         ]
      X000
P1 ──┤/├─────────────────────────[CJ      P2   ]
      X001        X002
   ──┤├───┬───────┤/├────────────[Y001         ]
      Y001│
   ──┤├───┘
P2 ──────────────────────────────[FEND         ]
   ──────────────────────────────[END          ]
```

图 4.8-5　点动与连续控制梯形图

应用实例 2　自动与手动切换控制

一台工件传送的气动机械手的动作示意图如图 4.8-6 所示。机械手具有手动和自动两种工作方式，可以通过切换开关 SA 来实现。机械手在最上面、最左边且松开电磁阀为原点位置。

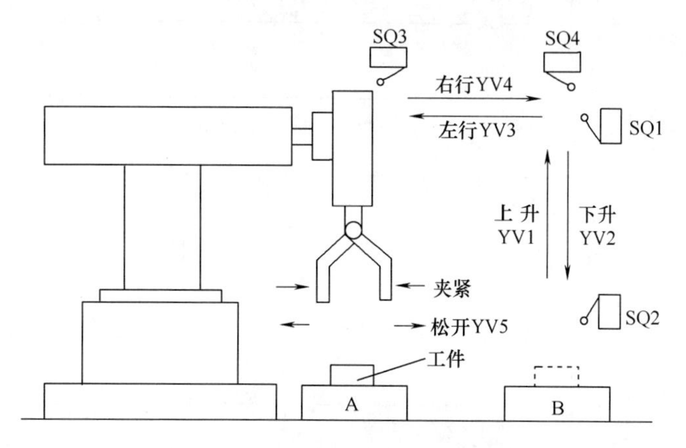

图 4.8-6　气动机械手动作示意图

1. 列出 I/O 地址通道分配表

根据控制要求，首先进行 I/O 地址通道分配，见表 4.8-2。

表 4.8-2　I/O 地址通道分配表

输入			输出		
作用	输入元件	输入点	输出点	输出元件	作用
上限位开关	SQ1	X001	Y001	YV1	
下限位开关	SQ2	X002	Y002	YV2	
左限位开关	SQ3	X003	Y003	YV3	
右限位开关	SQ4	X004	Y004	YV4	
手动上升	SB3	X010	Y005	YV5	
手动下降	SB4	X011			
手动右行	SB5	X012			
手动左行	SB6	X013			
手动夹紧	SB7	X014			
手动放松	SB8	X015			
启动开关	SB1	X021			
停止开关	SB2	X022			
转换开关	SA	X020			

2. 编写梯形图：

自动与手动切换控制梯形图如图 4.8-7 所示。

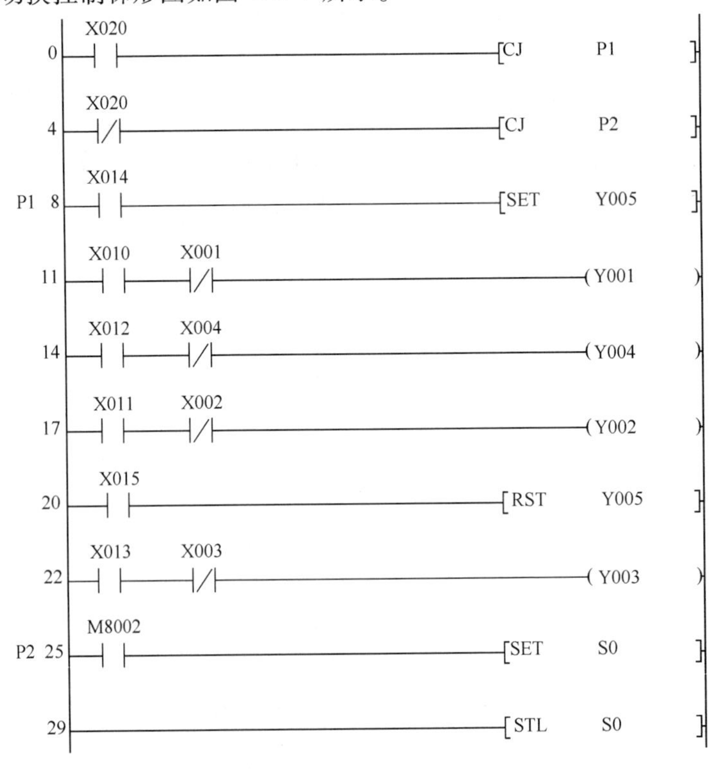

图 4.8-7　气动机械手自动/手动控制梯形图

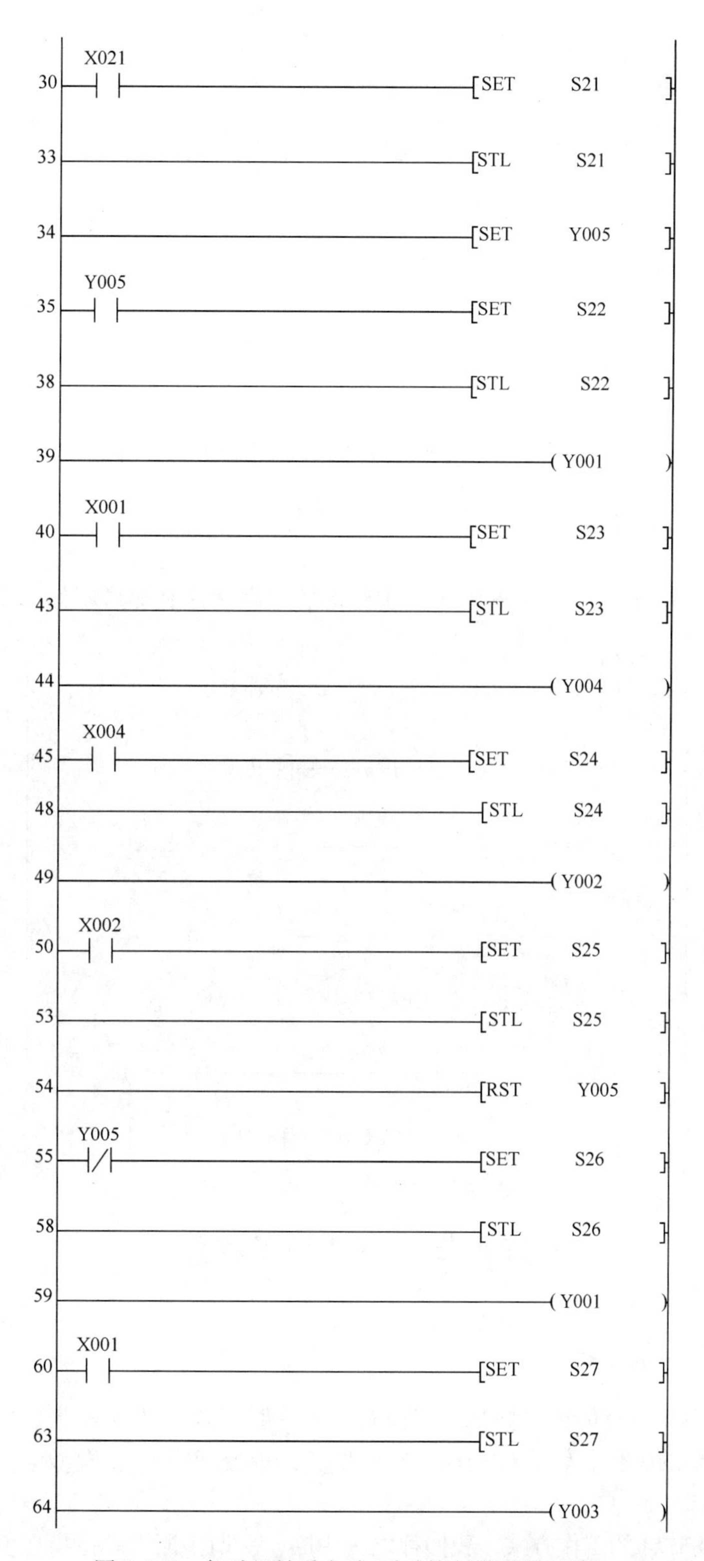

图 4. 8-7　气动机械手自动/手动控制梯形图（续）

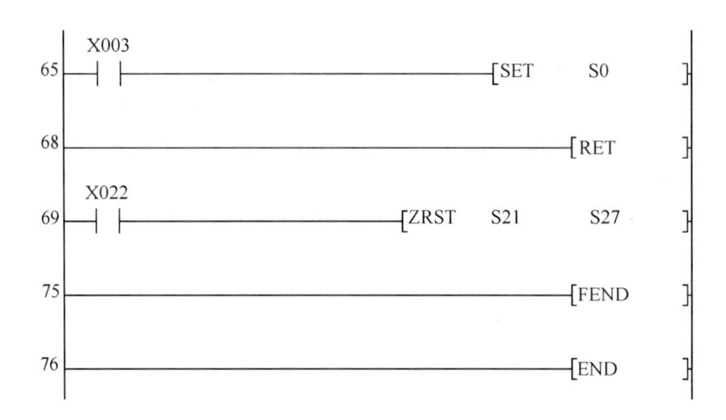

图 4.8-7　气动机械手自动/手动控制梯形图（续）

应用实例 3　用循环指令求和

利用循环指令实现求出 1 + 2 + 3 + ……100 的和。编制控制梯形图如图 4.8-8 所示。

M8000
RST Z0
RST D0
FOR K100
M8000
INC Z0
ADD D0 Z0 D0
NEXT

图 4.8-8　求和控制梯形图

第九节　中断与子程序

一、中断与中断指针

在日常生活中，当我们正在做某项工作时，有一件更为重要的事情需要马上处理，这时就需要暂停正在做的工作，转去处理这一紧急事务，等处理完这一紧急事务后，再继续去完成刚才暂停的工作。

PLC 同样也有这样的工作方式，我们称之为中断。所谓中断，就是指在主程序的执行过程中，中断主程序去执行中断子程序，执行完中断子程序后再回到刚才中断的主程序处继续执行。

中断程序具有以下特点：

1）中断不受 PLC 扫描工作方式的影响，以使 PLC 能迅速响应中断事件。

2）中断子程序是为某些特定的控制功能而设定的。所以要求中断子程序的响应时间小于机器的扫描时间。

能引起中断的信号叫做中断源，FX2N 系列 PLC 共有 3 类中断源：外部中断、定时器中断和高速计数中断。

中断指针用 I 来表示，它是用来指明某一中断源的中断程序入口指针，当执行到 IRET（中断返回）指令时返回主程序。中断指针 I 应在 FEND（主程序结束指令）之后使用。

用于中断服务子程序的地址指针有 I0□□～I8□□共 9 个点。

1）当中断源为外部请求信号时，使用 I0□□～I5□□5 个点，且中断请求信号由输入端 X000～X005 输入并且要求信号脉冲的宽度大于 200μs。

2）当中断源是以一定时间间隔产生的内部中断信号时，使用 I6□□～I8□□共 3 个点。其分类含义如图 4.9-1 所示。

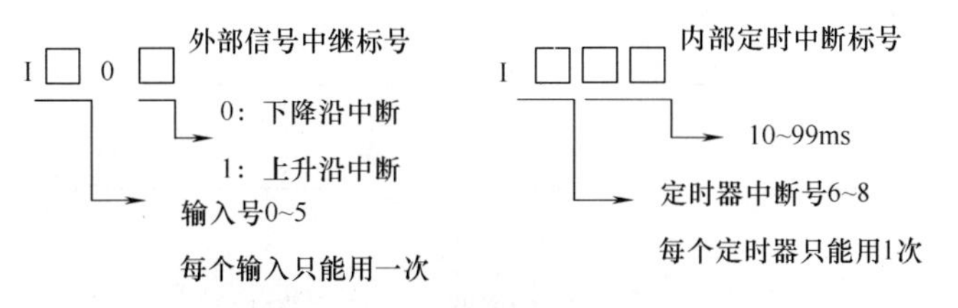

图 4.9-1　中断指针的分类含义

例如 I001 表示当输入 X000 从 OFF 变为 ON 时，执行由该指针作为标号的中断服务子程序，并根据 IRET 返回。

I610 表示每隔 10ms 就执行标号为 I610 后面的中断服务子程序，并根据 IRET 返回。

二、EI、DI、IRET

与中断有关的指令共有 3 个：EI、DI、IRET，其中 EI 是允许中断指令，DI 是禁止中断指令，IRET 是中断返回指令。如图 4.9-2 所示为中断指令的使用格式。

其中中断指针 I001 的含义表示：在 EI 到 DI 之间的允许中断区间，如果检测到有 X001 信号的上升沿（即有中断信号），则程序转去执行 I001 指针处的子程序。

中断指令在使用时要注意以下情况：

1）3 个指令既没有驱动条件，也没有操作数，在梯形图上直接与左右母线相连。

2）中断程序放在 FEND 指令之后。

3）EI 到 DI 之间为允许中断区间，CPU 在扫描其梯形图时，若有中断请求信号产生则 CPU 停止扫描当前梯形图转而去执行中断指针 I□□□标号的中断服务子程序，直到 IRET 指令才返回到主程序继续执行。

4）如果中断请求发生在 EI 到 DI 区域之外，则该中断请求信号被锁存起来，直到 CPU 扫描到 EI 指令后才专区执行该中断服务子程序。

5）允许 2 级中断嵌套，并有优先权利处理能力。即当有多个中断请求同时发生时，中断标号越小者优先权级别越高。

另外，特殊辅助继电器 M805Δ 为 ON 时（Δ=0～8），禁止执行相应的中断 IΔ□□。例

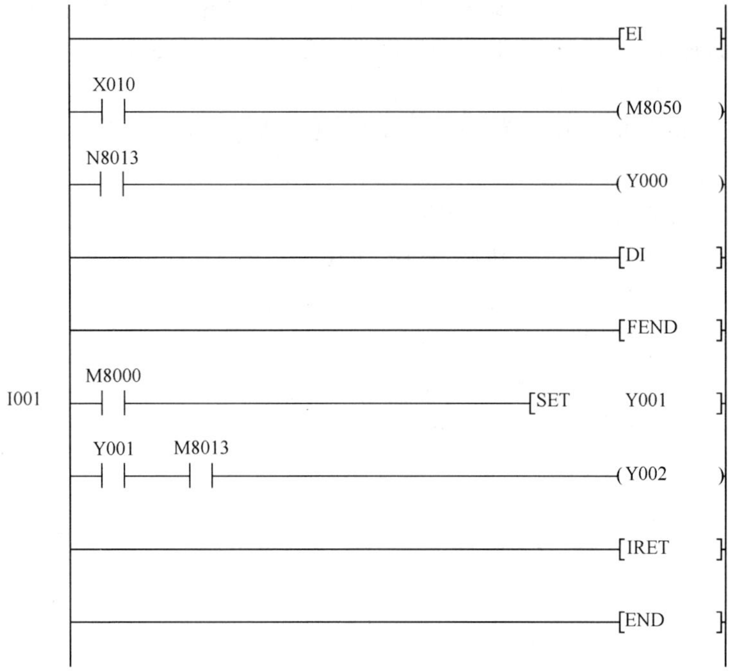

```
                                              [EI      ]
     X010
 ──┤ ├──────────────────────────────────────(M8050   )
     N8013
 ──┤ ├──────────────────────────────────────(Y000    )
                                              [DI      ]
                                              [FEND    ]
     M8000
I001 ──┤ ├─────────────────────────────[SET    Y001    ]
     Y001     M8013
 ──┤ ├─────┤ ├──────────────────────────────(Y002    )
                                              [IRET    ]
                                              [END     ]
```

图 4.9-2　中断指令的使用格式

如当 M8050 为 ON 时，禁止执行相应的中断 I000 和 I001。当 M8059 为 ON 时，关闭所有的计数器中断。

三、FEND

上面的介绍中几次提到 FEND 指令，FEND 是主程序结束指令，它表示主程序的结束、子程序的开始。在一般情况下，FEND 和 END 有相同的处理，如警戒定时器的刷新，各定时器与计数器当前值刷新、输出处理、自诊断、输入处理等操作后返回零步。FEND 是一条不需要控制条件、又没有操作数的指令。

FEND 和 END 指令的区别：

1）FEND 是主程序结束指令，END 是用户程序结束指令。

2）在 END 之后不能使用 FEND 指令。

3）多个 FEND 指令可以用来分离不同的主程序。

四、WDT

WDT 是刷新警戒定时器的指令。警戒定时器是一个专用的监视定时器，其设定值存放在专用的数据寄存器 D8000 中，它的默认值是 200ms，计时单位是 ms。

PLC 正常工作时扫描周期小于它的定时时间，如果强烈的外部干扰使 PLC 偏离正常的程序执行路线，则监控器将不会再被复位，定时时间到时 PLC 将被停止运行，同时 PLC 上的 CPU-E 灯亮。

如果扫描周期大于它的定时时间，可以将 WDT 指令插入到合适的程序步中用来刷新监视定时器。如图 4.9-3 中，有一个程序的扫描周期为 240ms，则在程序中插入一个 WDT 指令，使前半部分和后半部分都在 200ms 以下。如图 4.9-3 所示为 WDT 指令的应用。

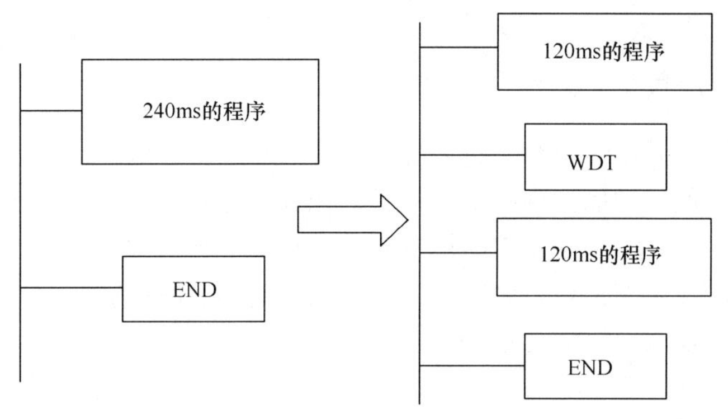

图 4.9-3　WDT 指令的应用

如果在循环程序中的执行时间可能会超过监视定时器的定时时间，可以将 WDT 指令插入到循环程序中。

若条件跳转指令 CJ 在它对应的指针之后，可能会因连续反复跳转而使它们之间的程序被反复执行，这样就会出现总的执行时间超过监视定时器的定时时间，这时可以在 CJ 和对应的指针之间插入 WDT 指令。

应用实例　高精度定时控制

用定时中断实现周期为 10s 的高精度定时，定时时间到，指示灯亮。

思路分析：可以使用中断指针 I650，I650 表示每隔 50ms 执行一次中断程序，对 D0 加 1，当 D0 加到 200 时对应的时间正好是 10s，再通过触点比较指令实现数据寄存器的复位和相应输出的控制。

高精度定时控制梯形图如图 4.9-4 所示。

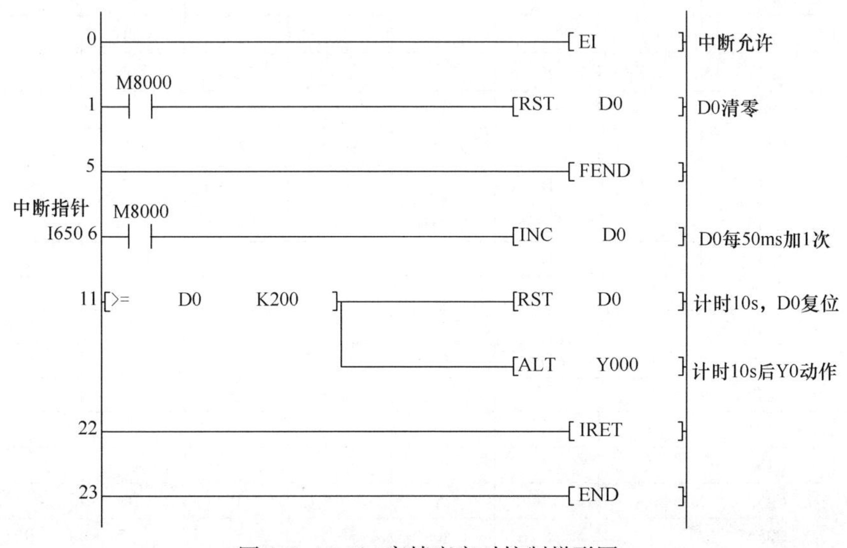

图 4.9-4　10s 高精度定时控制梯形图

第十节 高速处理类指令

一、高速计数器简介

前面在介绍编程软元件时，介绍过内部计数器（C0～C234），这些计数器的工作受扫描频率的限制，只能对低于扫描频率的信号计数。而在工业控制中，很多由其他物理量转化成的频率信号一般要高于扫描频率，有时能达到数千赫兹。例如，光电编码器可以将转速信号变换为脉冲信号，转速越高，单位时间内的脉冲数就越多，频率就越高。这时，普通的计数器已不能满足计数的需求，就需要使用高速计数器。

FX2N 系列 PLC 设有 C235～C255 共 21 点高速计数器，其分类如下。

一相无起动/复位端子：C235～C240；

一相带起动/复位端子：C241～C245；

一相双输入型：C246～C250；

二相 A-B 相型：C251～C255。

高速计数器均为 32 位增减计数器，如表 4.10-1 所示为 FX2N 系列可编程高速计数器和各输入端之间的对应关系。

表 4.10-1　FX2N 系列高速计数器

计数器 \ 输入		X000	X001	X002	X003	X004	X005	X006	X007
一相无起动/复位	C235	U/D							
	C236		U/D						
	C237			U/D					
	C238				U/D				
	C239					U/D			
	C240						U/D		
一相带起动/复位	C241	U/D	R						
	C242			U/D	R				
	C243				U/D	R			
	C244	U/D	R					S	
	C245			U/D	R				S
一相双输入	C246	U	D						
	C247	U	D	R					
	C248				U	D	R		
	C249	U	D	R				S	
	C250				U	D	R		S
两相 A－B 相型	C251	A	B						
	C252	A	B	R					
	C253				A	B	R		
	C254	A	B	R				S	
	C255				A	B	R		S

在上表中，U 表示增计数输入；D 表示减计数输入；A 表示 A 相输入；B 表示 B 相输入；R 表示复位输入；S 表示起动输入。

高速计数器的特点是：

1）它们共享 8 个高速输入口 X000 ~ X007。

2）使用某个高速计数器时可能要同时使用多个输入口，而这些输入口又不能被多个高速计数器重复使用。

3）在实际应用中，最多只能由 6 个高速计数器同时工作。这样设置是为了使高速计数器能具有多种工作方式，以方便在各种控制工程中选用。

下面分别介绍不同类型高速计数器的应用

1. 一相无起动/复位端高速计数器的应用

一相无起动/复位端的高速计数器（C234 ~ C240）的计数方式及触点动作与普通的 32 位计数器相同：增计数时，当计数值达到设定值时，触点动作并保持；减计数时，当计数值达到设定值时则复位。其中计数方向取决于计数方向标志继电器 M8235 ~ M8240。

一相无起动/复位端高速计数器工作的梯形图如图 4.10-1 所示，这类计数器只有一个脉冲输入端。例如 C235 的输入端为 X000。图 4.10-1 中，X010 是由程序安排的计数方向的选择信号，接通时为减计数，断开时为增计数（当程序中无辅助继电器 M8235 的相关程序时，默认为增计数）；X011 为复位信号，接通时，执行复位；X012 是由程序安排的 C235 的启动信号；Y010 为计数器 C235 控制的对象。

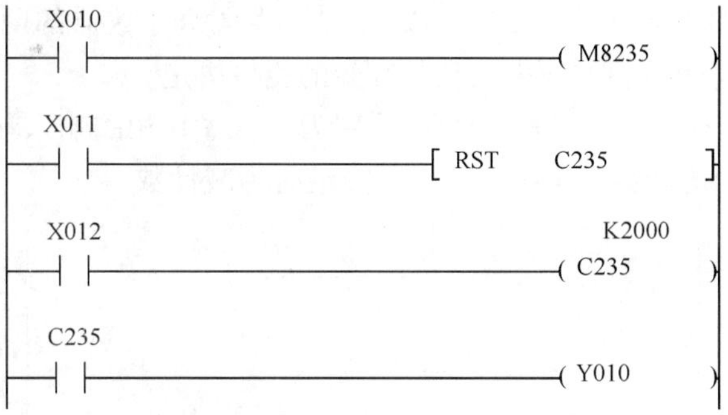

X010
M8235
X011
RST C235
X012
K2000
C235
C235
Y010

图 4.10-1 一相无起动/复位端高速计数器的工作梯形图

2. 一相带起动/复位端高速计数器的应用

一相带起动/复位端高速计数器（C241 ~ C245），这些计数器与一相无起动/复位端高速计数器的区别是：增加了外部起动和外部复位的控制端子。其工作梯形图如图 4.10-2 所示。

图 4.10-2 中，C245 的计数输入端口为 X002，系统启动信号输入为 X007 端，系统复位输入信号为 X003 端。X007 端子上送入的外启动信号只有在 X012 接通，计数器 C245 被选中时才有效；X003 和 X011（用户程序复位）这两个信号则并行有效。

3. 一相双输入端高速计数器的应用

一相双输入端高速计数器（C246 ~ C250），这类高速计数器有两个外部计数输入端子，一个端子上送入的计数脉冲为增计数，另一个端子上送入的为减计数。其工作梯形图如图 4.10-3 所示。对于 C246，X010、X011 分别为 C246 的增计数输入端及减计数输入端，C246 的启动和复位是通过程序来实现的。

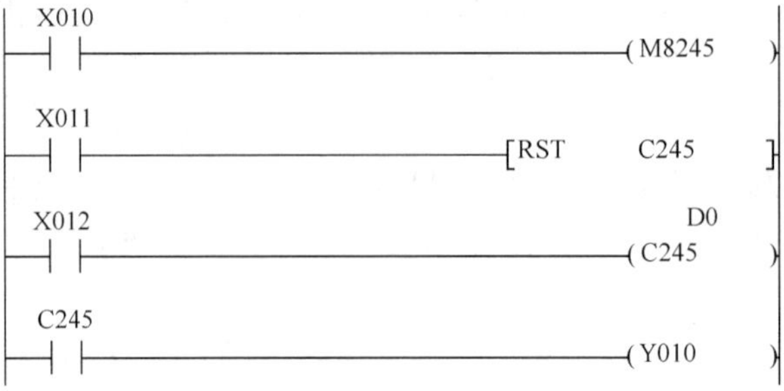

图 4. 10-2　一相带起动/复位端高速计数器的工作梯形图

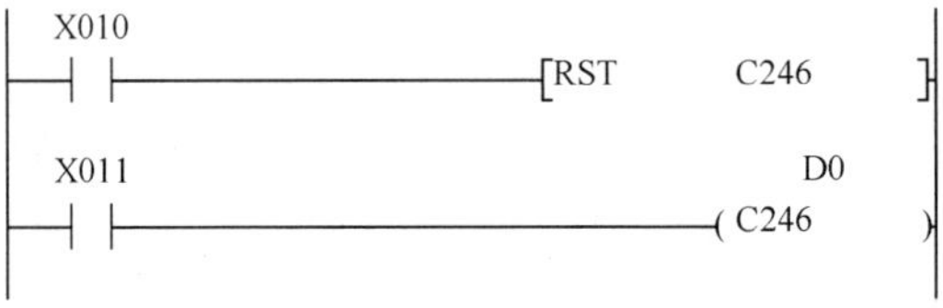

图 4. 10-3　一相双输入端高速计数器的工作梯形图

还有的一相双输入端高速计数器带有外复位及外启动端，如 C250。X003 和 X004 分别为 C250 的增计数输入端及减计数输入端。X007、X005 分别为外启动及外复位端。

4. 二相 A-B 相型高速计数器的应用

二相 A-B 相型高速计数器（C251 ~ C255），这些高速计数器的两个脉冲输入端子是同时工作的，外计数方向的控制方式由二相脉冲间的相位决定。

如图 4. 10-4，对于 C251，X000、X001 分别为 A 相、B 相的输入端。当 A 相信号为 1 且 B 相信号为上升沿时为增计数，B 相信号为下降沿时为减计数。

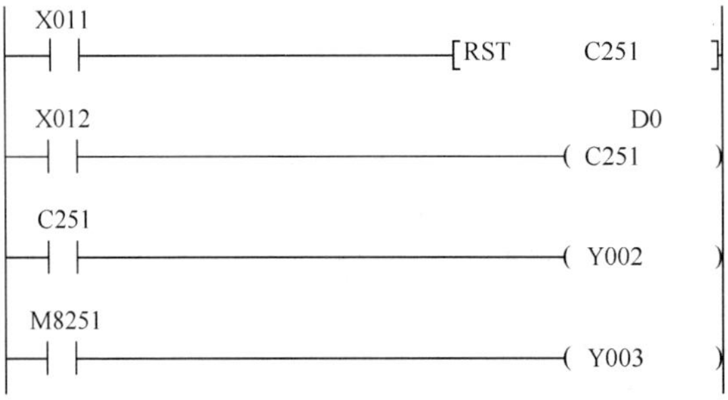

图 4. 10-4　二相 A-B 相型高速计数器的工作梯形图

高速计数器是实现数值控制的一种元件，使用的目的是通过高速计数器的计数值控制其他器件的工作状态，高速计数器通常有两种使用方式：

1）和普通计数器一样，高速计数器通过计数器本身的触点在计数器达到设定值时动作并完成控制任务。这种工作方式要受扫描周期的影响，从计数器计数值达到设定值至输出动作的时间有可能大于一个扫描周期，这会影响高速计数器的计数准确性。

2）直接使用高速计数器工作指令，这种指令以中断方式工作，在计数器达到设定值时立即驱动相关的输出动作。

二、HSCS、HSCR

1. HSCS 指令

HSCS 是高速计数器置位指令，其应用格式和使用范围如图 4.10-5 所示。

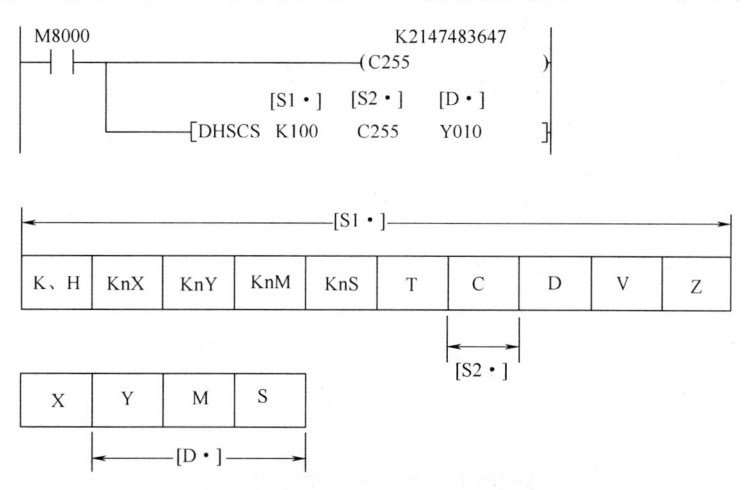

图 4.10-5　HSCS 指令的应用格式和使用范围

当 C255 的当前值由 99→100 或有 101→100 时，Y10 立即置位。

2. HSCR 指令

HSCR 是高速计数器复位指令，其使用格式如图 4.10-6 所示。

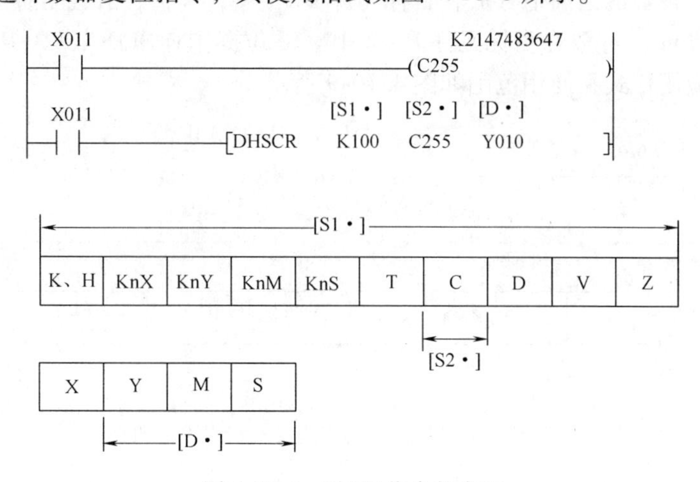

图 4.10-6　HSCR 指令的应用

当 C255 的当前值由 99→100 或有 101→100 时，Y10 立即复位。

三、REF、REFF

REF 是 I/O 立即刷新指令，其功能是将目标元件为首地址的连续 *n* 个元件状态刷新。REF 指令的目标元件只能是 X、Y，且首址为 10 的倍数，*n* 为 8 的倍数。16 位操作指令为 REF、REF(P)。

如图 4.10-7 所示为 REF 指令的应用格式。

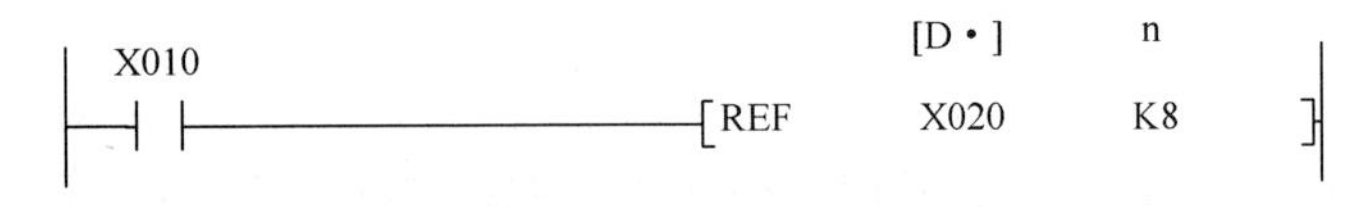

图 4.10-7　REF 指令的应用格式

REFF 是修改滤波时间常数和立即刷新高速输入指令，指令功能是：立即刷新高速输入 X000～X007，并修改其滤波时间常数；常数 n 表示数字滤波时间常数的设定值，其取值范围是 0～60ms，$n=0$ 时的实际设定值为 50μs。16 位操作指令为 REFF、REFF(P)。

如图 4.10-8 所示为 REFF 指令的应用格式。应注意的是 REFF 指令必须在程序运行时间一直被驱动，否则 X000～X007 输入滤波时间常数将被恢复至默认值 10ms。

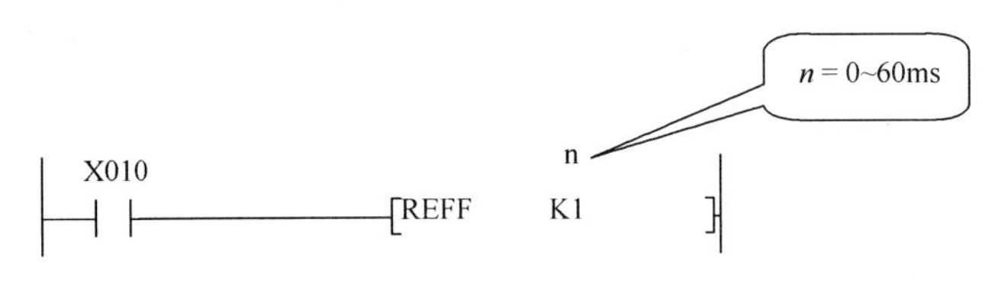

图 4.10-8　REFF 指令的应用格式

四、SPD

SPD 是速度检测指令，指令功能是在源数 S2 设定的时间内（ms），对源操作数 S1 输入的脉冲进行计数，计数的当前值存放在目标元件 D+1 中，终值存放在目标元件 D 中，当前计数的剩余时间（ms）存放在目标元件 D+2 中。16 位操作有 SPD、SPD(P)。

SPD 指令的应用格式和使用范围如图 4.10-9 所示。

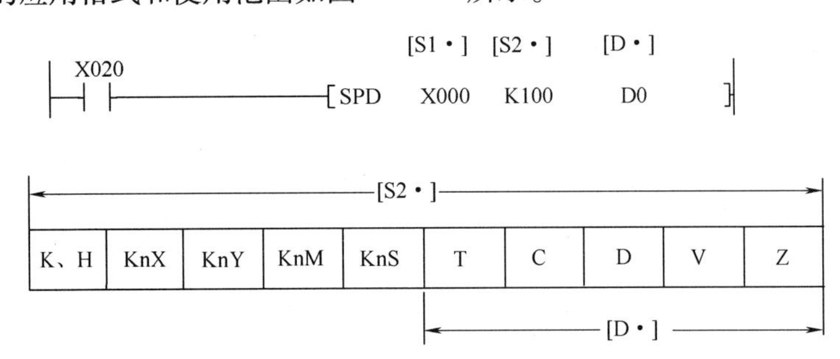

图 4.10-9　SPD 指令的应用格式和使用范围

SPD 指令采用高速计数和中断处理方式，计数脉冲从高速输入端 X000～X005 输入，当执行该指令时，目标元件 D+1 存计数当前值，计数时间结束后，当前值立即写入目标元件 D 中，D+1 的当前值复位并开始下一次对 S1 输入脉冲进行计数。根据 S2 设定时间，可以采用以下公式来计算线速度：

$$V=\frac{3600\times D}{n\times S2}\times 10^{3}\qquad N=\frac{60\times D}{n\times S2}\times 10^{3}$$

其中 D 为目标元件存放的脉冲计数的终值；n 为编码器每千米或每圈产生的脉冲数。

应用实例　高速计数器的应用

如图 4. 10-10 所示，当计数器的当前值等于设定值时，C235 的触点接通，Y010 被置位。使用触点比较指令当 C235 的当前值大于等于 10 时，Y011 置位。在这个程序里，Y010 和 Y011 都是按照程序扫描输出，输出反应没有使用 HSCS 指令动作反应快。

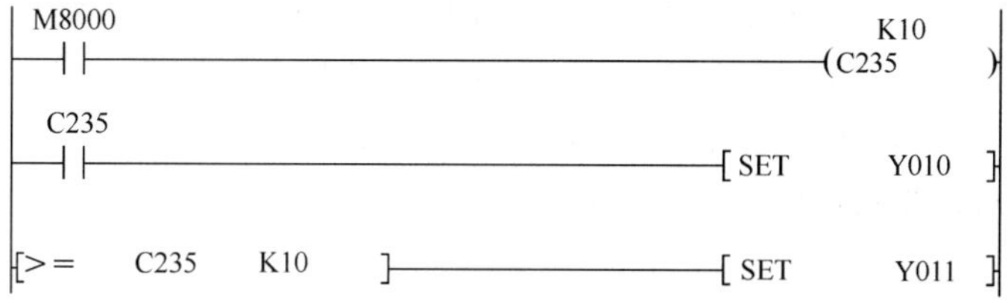

图 4. 10-10　高速计数器的扫描输出

在图 4. 10-11 中，如果 X000 不输入脉冲，只是通过 MOV 指令传送高速计数器的当前值。当 X010 接通，虽然 C235 的当前值是 10，但是 Y10 没有输出。要想让 Y010 立刻输出，必须是 C235 在高速计数状态，并且其当前值为 10 时才能使 Y010 立刻动作。

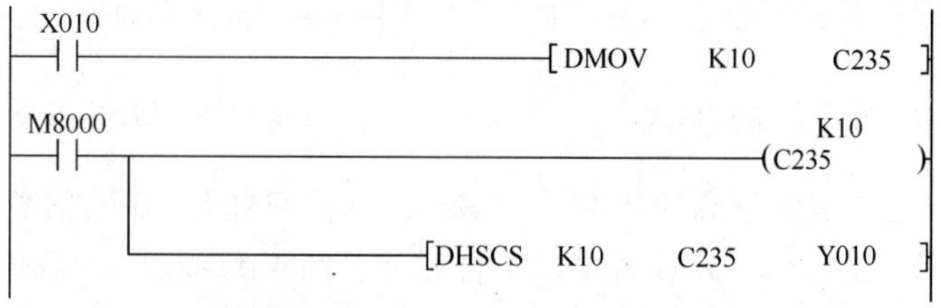

图 4. 10-11　利用 MOV 指令改变高速计数器的当前值

在图 4. 10-12 中，当 X000 输入脉冲时，C241 高速计数；当接通 X010 时，C241 的当前值会复位，但是 Y010 不会接通。而当 X000 输入脉冲时，C241 高速计数，当接通 C241 的外部复位端子 X001 时，C241 的当前值被复位，所以 Y010 会立刻被置位。

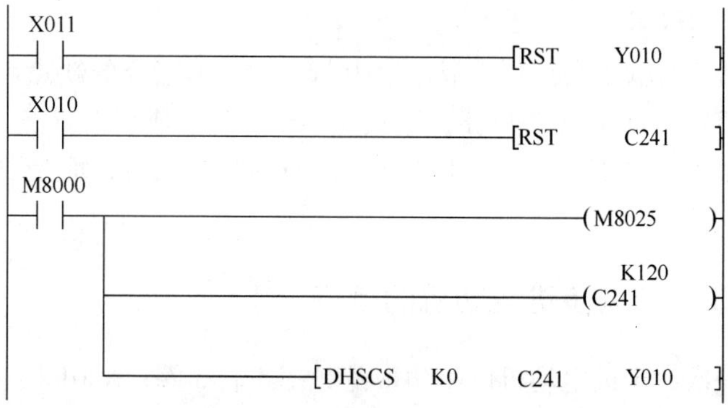

图 4. 10-12　高速计数器的复位模式

第十一节　脉冲输出指令

一、PLSY

PLSY 是脉冲输出指令，其功能是条件满足时，以［S1·］的频率送出［S2·］个脉冲到达［D·］。我们所选用的 FX2N 系列 PLC 中，只有 Y000、Y001 端口可以作为高速脉冲输出端，并且它的最高输出频率为 1000kHz。

PLSY 指令的应用格式如图 4. 11-1 所示。

二、PLSR

PLSR 是带加减速功能的定脉冲数脉冲输出指令。其功能是：针对指定的最高频率进行定加速，在达到所指定的输出脉冲数后，进行定减速。

PLSR 指令的应用格式如图 4. 11-2 所示。

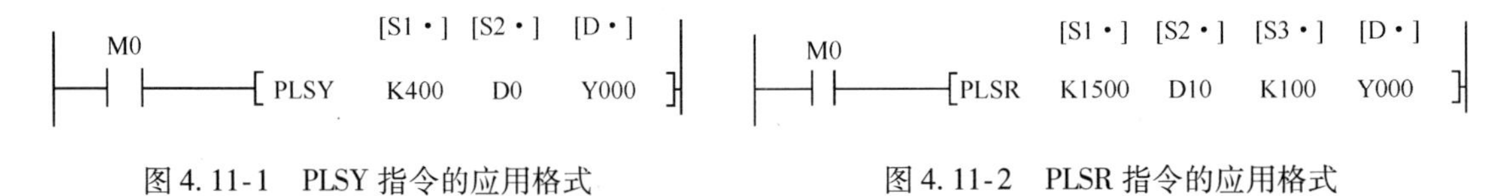

图 4. 11-1　PLSY 指令的应用格式　　图 4. 11-2　PLSR 指令的应用格式

其中［S1·］是指定的最高输出频率（Hz），其值只能是 10 的倍数，范围是 10～20k（Hz），［S1·］可以是 T、C、D 或者是位组合元件。图 4. 11-2 中最高频率是 1500Hz。

［S2·］是指定的输出脉冲数，数值是 110～2124483647，脉冲数小于 110 时，脉冲不能正常输出，［S2·］可以是 T、C、D 或者是位组合元件。图 4. 11-2 中输出脉冲数是 D10 里的数值。

［S3·］是指定的加减速时间，设定范围是 5000ms 以下，［S3·］可以是 T、C、D 或者是位组合元件。

［D·］是指定的脉冲输出端子，［D·］只能是 Y000 或者 Y001。

PLSR 指令的使用说明：

1）当驱动点断开时输出会立刻不减速地中断。这是本指令的缺点，如果在最高频率时中断驱动，会使外部执行元件紧急停止，对机械结构容易造成损伤。

2）当 3 个源操作数改变后，指令不会立刻按新的数据执行，而是要等到下一次驱动指令由断开到闭合时才生效。

应用实例　PLC 控制步进电动机的运行

当 X000 接通一次，步进电动机以 400Hz 的频率正转 3 圈；X001 接通一次，步进电动机以 400Hz 的频率反转 3 圈；X002 接通一次，电动机停止转动。

分析题意：

步进电动机是一种非常精密的动力装置，它可以将脉冲信号变换成相应的角位移（或直线线位移）。当有脉冲输入时，步进电动机一步一步地转动，每给它一个脉冲信号，它就转过一定的角度。步进电动机的角位移量和输入脉冲的个数严格成正比，在输入时间上与输入脉冲同步，因此只要控制输入脉冲的数量、频率及电动机绕组通电的相序，便可获得所需的转角、转速及转动方向。在没有脉冲输入时，它处于定位状态。步进电动机是在大多数的应用中，可以通过 PLC 的脉冲实现精确定位。例如在自动化生产线中，物料的分层存放等，就可以通过步进电动机来确定其精确的位置。因此，选择步进电动机的步距角为 0.225°，即表示步进电动机转动一圈需要 1600 个脉冲，因此转 3 圈需要 4800 个脉冲。通过 Y000 来控制脉冲输出，用 Y002 来控制转动方向。

1. 列出 I/O 地址通道分配表

根据对控制要求分析，进行 I/O 地址通道分配见表 4.11-1。

表 4.11-1　I/O 地址通道分配表

输入			输出		
作用	输入元件	输入点	输出点	输出元件	作用
正起动按钮	SB1	X000	Y000	计数脉冲输出	
反起动按钮	SB2	X001	Y002	方向脉冲	方向
停止按钮	SB3	X002			

2. 编写梯形图

PLC 控制步进电动机运行的梯形图如图 4.11-3 所示。

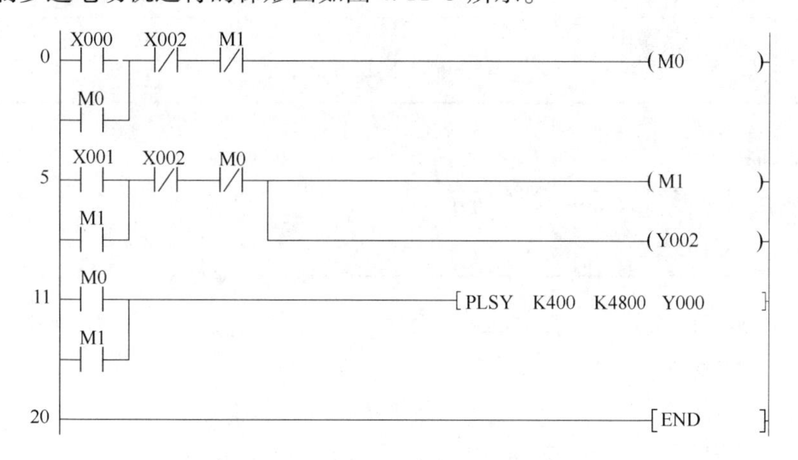

图 4.11-3　PLC 控制步进电动机运行的梯形图

第十二节　功能指令的综合应用

应用实例 1　花样喷泉控制

一组喷泉共有 8 个喷头（K2Y0），通过改变 K2Y0 的数值，可以喷射不同的 5 个花样，

5 个花样可用 5 个子程序来实现，循环调用子程序可以显示不同的花样。具体要求如下：

1）正序依次喷射；

2）逆序依次喷射；

3）正序单数喷射；

4）逆序双数喷射；

5）全喷全停。

分析题意：可以通过子程序调用来实现不同花样的选择，用功能指令 CALL 来实现。具体的每一个功能可以通过前面几节所学过的各种类型的功能指令，如 MOV、DECO、ROR、MUL、DIV 等来实现。

1. 列出 I/O 地址通道分配表

通过分析，首先进行 I/O 地址通道分配，见表 4. 12-1。

表 4. 12-1 I/O 地址通道分配表

输入			输出		
作用	输入元件	输入点	输出点	输出元件	作用
样式 1 选择开关	SA-1	X001	Y000	KV1	电磁阀
样式 2 选择开关	SA-2	X002	Y001	KV2	电磁阀
样式 3 选择开关	SA-3	X003	Y002	KV3	电磁阀
样式 4 选择开关	SA-4	X004	Y003	KV4	电磁阀
样式 5 选择开关	SA-5	X005	Y004	KV5	电磁阀
			Y005	KV6	电磁阀
			Y006	KV7	电磁阀
			Y007	KV8	电磁阀

2. 编写梯形图

花样喷泉控制梯形图如图 4. 12-1 所示。

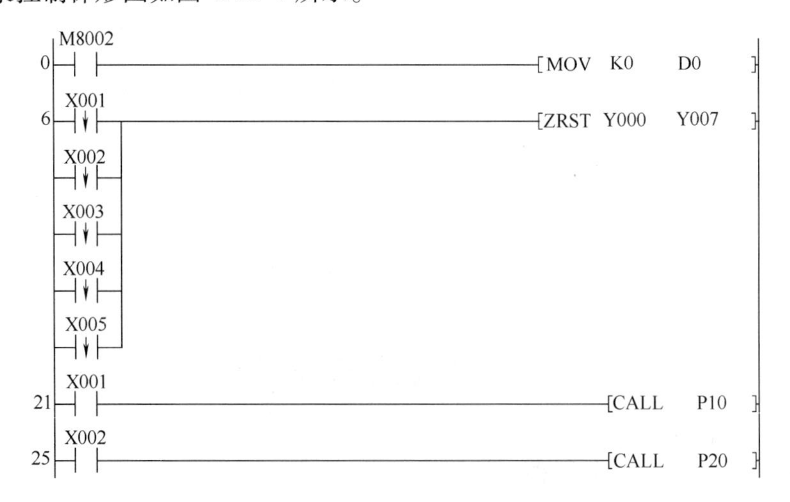

图 4. 12-1 花样喷泉控制梯形图

```
       X003
 29 ──┤ ├──────────────────────────────[CALL    P30    ]
       X004
 33 ──┤ ├──────────────────────────────[CALL    P40    ]
       X005
 37 ──┤ ├──────────────────────────────[CALL    P50    ]

 41 ───────────────────────────────────[FEND           ]
       M8013
P10 42 ┤↑├─────────────────────────────[INCP    D0     ]
       M8000
 48 ──┤ ├────────────────────[DECO   D0    Y000    K3  ]

 56 ───────────────────────────────────[SRET           ]
       X002
P20 57 ┤↓├───────────────────[MOV    K128    K2Y000    ]
       Y000
    ──┤↓├──
       M8013
 67 ──┤ ├────────────────────[RORP   K2Y000   K1       ]

 73 ───────────────────────────────────[SRET           ]
       X003
P30 74 ┤↓├───────────────────[MOV    K1       D0       ]
       Y006
    ──┤↓├──

       M8013
 84 ──┤ ├────────────────────[MULP    D0    K4    D0   ]
       M8000
 92 ──┤ ├────────────────────[MOV   D0    K2Y000       ]

 98 ───────────────────────────────────[SRET           ]
       X004
P40 99 ┤↓├───────────────────[MOV    K128    D0        ]
       Y001
    ──┤↓├──
       M8013
109 ──┤ ├────────────────────[DIVP    D0    K4    D0   ]
       M8000
117 ──┤ ├────────────────────[MOV    K0    K2Y000      ]

123 ───────────────────────────────────[SRET           ]
       M8013
P50 124 ┤↑├──────────────────[MOV    H0FF    K2Y000    ]
       M8013
132 ──┤↓├────────────────────[MOV    H0    K2Y000      ]

139 ───────────────────────────────────[SRET           ]

140 ───────────────────────────────────[END            ]
```

图 4.12-1　花样喷泉控制梯形图（续）

应用实例 2　8 站小车呼叫系统控制

某车间有 8 个工作台，送料车往返于工作台之间送料，每个工作台设有一个限位开关和一个呼叫按钮，具体控制要求如下：

1）送料车可以停留在 8 个工作台中任意一个限位开关的位置上；

2）假设送料车现停于 A 号工作台（A 号位置的限位开关为 ON 状态），B 号工作台有呼叫，则

当 A > B 时，即所处的位置号大于呼叫号，则送料车左行至呼叫号位置停止。

当 A < B 时，即所处的位置号小于呼叫号，则送料车右行至呼叫号位置停止。

当 A = B 时，即所处的位置号等于呼叫号时，送料车不动。

1. 列出 I/O 地址通道分配表

分析控制要求，首先进行 I/O 地址通道分配见表 4.12-2。

表 4.12-2　I/O 地址通道分配表

输　入			输　出		
作　用	输入元件	输　入　点	输　出　点	输出元件	作　用
启动开关	SB9	X020	Y001	KM1	左行
1 处呼叫开关	SB1	X000	Y002	KM2	右行
2 处呼叫开关	SB2	X001			
3 处呼叫开关	SB3	X002			
4 处呼叫开关	SB4	X003			
5 处呼叫开关	SB5	X004			
6 处呼叫开关	SB6	X005			
7 处呼叫开关	SB67	X006			
8 处呼叫开关	SB8	X007			
1 处限位开关	SQ1	X010			
2 处限位开关	SQ2	X011			
3 处限位开关	SQ3	X012			
4 处限位开关	SQ4	X013			
5 处限位开关	SQ5	X014			
6 处限位开关	SQ6	X015			
7 处限位开关	SQ7	X016			
8 处限位开关	SQ8	X017			

2. 编写梯形图

8 站小车呼叫系统控制梯形图如图 4.12-2 所示。

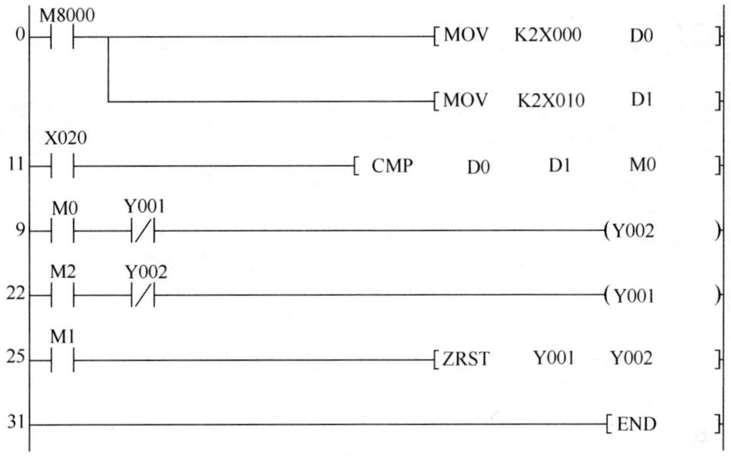

```
0   M8000 ─┤ ├─┬──────────[MOV  K2X000  D0 ]
               └──────────[MOV  K2X010  D1 ]
11  X020  ─┤ ├────────────[ CMP  D0  D1  M0 ]
9   M0    ─┤ ├── Y001 ─┤/├────────────(Y002 )
22  M2    ─┤ ├── Y002 ─┤/├────────────(Y001 )
25  M1    ─┤ ├────────────[ZRST  Y001  Y002 ]
31  ──────────────────────────────────[END ]
```

图 4.12-2　8 站小车呼叫系统控制梯形图

第五章

PLC 的模拟量控制

第一节　模拟量控制的基础知识

在前面的章节中，主要是针对数字量进行控制，但在生产实际中，经常会遇到关于温度、流量等的控制，而这些属于模拟量控制，下面先学习一下相关基本知识。

一、数字量与模拟量的概念

1. 数字量

在时间上和数量上都是离散的物理量称之为数字量，也称为开关量，并把表示数字量的信号叫数字信号。

在数字量中，只有两种状态，相当于“开”或“关”（“有”或“无”）的状态，如果把开用“1”表示，关用“0”表示，则正好与二进制的“1”和“0”相对应起来。因此，可以把用二进制数所表示的量称为是数字量。

2. 模拟量

在工业中常见的有压力、流量、温度、速度、电压和电流等信号，这些信号在时间上或数值上都是连续变化的物理量，我们称之为模拟量，并把表示模拟量的信号称为模拟信号。

二、PLC 模拟量控制系统

1. 模拟量控制系统的基本组成

如图 5.1-1 所示为一个 PLC 模拟量控制系统的基本组成框图。

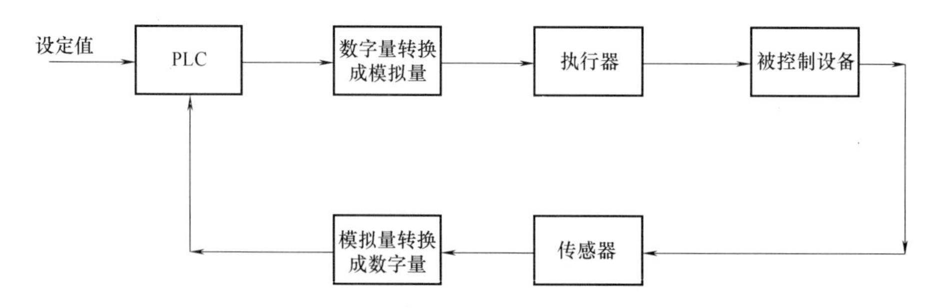

图 5.1-1　PLC 模拟量控制系统基本组成框图

与数字量控制系统的基本组成相比，多了数字量转换为模拟量和模拟量转换为数字量的环节。

其实，PLC本身是一个数字控制设备，只能处理开关信号的逻辑关系，不能直接处理模拟量。要想进行模拟量控制，可由PLC的基本单元加上模拟量输入/输出扩展单元来实现。即由PLC自动采样来自检测元件或变送器的模拟输入信号，同时将采样的信号转换为数字量，存到指定的数据寄存器中，经过PLC对这些数字量的运算处理来进行模拟量控制。同样，经过PLC处理的数字量也不能直接送给执行电器元件，必须把数字量转换为模拟量后才能控制电器执行元件的相关动作。

2. PLC模拟量的输入与输出方式

目前大部分PLC的模拟量输入是采用A-D模块（模拟量输入转换）进行的。用模拟量输入模块进行模拟量输入，首先把模拟量通过相应的传感器和变送器转换成标准的电压（0~10V或-10~10V）和电流（0~20mA或4~20mA）才能接入到输入模块通道。

而在PLC的模拟量输出控制方面，主要采用D-A模块（模拟量输出）进行控制。一般D-A模块具有两路以上通道，可以同时输出两个以上的模拟量来控制执行器。在很多情况下，模拟量输出还可以输出占空比可调的脉冲序列信号。

三、FROM、TO

要实现模拟量模块与PLC之间的数据传输，需要使用FROM、TO指令。

1）FROM是特殊模块读指令，其功能是将指定的m1模块号中的第m2个缓冲存储器开始的连续n个数据读到指定目标［D·］开始的连续的n个字中。

2）TO是特殊模块写指令，其功能是将个［S·］指定地址开始的连续n个数据，写到m1指定的模块号中第m2个缓冲寄存器开始的连续的n个字中。

FROM、TO指令的应用格式和使用范围如图5.1-2所示。

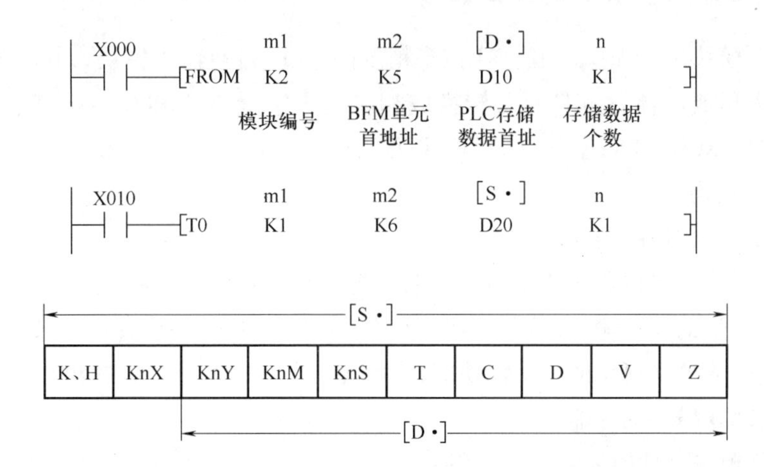

图5.1-2　FROM、TO指令的应用格式和使用范围

如图5.1-3所示是模拟量输入/输出的流程示意图。

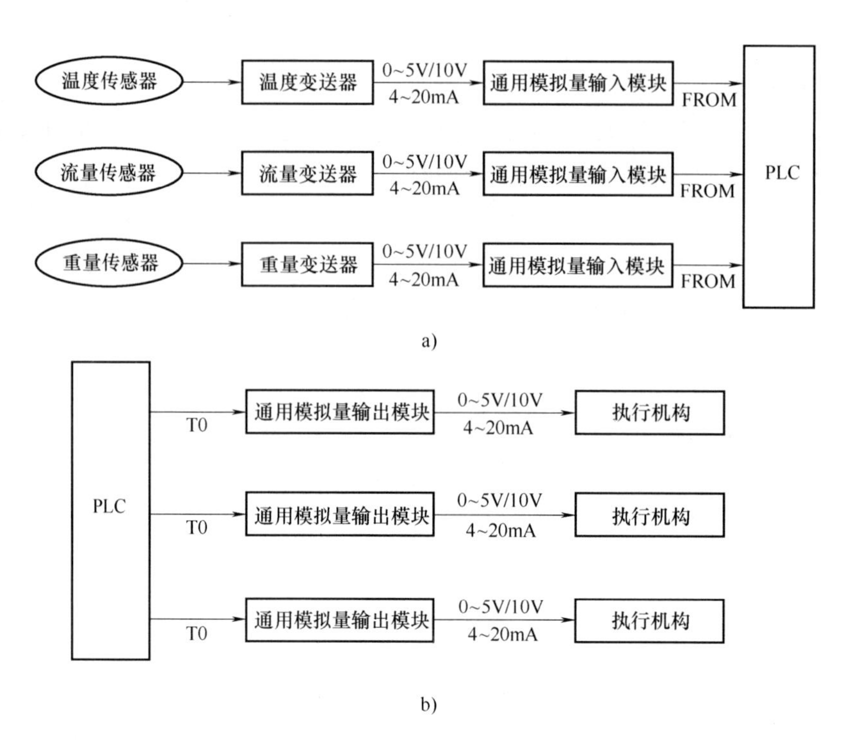

图 5. 1-3　模拟量输入/输出流程示意图
a）模拟量输入　b）模拟量输出

第二节　认识模拟量输入、输出模块

一、模拟量输入模块 FX2N-2AD

FX2N-2AD 模块是一种 2 通道、12 位高精度的 A-D 转换输入模块，其功能是将在一定范围内变化的电压或电流输入信号，转换成相应的数字量供给 PLC 主机读取。FX2N-2AD 模块可用于连接 FX0N、FX2N 和 FX2NC 系列的程序控制系统。如图 5. 2-1 所示为 FX2N-2AD 模块的基本结构。

1. FX2N-2AD 模块的功能

1）模拟值的设定可以通过 2 个通道的电压输入或电流输入来完成。

2）这两个通道的模拟输入值可以接收 DC 0 ~ 10V、DC 0 ~ 5V 或者 4 ~ 20mA 信号。

3）模拟量输入值是可调的，该模块能自动分配 8 个 I/O（输入/输出）。

2. FX2N-2AD 模块的性能

FX2N-2AD 模块的性能参数见表 5. 2-1。

3. FX2N-2AD 模块的接线

FX2N-2AD 模块的接线如图 5. 2-2 所示。

接线时应注意以下几个问题：

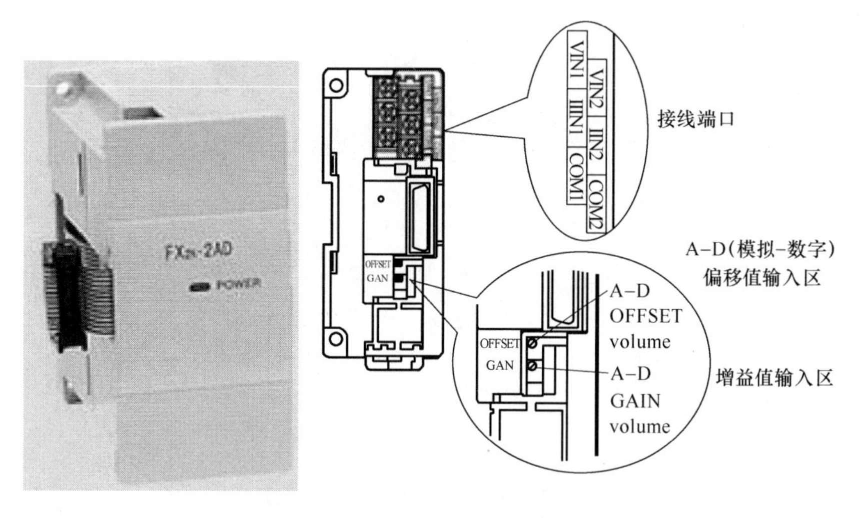

图 5. 2-1 FX2N-2AD 模块基本结构

表 5. 2-1 FX2N-2AD 模块性能表

项　目	输 入 电 压	输 入 电 流
模拟量输入范围	DC 0～10V 直流，DC 0～5V 直流，（输入电阻 200kΩ），绝对最大量程：DC －0. 5V 和＋15V	4～20mA，（输入电阻 250Ω），绝对最大量程：－2mA 和＋60mA
数字输出	12 位（0～4000）	
分辨率	2. 5mV（10V/4000），1. 25mV（5V/4000）	4μA ｛(20－4)/4000｝
总体精度	±1%（满量程 0～10V）	±1%（满量程 4～20mA）
转换速度	2. 5ms/通道（顺控程序和同步）	
隔离	在模拟和数字电路之间光电隔离 直流/直流变压器隔离主单元电源 在模拟通道之间没有隔离	
电源规格	DC 5V、20mA（主单元提供的内部电源） 24（1±10%）V、50mA（主单元提供的内部电源）	
占用的 I/O 点数	这个模块占用 8 个输入或输出点（输入或输出均可）	
适用的控制器	FX1N/FX2N/FX2NC（需要 FX2NC-CNV-IF）	
尺寸(宽)×(厚)×(高)	43mm×87mm×90mm（1. 69in×3. 43in×3. 54in）	
质量（重量）	0. 2kg（0. 44lb）	

1）FX2N-2AD 模块不能出现一个通道输入模拟电压值而另一个通道输入电流值，因为两个通道不能使用同样的偏移值和增益值。

2）对于电流输入，按照图 5. 2-2 所示，需要短接 VIN1 和 IIN1。

3）当电压输入存在电压波动时，连接一个 0. 1～0. 47μF/DC 25V 的电容器，如图 5. 2-2 所示。

4）一个 PLC 的基本单元最多可连接 8 个特殊功能模块，如图 5. 2-3 所示。当多个特殊模块相连接时，每一个特殊模块都有特定的位置编号。编号原则是从距离基本单元最近的模块算起，由近到远分别是 0#，1#，…，7#编号。

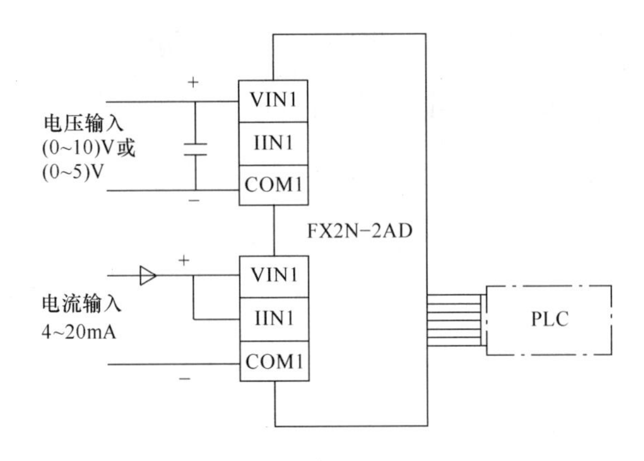

图 5.2-2　FX2N-2AD 模块的接线

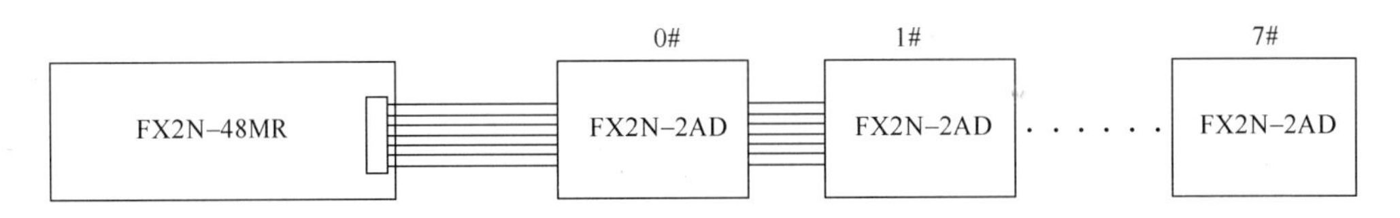

图 5.2-3　8 个特殊功能模块连接

4. FX2N-2AD 模块的标定

在模拟量控制系统中，当模拟量转换成数字量后，数字量和模拟量之间存在一定对应关系，这种对应关系称为标定。同样当数字量转换成模拟量后，它们之间的对应关系也称为标定。

标定一般用函数关系曲线和表格来表示，如表 5.2-2 所示是 FX2N-2AD 模块的标定。

表 5.2-2　FX2N-2AD 模块的标定

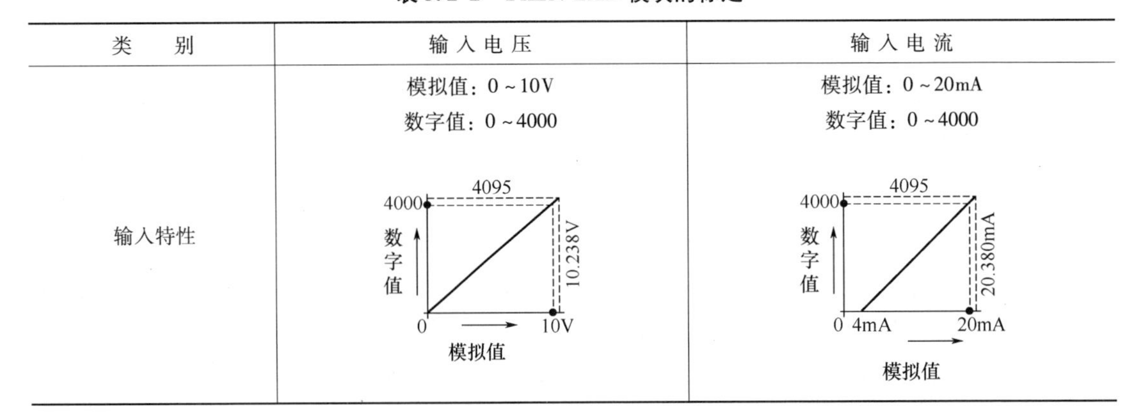

类　　别	输 入 电 压	输 入 电 流
输入特性	模拟值：0～10V 数字值：0～4000	模拟值：0～20mA 数字值：0～4000

5. 缓冲寄存器 BFM 的功能分配

缓冲寄存器 BFM 是 PLC 与外部模拟量进行信息交换的中间单元。在进行模拟量输入时，由模拟量输入模块将外部模拟量转换成数字量后先暂存在 BFM 内，再由 PLC 进行读取，送入 PLC 的字元件进行处理。模拟量输出时，PLC 将数字量送入输出模块的 BFM 内，再由输出模块自动转换成模拟量送入外部控制器中。

FX2N-2AD 模块的缓冲寄存器各单元功能分配见表 5.2-3。

表 5.2-3　缓冲寄存器各单元的功能

BFM 数据	15 位 ~8 位	7 位 ~4 位	3 位	2 位	1 位	0 位
#0	保留	输入电流值（附属的 8 位数值）				
#1	保留		输入电流值（高阶 4 位数值）			
#2 ~ #6	保留					
#17	保留				模拟值到数字值的开始转换	模拟值到数字值的转频
#18 或以上	保留					

缓冲寄存器应用说明：

1）当 FX2N-2AD 模块采样到的模拟量被转换成 12 位的数字量后，被 PLC 读入到一个数据存储器中。数字量的低 8 位当前值，以二进制形式存储在 BFM#0 的低 8 位中。数字量的高 4 位当前值，则以二进制形式存储在 BFM#1 的低 4 位。

2）缓冲寄存器 BFM#17 在使用中有两个功能选择。一是设置通道字；二是表示模-数转换开始。BFM#17 的第 0 位指定模拟值到数字值转换的通道是 CH1 或 CH2。当第 0 位等于 0 时，通道设置为 CH1；当第 0 位等于 1 时，通道设置为 CH2。

当 BFM#17 的第 1 位设置为 1 时，表示模拟值-数字值的转换程序开始执行。

6. FX2N-2AD 模块的标定调整方法

FX2N-2AD 模拟量输入模块在出厂时标准规定为 0 ~ 10V 的电压输入，其对应的数字量为 0 ~ 4000。当模块的输入为 0 ~ 5V 或为电流输入时，就必须对其所对应的数字量之间的关系进行调整。

FX2N-AD 模块的调整方法是通过面板上的外部零点调节器和增益调节器来重新设置零点值和增益值来完成的。下面以标定 0 ~ 5V 电压输入为例学习具体的调整方法。

步骤一：接线

按图 5.2-4 所示进行接线。在实际调节时，先按图 5.2-4 所示的连接在模块的端口接入一个电压，并且连接 PLC 及装有编程软件的计算机。

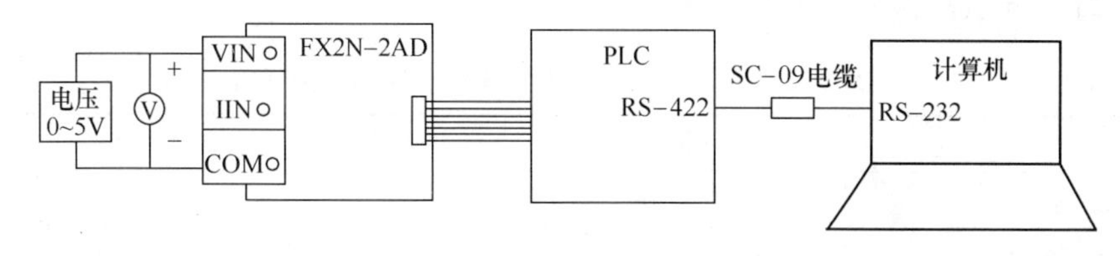

图 5.2-4　零点增益调整接线图

步骤二：编制模拟量输入读取程序

在 PLC 内部编制模拟量输入读取程序如图 5.2-5 所示，将模拟量转化后的数字量读入 PLC 的数据寄存器 D100 中。

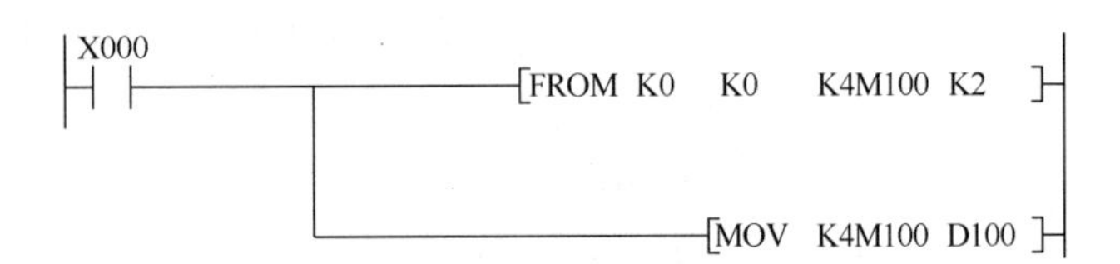

图 5. 2-5　编制 CH1 通道采样数据并存储到 D100 中的程序

步骤三：增益调整

1）调整电源电压使电压表的读数为 5V。

2）打开编程软件监视数据存储器 D100 的内容。

3）转动增益调节器（顺时针转动数字增大），使 D100 的数值为 4000。

步骤四：零点调整

1）调整电源电压使电压表的读数为 100mV。

2）转动零点调节器，使 D100 的数值为 80。D00 的数值按正比例关系确定，即 4000/5V = D100/100mV。

步骤五：反复调整增益与零点值

1）当完成步骤四的零点调整后，会使原来的增益调整值发生一些变化。因此，需要反复地按照先调增益后调零点值的顺序进行调整，直到获得稳定的数字值。

2）如果读不到一个稳定的数值，可在程序中加入数字滤波程序来调整增益和零点值。

二、模拟量输出模块 FX2N-2DA

FX2N-2DA 模块是一种 2 通道、12 位高精度的 D-A 转换输出模块。其功能是将 12 位数字量转换成 2 点模拟量输出（电压输出和电流输出），并驱动执行元件。

FX2N-2DA 模块可用于连接 FX0N、FX2N 和 FX2NC 系列的程序控制系统，如图 5. 2-6 所示为 FX2N-2DA 模块的结构。

1. FX2N-2DA 模块的功能

1）可进行 2 个通道的模拟电压或模拟电流输出，如 DC 0 ~ 10V、DC 0 ~ 5V 或者 4 ~ 20mA 信号。

2）根据接线方式，模拟输出可在电压输出与电流输出中进行选择。

2. FX2N-2DA 模块的性能

FX2N-2DA 模块的性能见表 5. 2-4。

表 5. 2-4　FX2N-2DA 模拟量输出模块的性能指标

项　　目	输出电压	输出电流
模拟量输出范围	DC 0 ~ 10V，DC 0 ~ 5V	4 ~ 20mA
数字输出	12 位	
分辨率	2. 5mV（10V/4000） 1. 25mV（5V/4000）	4mA（20mA/4000）
总体精度	满量程 1%	
转换速度	4ms/通道	

（续）

项　　目	输 出 电 压	输 出 电 流
电源规格	主单元提供 5V/30mA 和 24V/85mA	
占用 I/O 点数	占用 8 个 I/O 点，可分配为输入或输出	
适用的 PLC	FX1N，FX2N，FX2NC	

3. FX2N-2DA 模块的接线

FX2N-2DA 模块的接线如图 5.2-7 所示。

图 5.2-6　FX2N-2DA 模块的结构

PLC　扩展电缆　FX2N–2DA　VOUT　IOUT　COM　电压输出　※1　VOUT　IOUT　COM　电流输出

图 5.2-7　FX2N-2DA 的接线

接线说明：

1）当电压输出存在波动或有大量噪声时，在图中连接 0.1 ~ 0.47mF/DC 25V 的电容。

2）对于电压输出，必须将 IOUT 和 COM 进行短路。

4. FX2N-2DA 模块的标定

FX2N-2DA 模块的标定见表 5.2-5。

表 5.2-5　FX2N-2DA 模块的标定

项　　目	电 压 输 出	电 流 输 出
输出特性	模拟值：0 ~ 10V 数字值：0 ~ 4000 10.238V　10V　4095　模拟值　0　4000　数字值 偏置值是固定的	模拟值：4 ~ 20mA 数字值：0 ~ 4000 20.380mA　10V　4095　模拟值　4mA　0　4000　数字值
	当 13 位或更多位的数据输入时，只有最后 12 位是有效的，高端位忽略 在 0 ~ 4095 的范围内使用数字值 可对两个通道中的每个进行输出特性的设置	

5. 缓冲寄存器 BFM#功能分配

FX2N-2DA 缓冲寄存器 BFM 各个单元的内容设置见表 5.2-6。

表 5.2-6　FX2N-2DA 缓冲寄存器单元的内容设置

BFM 编号	b15～b8	b7～b3	b2	b1	b0
#0 到#15	保留				
#16	保留	输出数据的当前值（8 位数据）			
#17	保留		D-A 低 8 位数据保持	通道 1 的 D-A 转换开始	通道 2 的 D-A 转换开始
#18 或更大	保留				

缓冲存储器的应用说明：

1）BFM#16：存放由 BFM#17（数字值）指定通道的 D-A 转换数据。D-A 转换数据以二进制形式出现，现将 12 位数字量的低 8 位写入到 BFM#16 的低 8 位，高 4 位又写入到 BFM#16 的高 4 位。

2）BFM#17 设置。

① b0 位：通过将 1 变成 0，通道 2 的 D-A 转换开始。

② b1 位：通过将 1 变成 0，通道 1 的 D-A 转换开始。

③ b2 位：通过将 1 变成 0，D-A 转换的低 8 位数据保持。

6. FX2N-2DA 模块零点和增益的调整

FX2N-2DA 的标定出厂时为 0～10V 电压输出，其对应的数字量为 0～4000，模块就不需要标定调整。如果输出不符合输出特性时，使用时就必须对标定进行调整。零点值和增益值的调节是对数字值设置实际的输出模拟值，这是根据 FX2N-2DA 的容量调节器（见图 5.2-8），使用电压表和电流表来完成的。

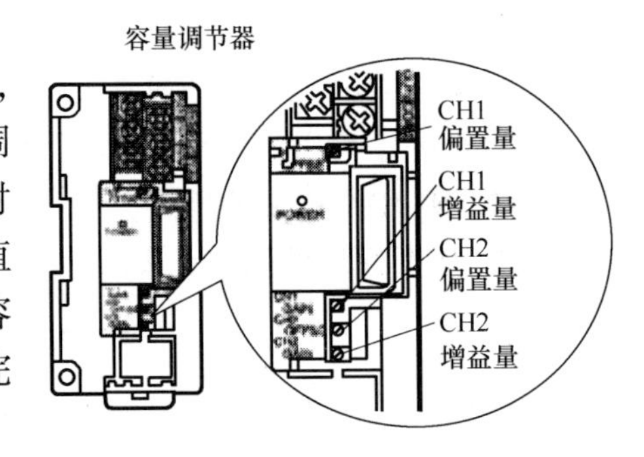

图 5.2-8　容量调节器示意图

步骤一：按图接线

在实际调节时，先按图 5.2-9 所示的连接在模块的输出端口接入一个电压，并且连接 PLC 及装有编程软件的计算机。

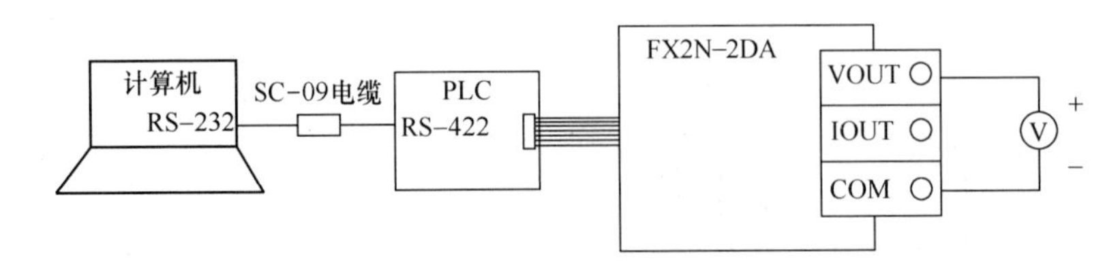

图 5.2-9　接线图

步骤二：编制模拟量输出程序

在 PLC 内部编制模拟量输出程序，如图 5.2-10 所示。

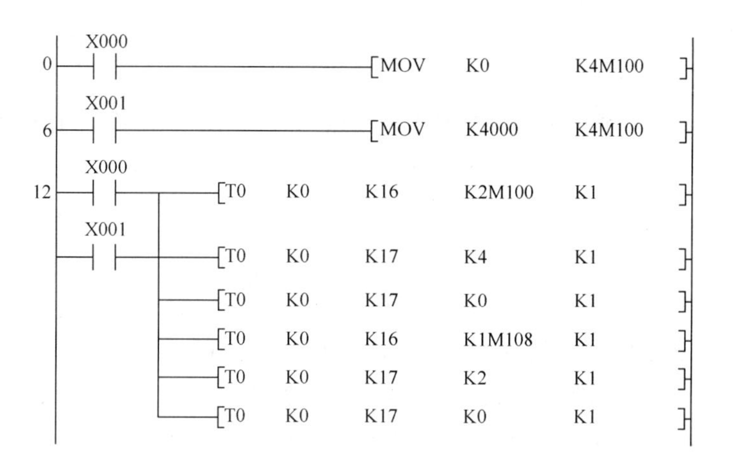

图 5.2-10　梯形图程序

步骤三：增益值调整

在程序输出数据寄存器中存入数值 4000 ，接通 X001，然后转动增益调节器，使电压表读数为标定值。

步骤四：零点值调整

在程序输出数据寄存器中存入数值 0 ，接通 X000，然后转动零点调节器，使电压表读数为标定值。

步骤五：反复交替调整偏移值和增益值，直到获得稳定的数值

应用实例 1　FX2N-2AD 模拟量输入模块的使用

FX2N-2AD 模拟量输入模块的使用可以通过以下几个步骤来完成：

步骤一：PLC 与 FX2N-2AD 接线

如图 5.2-11 所示为 PLC 与 FX2N-2AD 的接线。

1）连接扩展电缆到 PLC 主机，当电源指示灯点亮，说明扩展电缆正确连接；指示灯灭或闪烁，则需要检查扩展电缆连接是否正常。

2）把 0 ~ 10V 的模拟电压接到 FX2N-AD 的电压端子上。（注：FX2N-AD 的标定出厂时为 0 ~ 10V 电压输入，其对应的数字量为 0 ~ 4000，现在接入一个 0 ~ 10V 的电压输入，模块就不需要标定调整，如果接入的是 0 ~ 5V 电压或做电流输入就必须对标定进行调整。）

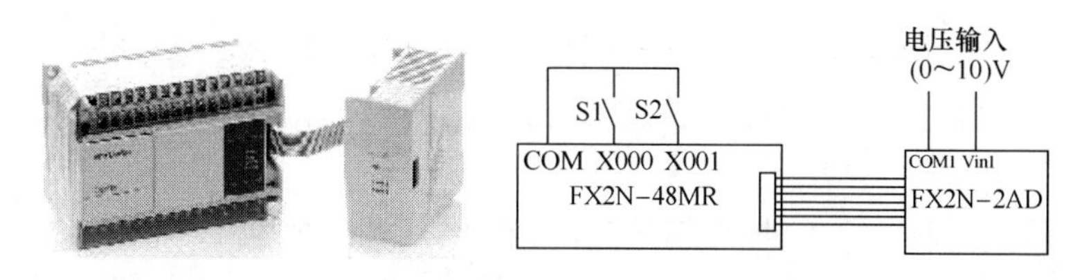

图 5.2-11　PLC 与 FX2N-2AD 接线

步骤二：编制程序

1）确定 FX2N-2AD 的编号为 0#。

2）分配 FX2N-2AD 的缓冲存储器。FX2N-2AD 模块的设置是对 BFM#0 和 BFM#17 两个存储单元进行设置。

3）编制通道选择程序。本例的模拟输入通道选择为 CH1，程序如图 5.2-12 所示。

X000
0
[T0 K0 K17 H0000 K1]

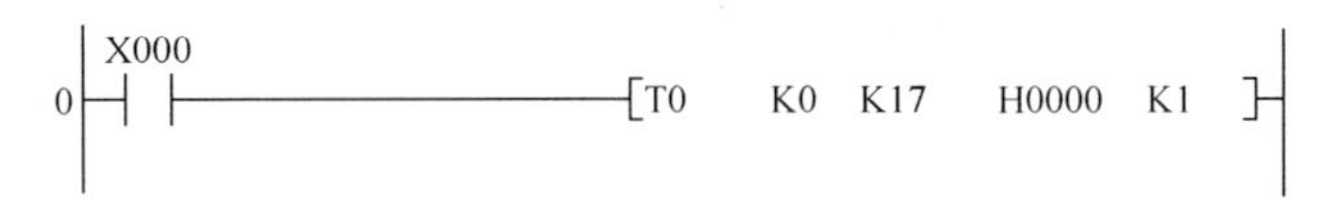

图 5.2-12　编制通道选择程序

程序解释：当 X000 接通时，把 PLC 中十六进制数 H0000 写入到 0#模块的 BFM#17 单元中，此时 BFM#17 单元中的第 0 位设置为“0”时，则表示模拟量从通道 CH1 输入。

4）编制模拟值/数字值的转换开始执行程序，如图 5.2-13 所示。

X000
[T0 K0 K17 H0002 K1]

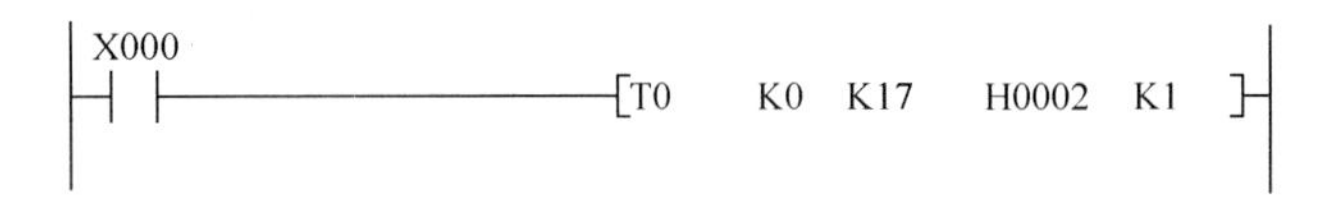

图 5.2-13　编制模拟值/数字值的转换开始执行程序

程序解释：

当 X000 接通时，把 PLC 中十六进制数 H0002 写入到 0#模块的 BFM#17 单元中，当 BFM#17 的第 1 位设置为“1”时，则表示模拟值/数字值的转换程序开始执行。

5）编制 CH1 通道采样数据并存储到 D100 中的程序，如图 5.2-14 所示。

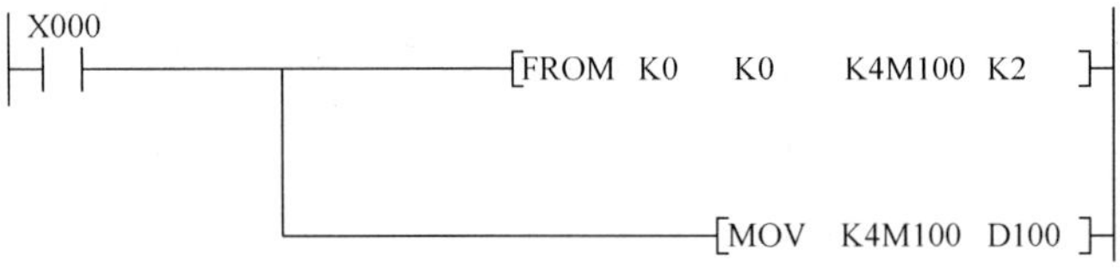

X000
[FROM K0 K0 K4M100 K2]
[MOV K4M100 D100]

图 5.2-14　编制 CH1 通道采样数据并存储到 D100 中的程序

程序解释：

当 X000 接通时，PLC 把 0#模块 BFM#0 开始的 2 个数据读入到 PLC 中控制 M100 ~ M111 继电器的状态，低 8 位送入 M100 ~ M107，高 4 位送入 M108 ~ M111。通过传送指令 MOV 把 K4M100 的数据存到数据寄存器 D100 中。

6）合并优化程序，如图 5.2-15 所示。

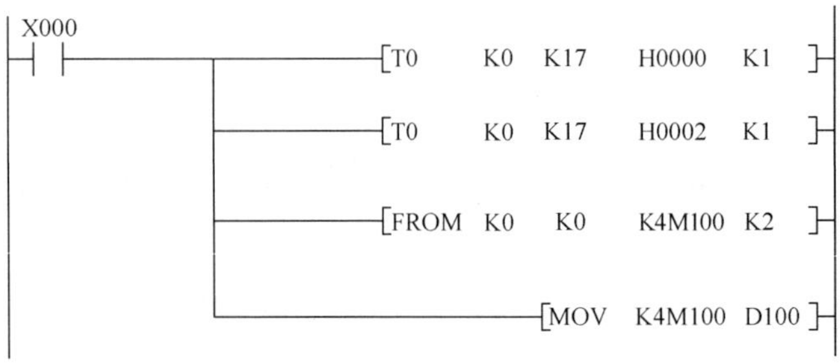

X000
[T0 K0 K17 H0000 K1]
[T0 K0 K17 H0002 K1]
[FROM K0 K0 K4M100 K2]
[MOV K4M100 D100]

图 5.2-15　合并优化后的程序

应用实例 2　FX2N-2DA 模拟量输出模块的使用

FX2N-2DA 模拟量输出模块的使用可以按以下几个步骤进行：

步骤一：FX2N 系列 PLC 与 FX2N-2DA 接线

如图 5.2-16 所示为 FX2N 系列 PLC 与 FX2N-2DA 的接线。

1）连接扩展电缆到 PLC 主机，当电源 LED 指示灯点亮，说明扩展电缆正确连接；指示灯灭或闪烁，则检查扩展电缆连接是否正常。

2）FX2N-2DA 的标定出厂时为 0 ~ 10V 电压输出，其对应的数字量为 0 ~ 4000，模块就不需要标定调整。如果输出不符合输出特性时，使用时就必须对标定进行调整。

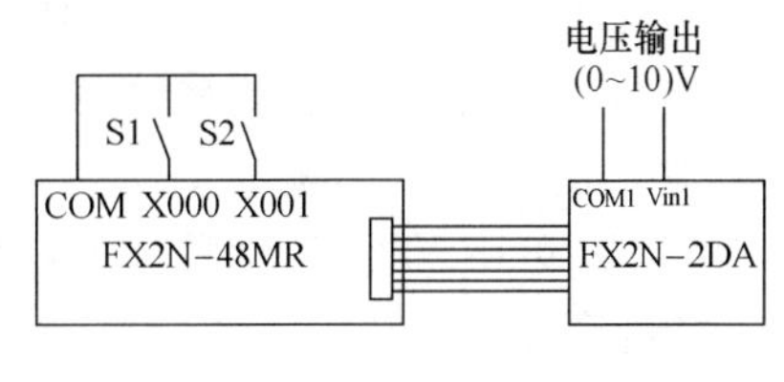

图 5.2-16　接线图

步骤二：编制程序

1）确定 FX2N-2DA 的编号为 0#。

2）两个通道输出：CH1 输出数据，存入 D100 并转换到继电器 M100 ~ M115；CH2 输出数据，存入 D110 并转换到继电器 MM00 ~ M115。

3）编制程序如图 5.2-17 所示。

当 X000 接通时，通道 1 的输入执行数字到模拟的转换，输出从 D100 转换到 M100 ~ M115 继电器中。

当 X001 接通时，通道 2 的输入执行数字到模拟的转换，输出从 D110 转换到 M100 ~ M115 继电器中。

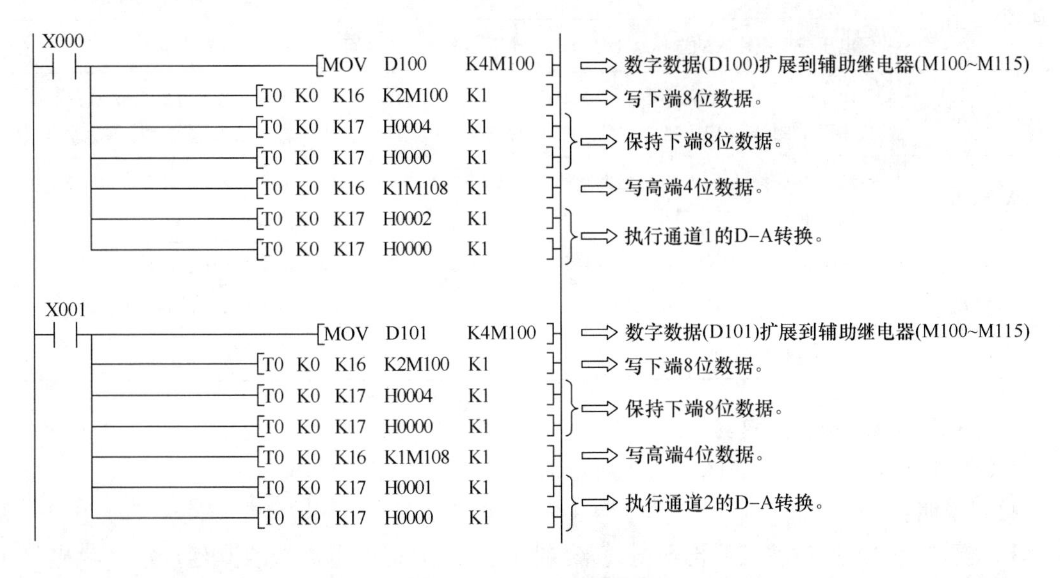

图 5.2-17　梯形图程序

第三节 模拟量输入模块 FX2N-4AD

一、FX2N-4AD

模拟量输入模块 FX2N-4AD 是有 4 个输入通道，12 位高精度的 A-D 转换的输入模块。其分辨率为 12 位，其功能是将在一定范围内变化的电压或电流输入信号转换成相应的数字量供给 PLC 主机读取。FX2N-4AD 可用于连接 FX1N、FX2N、FX2NC 和 FX3U 等系列的程序控制系统。

如图 5.3-1 所示为 FX2N-4AD 模块的外形图。

图 5.3-1 FX2N-4AD 模拟量输入模块外形图

1. FX2N-4AD 模块的功能

1）模拟值的设定可以通过 4 个通道的输入电压或输入电流来完成。

2）这 4 个通道的模拟输入值可以接收 DC ±10V（分辨率位 5mV）或 4～20mA、-20～20mA。

3）模拟量输入值是可调的，该 FX2N-4AD 模块占用 8 个 I/O。

2. FX2N-4AD 模块的性能

FX2N-4AD 模块的性能见表 5.3-1。

表 5.3-1 FX2N-4AD 模拟量输入模块性能表

项　目	电压输入	电流输入
	电压或电流输入的选择基于您对输入端子的选择，一次可同时使用 4 个输入点	
模拟输入范围	DC -10～10V（输入阻抗：200kΩ） 注意：如果输入电压超过 ±15V，单元会被损坏	DC -20～20mA（输入阻抗：250Ω） 注意：如果输入电流超过 ±32V，单元会被损坏
数字输出	12 位的转换结果以 16 位二进制补码方式存储 最大值：+2047，最小值：-2048	
分辨率	5mV（10V 默认范围：1/2000）	20μA（20mA 默认范围：1/1000）
总体精度	±1%（对于 -10～10V 的范围）	±1%（对于 -20～20mA 的范围）
转换速度	15ms/通道（常速），6ms/通道（高速）	

3. FX2N-4AD 模块的接线

FX2N-4AD 模块的接线如图 5.3-2 所示。

接线说明：

1）模拟量输入通过双绞线屏蔽电缆来接收，电缆应远离电源线或其他可能产生电气干扰的电线。

2）当电压输入存在电压波动时，可以连接一个 0.1～0.47μF/DC 25V 的电容器，如图 5.3-2所示。

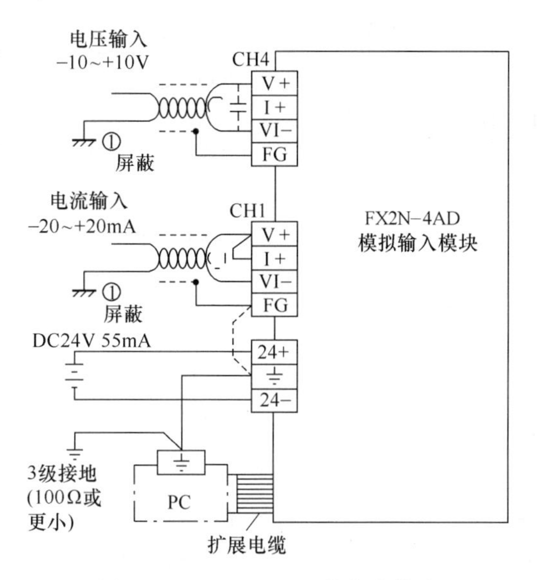

图 5.3-2　FX2N-4AD 模块的接线

3）如果存在过多的电气干扰，请连接 FG 的外壳地端和 FX2N-4AD 的地端。

4）FX2N-4AD 模块需要外接 24V 直流电源，上下波动不能超过 2.4V，电流为 55MA。

4. FX2N-4AD 模块的标定

FX2N-4AD 模块有 3 种模拟量输入标准：DC －10 ~ ＋10V、4 ~ 20mA 或 －20 ~ 20mA，见表 5.3-2。4 个通道各输入何种标准，是由通道字缓冲寄存器的内容确定的。

表 5.3-2　FX2N-4AD 模拟量的输入标定

预设 0（－10 ~ 10V）	预设 1（＋4 ~ ＋20mA）	预设 2（－20 ~ ＋20mA）

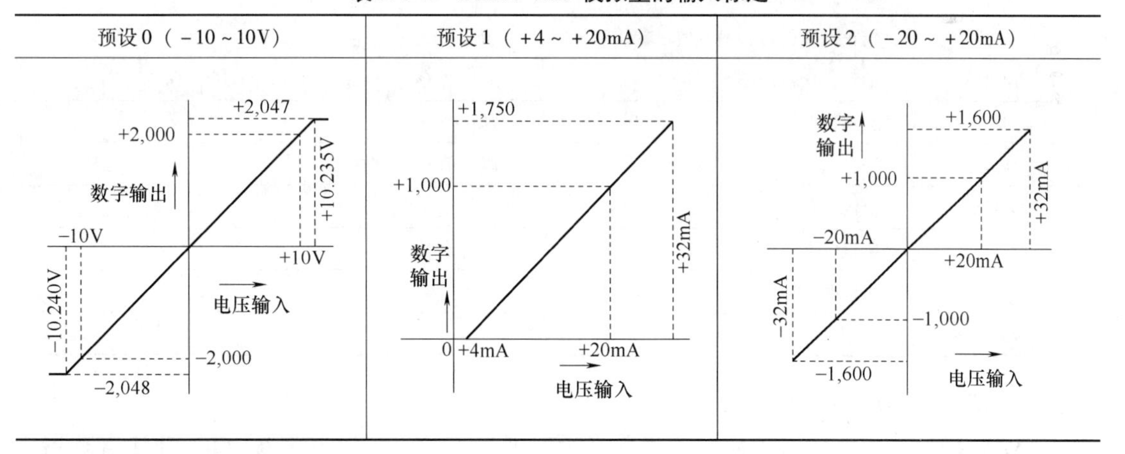

5. 缓冲寄存器 BFM 功能分配

FX2N-4AD 模拟量输入模块共有 32 个 BFM 缓冲寄存器，编号为 BFM#0 ~ BFM#31，各缓冲寄存器中的单元功能分配见表 5.3-3。

二、缓冲寄存器 BFM 的功能

FX2N-4AD 模拟量的功能是通过 BMF 缓冲寄存器的各个单元内容来设置完成的，下面具体介绍一下各缓冲寄存器的功能。

表 5.3-3　缓冲寄存器各单元的功能

BFM	内　容									
* #0	通道初始化，默认值 = H0000									
* #1	通道 1	包含采样数（1－4096），用于得到平均结果，默认值设为 8－正常速度，高速操作可选择 1								
* #2	通道 2									
* #3	通道 3									
* #4	通道 4									
#5	通道 1	这些缓冲区包含采样数的平均输入值，这些采样数是分别输入在#1～#4 缓冲区中的通道数据								
#6	通道 2									
#7	通道 3									
#8	通道 4									
#9	通道 1	这些缓冲区包含每个输入通道读入的当前值								
#10	通道 2									
#11	通道 3									
#12	通道 4									
#13～#14	保留									
#15	选择 A-D 转换速度	如设为 0，则选择正常速度，15ms/通道（默认）								
		如设为 1，则选择高速，6ms/通道								
BFM			b7	b6	b5	b4	b3	b2	b1	b0
#16-#19	保留									
* #20	复位到默认值和预设，默认值 = 0									
* #21	禁止调整偏移、增益值，默认值 =（0，1）允许									
* #22	偏移，增益调整		G4	O4	G3	O3	G2	O2	G1	O1
* #23	偏移值		默认值 = 0							
* #24	增益值		默认值 = 5，000							
#25-#28	保留									
#29	错误状态									
#30	识别码 K2010									
#31	禁用									

1. FX2N-4AD 模块的初始化

FX2N-4AD 模拟量输入模块在应用前必须对通道字、采样字和速度字的 BFM 寄存器内容进行设置，这 3 个字的设置称为模块的初始化。

（1）通道字寄存器 BFM#0——模拟量输入通道选择

模拟量输入通道的选择是由 BFM#0 寄存器的内容所决定，设置 BFM#0 为 4 位十六进制数 HXXXX 控制，每一位代表输入控制通道，而每一位的数字都代表输入模拟量的类型，如图 5.3-3 所示。图中数值 0 可设置成数字 0、1、2 和 3，具体所表示的输入模拟量含义是：数字“0”表示－10～＋10VDC 模拟量输入；数字“1”表示 4～20mA 模拟量输入；数字“2”表示－20～20mA 模拟量输入；数字“3”表示通道关闭。通常出厂时设置为 H0000，即所有均设置为通道 -10 ~ +10VDC 模拟量输入。

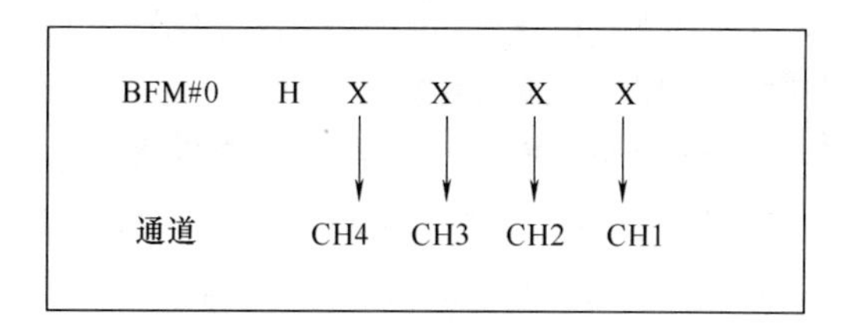

图 5.3-3 模拟量输入通道类型

例如：试说明通道字 H3201 的含义，如图 5.3-4 所示。

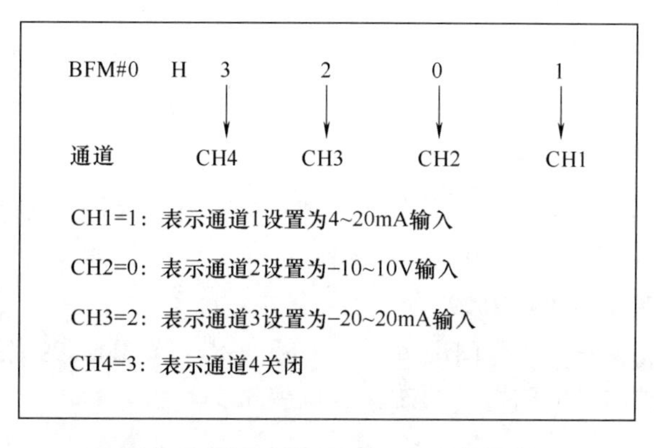

图 5.3-4 通道字 H3201 的含义解释

（2）采样字寄存器 BFM#1 ~ BFM#4——平均值采样次数选择

模拟量输入时，时常会在被测信号上混杂着一些干扰信号，为了滤除这些干扰信号而采用的一种平均值滤波方式。所谓平均值滤波是对多次采样的数值进行相加后进行算数平均值处理后作为一次采样值送入由 PLC 读取的 BFM 中。

FX2N-4AD 采样字有 4 个，即 BFM#1 ~ BFM#4，分别对应通道 CH1 ~ CH4，其取值范围是 1 ~ 4096，一般取值为 4、6、8 就足够了，出厂值为 8。

例如：编制一段程序编号为#0 的模块是 FX2N-4AD，对通道 1 写入采样字为 4，其余通道关闭。程序如图 5.3-5 所示。

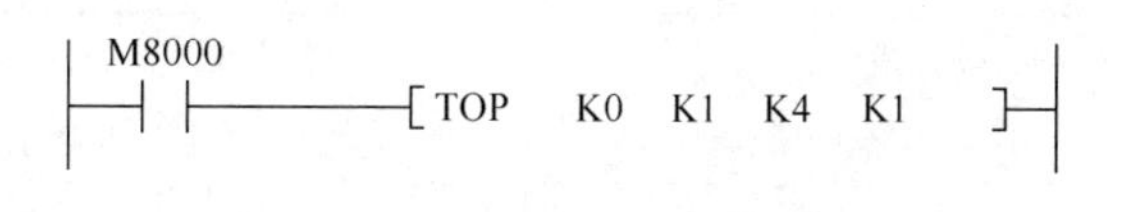

图 5.3-5 通道采样次数程序

程序解释：将采样字 4（采样 4 次的平均值）写入到#0 模块的 CH1 通道中，对 BFM#1 设置为 4。其余通道仍为出厂值 8，如果不用，则必须在通道字中将其关闭。如果控制要求每个通道字的采样值都不一样，那就要用指令 TO 一个一个地写入。

（3）速度字寄存器 BFM#15——通道的转换速度

BFM#15 的设置表示模块的 A-D 转换速度，其设置如下。BFM#15 = 0：转换速度为 15ms/通道；BFM#15 = 1：转换速度为 6ms/通道。

应用时注意以下几点：

1）A-D 转换速度出厂值为 0。

2）为了保持高速转换率，应尽可能少使用 FROM/TO 指令。

3）如果程序中改变了转换速度，BFM#1 ~ BFM#4 将立即恢复出厂值 0。

4）如果模块的速度字与出厂值相同时，可以不用写初始化程序。

2. 数据读取缓冲寄存器 BFM#5 ~ BFM#12

外部模拟量转换成数字量后，被存放在规定的缓冲寄存器中，数字量以两种方式存放，一是以平均值存放，CH1 ~ CH4 通道分别存放在 BFM#5 ~ BFM#8 存储器中；二是以当前值存放，CH1 ~ CH4 通道分别存放在 BFM#9 ~ BFM#12 存储器中。PLC 通过读取指令把这些数值复制到内部数据存储器单元。

例如：试说明如图 5.3-6 所示的梯形图程序的执行含义。

图 5.3-6 梯形图

程序解释：当 M0 接通时，把 0#模块的 BFM#5 的内容（CH1 的平均值）送到 PLC 的 D100 存储器中，即 D100 存的是 CH1 的平均值。

3. 错误检查缓冲寄存器 BFM#29

FX2N-4AD 模拟量输入模块专门设置了一个缓冲寄存器 BFM#29 来保护发生错误状态时的错误信息，以供查错和保护用，其状态信息见表 5.3-4。

表 5.3-4 BFM#29 状态信息表

BFM#29 的位设备	开 ON	关 OFF
b0：错误	b1 ~ b4 中任何一个为 ON 如果 b2 ~ b4 中任何一个为 ON，所有通道的 A-D 转换停止	无错误
b1：偏移/增益错误	在 EEPROM 中的偏移/增益数据不正常或者调整错误	增益/偏移数据正常
b2：电源故障	DC 24V 电源故障	电源正常
b3：硬件错误	A-D 转换器或其他硬件故障	硬件正常
b10：数字范围错误	数字输出值小于 -2048 或大于 +2047	数字输出值正常
b11：平均采样错误	平均采样数不小于 4097，或者不大于 0（使用默认值 8）	平均正常（在 1 ~4096 之间）
b12：偏移/增益调整禁止	禁止 - BFM#21 的（b1，b0）设为（1，0）	允许 BFM#21 的（b1，b0）设为（1，0）

例如：故障信息状态检查的程序如图 5.3-7 所示。

程序解释：当 M8000 接通时，FROM 指令读取 BFM#29 寄存器内的故障信息状态到组合元件 K4M10 中，取 1 位状态字即 M10（b0）位的状态控制流程。当 b0 出错时 M10 位接通，Y1 接通指示灯亮，表示有错，所有通道的 A-D 停止转换。

4. 模块识别缓冲寄存器 BFM#30

当 PLC 所接的模块较多时，为了识别各模块，应对这些模块设置一个相当于身份证类

```
M8000
─┤ ├──┬──────[FROM  K0   K29   K4M10   K1 ]
      │
      │  M10
      └──┤ ├─────────────────────(Y001 )
```

图 5.3-7 故障信息状态检查梯形图

似的模块识别码。三菱 FX2N 系列的特殊模块的识别码是固化在 BFM#30 的缓冲寄存器中的。FX2N -4AD 的识别码为 K2010，在使用时可在程序中设置一个识别码校对程序，对指令读/写模块进行确认。如果模块正确，则继续执行后续程序；如果不是，则通过显示报警，并停止执行后续程序。

例如：试读如图 5.3-8 所示的 FX2N-4AD 识别码程序。

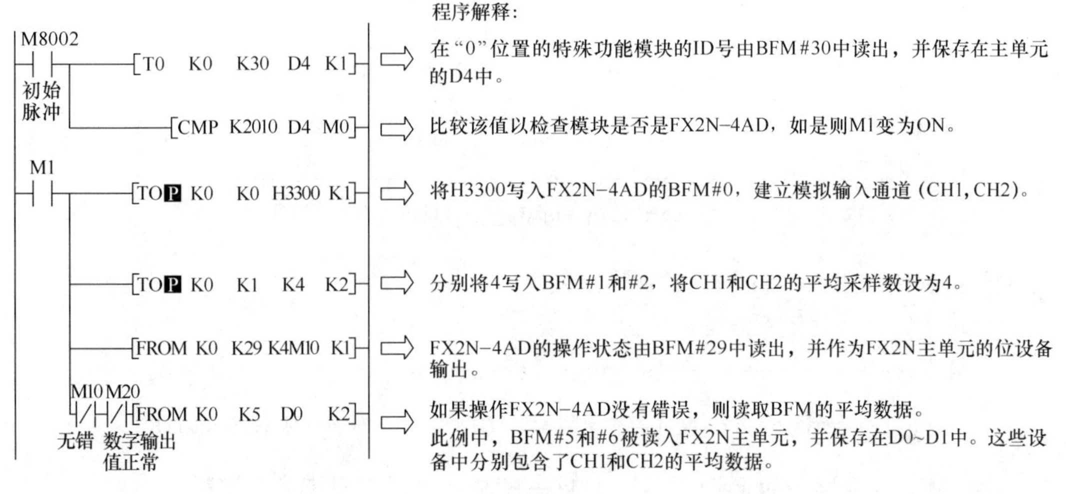

图 5.3-8 梯形图

三、FX2N-4AD 模块的标定调整

标定调整主要就是对零点和增益两点值做程序修改，使之符合控制要求。在 FX2N-4AD 模拟量模块的标定调整是通过对缓冲寄存器进行设置调整和 FX2N-2AD 的标定调整方法不一样，下面详细介绍 FX2N-4AD 标定调整的步骤与方法。

（1）设定 BFM#21 缓冲寄存器，选择对模块所有缓冲寄存器是否进行修改

在进行标定调整时，必须设置 BFM#21 缓冲寄存器。设置内容是：BFM#21 = K1 时（即 BFM#21 的 b1、b0 位设置成 0、1），允许调整；BFM#21 = K2 时（即 BFM#21 的 b1、b0 位设置成 1、0），禁止调整。出厂值为 K1。当调整完毕后，应通过程序把 BFM#21 设置为 K2，防止进一步发生变化。

例如：如图 5.3-9 所示是设定 BFM#21 的梯形图程序

（2）设定 BFM#22 缓冲寄存器，选择每个通道的零点和增益是否进行调整

FX2N-4AD 有 4 个模拟量输入通道，每个通道均可独立调整零点和增益，一共有 8 个调整要进行是否允许调整选择。模块是通过对 BFM#22 的低 8 位位值来决定哪个通道的零点和

M0
[TOP K0 K0 H0000 K1] ⇨ (H000) → BFM #0（初始化输入通道）
[TOP K0 K21 K1 K1] ⇨ (K1) → BFM #21
BFM #21 必须设成允许 (b0,b1)=(1,0)

图 5.3-9　梯形图

增益是否进行调整，在调整字之前，要先将 BFM#22 单元全部置零，其设置如图 5.3-10 所示。

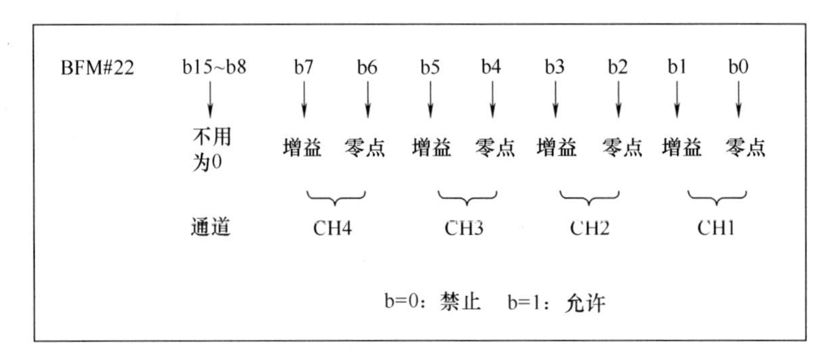

图 5.3-10　BFM#22 的设定字

例如：试读如图 5.3-11 所示的梯形图程序。

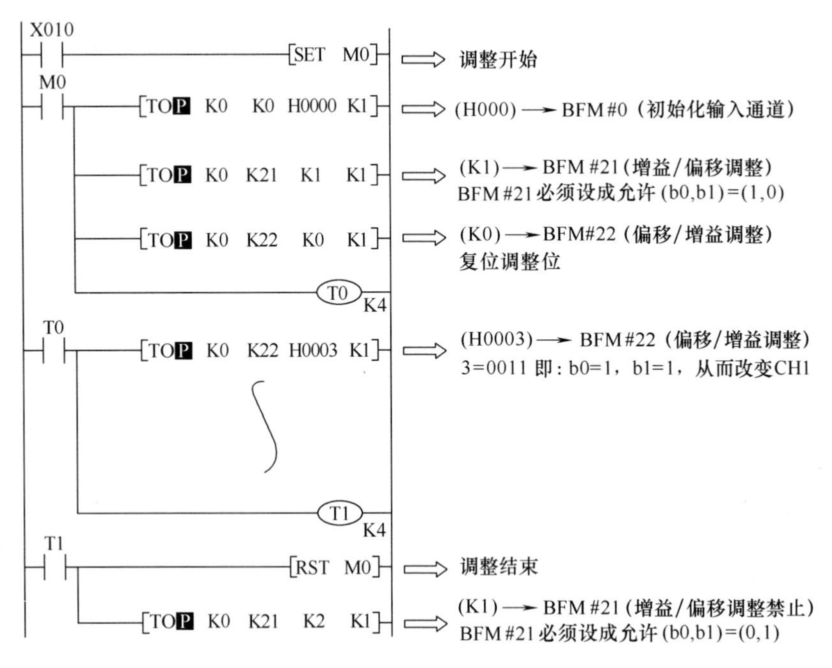

图 5.3-11　梯形图

（3）零点调整值写入 BFM#23 和增益调整值写入 BFM#24

FX2N-4AD 模拟量输入模块提供了 BFM#23B 和 FM#24 两个缓冲寄存器作为零点和增益

调整值的写入单元。出厂时 BFM#23 = K0，BFM#24 = K5000。

当调整时可通过软件中编制程序来完成，外部不需要外接电压表和电流表，零点和增益的输入值的单位为 mV 或 μA。因此，所有电压或电流必须变换成 mV 或 μA 为单位的数值写入程序。例如，如果零点调整为 1V，则程序中应写入 1000mV；同样，如果增益为 5mA，则 5mA = 5000μA，程序中应输入值为 5000。

提示：

1）BFM#0、#23 和#24 的值将复制到 FX2N-4AD 的 EEPROM 中。只有数据写入增益/偏移命令缓冲 BFM#22 中时才复制 BFM#21 和 BFM#22。同样，BFM#20 也可以写入 EEPROM 中。因此，写入 EEPROM 需要 300ms 左右的延迟，才能第二次写入。

2）EEPROM 的使用寿命大约是 10，000 次（改变），因此不要使用程序频繁地修改这些 BFM。

例如：通过软件设置零点值和增益值，要求 CH1 通道的零点值和增益值设置为 0V 和 2.5V，如图 5.3-12 所示梯形图程序。

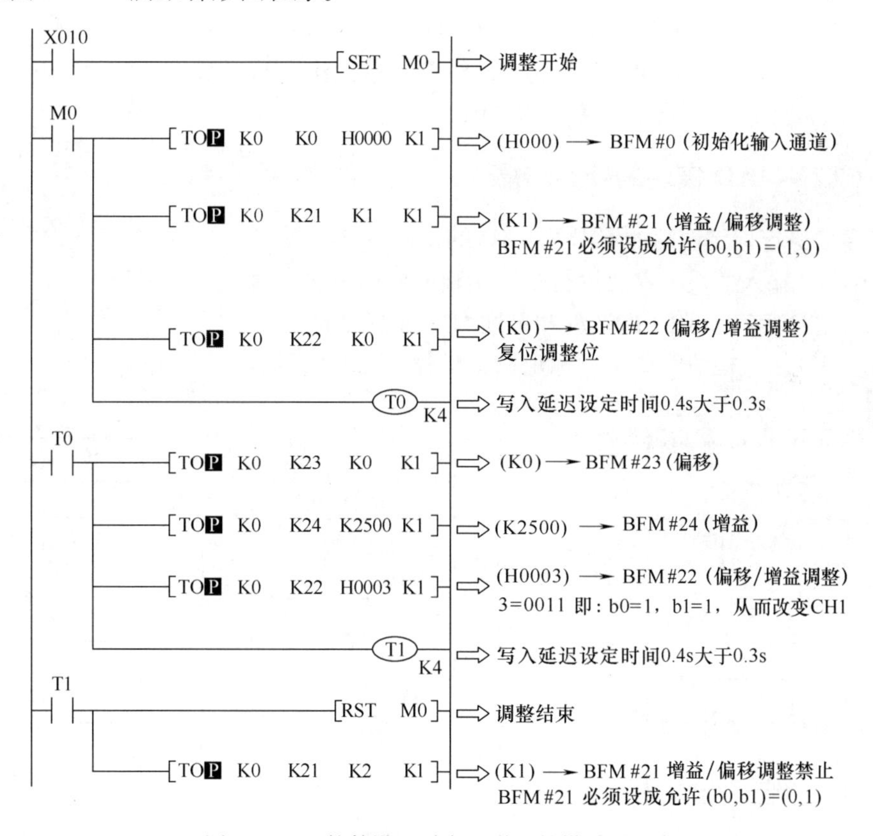

图 5.3-12　软件设置零点和增益的梯形图程序

四、FX2N-4AD 模块的检查与诊断

1. 初步检查

1）检查输入配线和/或扩展电缆是否正确连接到 FX2N-4AD 模拟特殊功能块上。

2）检查有无违背 FX2N 系统配置的规则。例如：特殊功能模块的数量不能超过 8 个，并且总的系统 I/O 点数不能超过 256 点。

3）确保应用中选择正确的输入模式和操作范围。

4）检查在 5V 或 24V 电源上有无过载。应注意：FX2N 主单元或者有源扩展单元的负载是根据所连接的扩展模块或特殊功能模块的数目而变化的。

5）设置 FX2N 主单元为 RUN 状态。

2. 错误诊断

如果特殊功能模块 FX2N-4AD 不能正常运行，可以检查下列项目。

1）检查电源 LED 指示灯的状态。如果指示灯亮，则说明扩展电缆连接正确；否则应检查扩展电缆的连接情况。

2）检查外部配线。

3）检查“24V”LED 指示灯的状态（FX2N-4AD 的右上角）。如果指示灯亮，说明 FX2N-4AD 正常，24V DC 电源正常；否则，可能 24V DC 电源故障；如果电源正常则是 FX2N-4AD 故障。

4）检查“A-D”LED 指示灯的状态（FX2N-4AD 的右上角）。如果指示灯亮说明 A-D 转换正常运行；否则应检查缓冲寄存器 BFM#29（错误状态），如果任何一个位（b2 和 b3）是 ON 状态，那就是 A-D 指示灯熄火的原因。

五、FX2N-4AD 模块的使用步骤

1. 不需要进行标定调整的 FX2N-4AD 的使用步骤流程

FX2N-4AD 输入模块不需要进行标定调整的使用步骤流程如图 5.3-13 所示。

2. 需要进行标定调整的 FX2N-4AD 的使用步骤流程

FX2N-4AD 输入模块需要进行标定调整步骤流程的如图 5.3-14 所示。

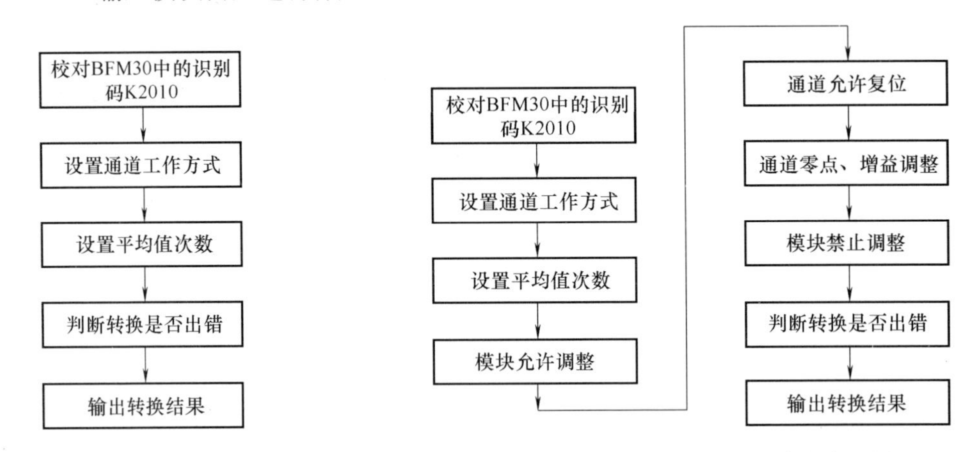

图 5.3-13　不需要标定调整的步骤流程图　　图 5.3-14　需要标定调整的步骤流程图

应用实例 1　不需要标定调整的 FX2N-4AD 模拟量输入模块的使用

编制 FX2N-4AD 输入模块应用程序，具体控制要求如下：

1）FX2N-4AD 为 0#模块。

2）CH1 与 CH2 为电压输入，CH3 与 CH4 关闭。

3）采样次数为 4。

4）用 PLC 的 D0、D1 接收 CH1、CH2 的平均值。

根据流程图并结合控制要求进行分析，其操作步骤如下：

步骤一：模块识别

根据控制要求可知，模块型号是 FX2N-4AD，其识别码为 K2010，安装位置编号为 0，其模块识别程序如图 5.3-15 所示。

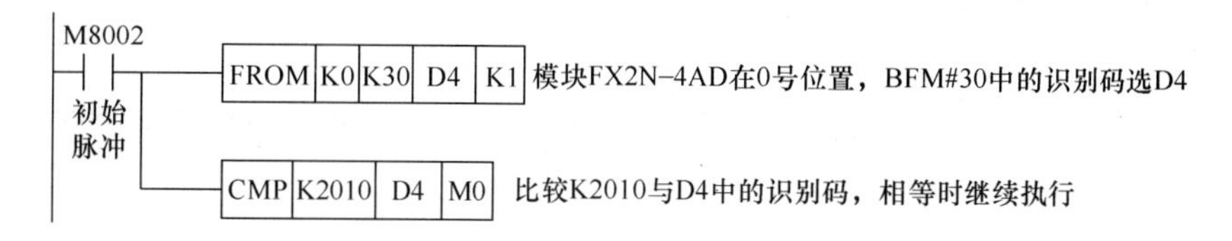

图 5.3-15　模块识别程序

步骤二：设置通道工作方式

根据控制要求分析，通道字的工作方式设定是由 BFM#0 缓冲寄存器内容决定的。第一个通道 CH1 为电压输入，那么第一通道应该设置成 0；第二个通道 CH2 为电压输入，那么第二通道应该设置成 0；CH3 与 CH4 关闭。因此，通道字是 H3300，程序如图 5.3-16 所示。

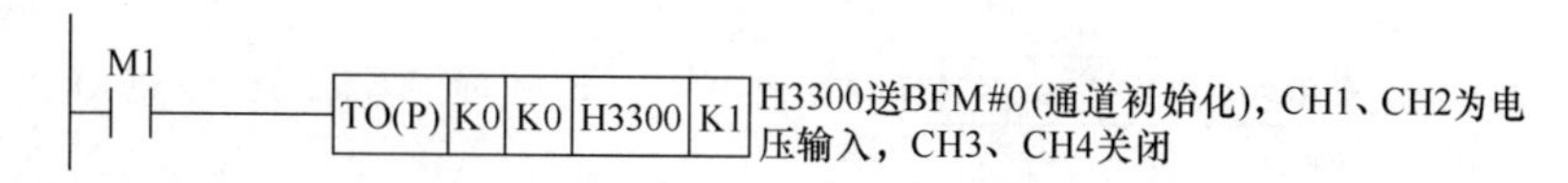

图 5.3-16　通道字设定程序

步骤三：设置平均值次数

根据控制要求可知，平均值采样次数为 4，转换速度数默认出厂值（默认出厂值时，这个字可以不写），其程序如图 5.3-17 所示。

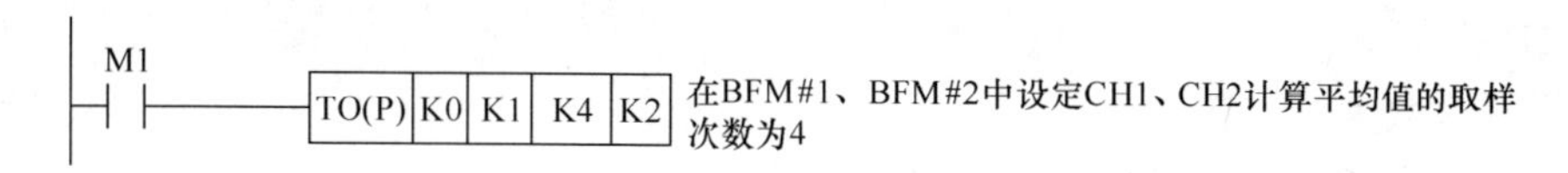

图 5.3-17　采样字设定程序

步骤四：判断转换是否出错

BFM#29 缓冲寄存器专门用来保存发生错误状态时的错误信息。故障信息状态由 FROM 读取到组合位元件并控制程序的执行，程序如图 5.3-18 所示。

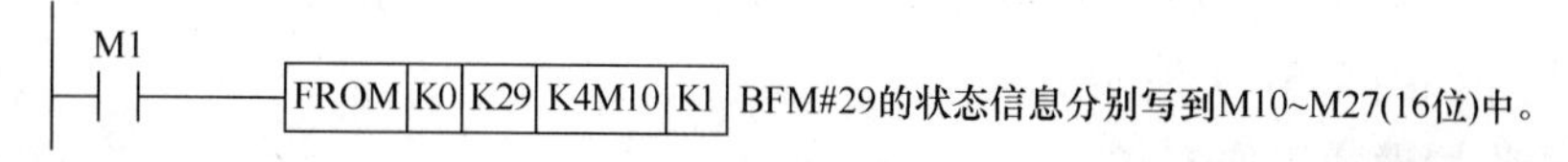

图 5.3-18　判断转换是否出错程序

步骤五：输出转换结果

当判断转换正确后，可执行输出转换，程序如图 5.3-19 所示。

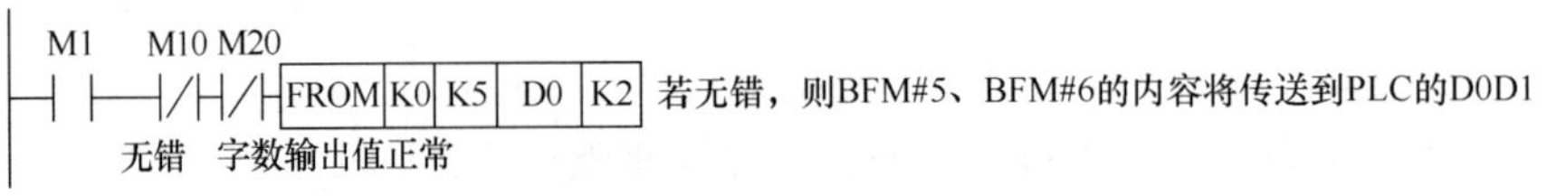

M1 M10 M20 FROM K0 K5 D0 K2 若无错，则BFM#5、BFM#6的内容将传送到PLC的D0D1
无错 字数输出值正常

图 5.3-19 输出转换程序

步骤六：合并程序

把以上分析的程序进行合并优化，如图 5.3-20 所示。

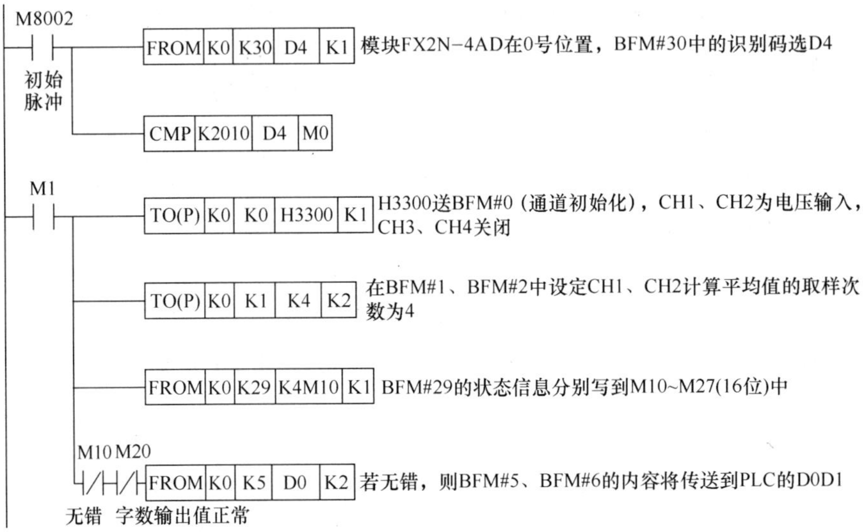

M8002 初始脉冲
FROM K0 K30 D4 K1 模块FX2N-4AD在0号位置，BFM#30中的识别码选D4
CMP K2010 D4 M0
M1
TO(P) K0 K0 H3300 K1 H3300送BFM#0（通道初始化），CH1、CH2为电压输入，CH3、CH4关闭
TO(P) K0 K1 K4 K2 在BFM#1、BFM#2中设定CH1、CH2计算平均值的取样次数为4
FROM K0 K29 K4M10 K1 BFM#29的状态信息分别写到M10~M27(16位)中
M10 M20 FROM K0 K5 D0 K2 若无错，则BFM#5、BFM#6的内容将传送到PLC的D0D1
无错 字数输出值正常

图 5.3-20 FX2N-4AD 应用程序

例如：编制 FX2N-4AD 模块应用程序，具体要求如下：

1）FX2N-4AD 为 0#模块。

2）CH1 电压输入，CH2 为电流输入（标准 4 ~ 20mA），要求 CH2 调整为 7 ~ 20mA。CH3 与 CH4 关闭。

3）采样次数为 4。

4）用 PLC 的 D0、D1 接收 CH1、CH2 的平均值。

应用实例 2 需要标定调整的 FX2N-4AD 模拟量输入模块的使用

根据流程图并结合控制要求进行分析与使用步骤如下：

步骤一：模块识别

根据控制要求可知，模块型号是 FX2N-4AD，其识别码为 K2010，安装位置编号为 0，其模块识别程序如图 5.3-21 所示。

步骤二：设置通道工作方式

根据控制要求分析，通道字的工作方式设定是由 BFM#0 缓冲寄存器内容决定。第一个通道 CH1 为电压输入，那么第一通道应该设置成 0；第二个通道 CH2 为电流输入（4 ~ 20mA），那么第二通道应该设置成 1；CH3 与 CH4 关闭。因此，通道字是 H3310，程序如

图 5.3-22所示。

M8002
FROM K0 K30 D4 K1
CMP K2010 D4 M0

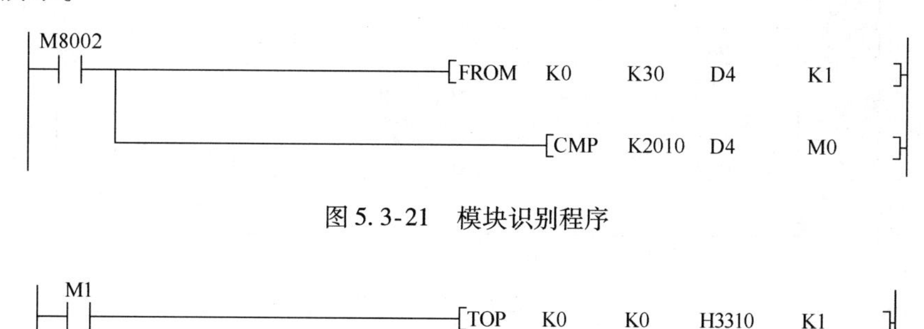

图 5.3-21 模块识别程序

M1
TOP K0 K0 H3310 K1

图 5.3-22 通道字设定程序

步骤三：设置平均值次数

根据控制要求可知，平均值采样次数为 4，转换速度数默认出厂值（默认出厂值时，这个字可以不写），其程序如图 5.3-23 所示。

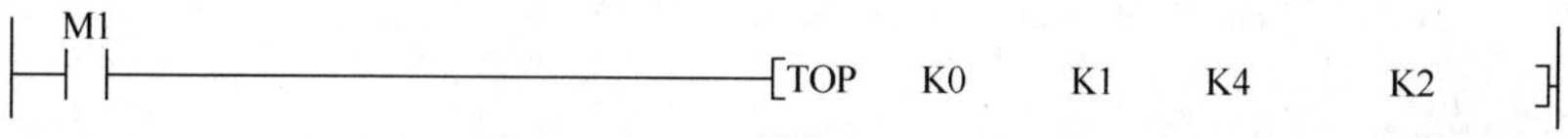

M1
TOP K0 K1 K4 K2

图 5.3-23 采样字设定程序

步骤四：模块允许调整

设 BFM#21 = K1，允许模块调整，程序如图 5.3-24 所示。

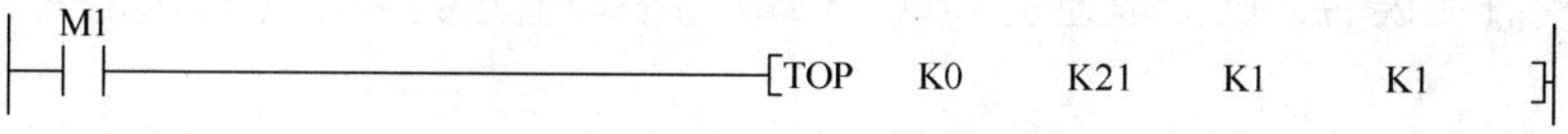

M1
TOP K0 K21 K1 K1

图 5.3-24 允许模块调整程序

步骤五：通道复位

写入通道字之前，必须先把 BFM#22 单元通道复位清零，以上五步程序在写入缓冲寄存器后需要延迟大于 0.3s 后才能执行后续程序，因此，在程序中应加一延时程序，程序如图 5.3-25所示。

M1
TOP K0 K22 K0 K1
M1
K4
T1

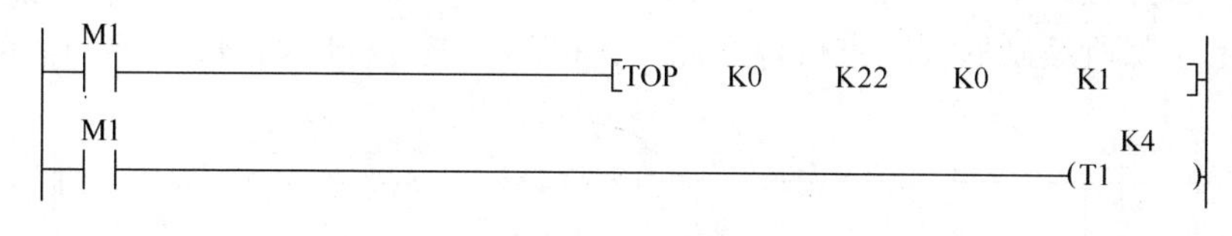

图 5.3-25 延时程序

步骤六：通道零点、增益调整

根据控制要求可知，CH1 通道是电压标准输入，其标定不许调整。CH2 通道为电流输入，要求调整为 7 ~ 20mA 电流输入，其程序中零点值为 7000，增益值为 20000 ，程序如图 5.3-26所示。

步骤七：模块禁止调整

当上述标定调整完成后，编制一段程序禁止模块调整，防止程序进一步发生变化。程序如图 5.3-27 所示。

```
T1
─┤├─┬──────────[TOP   K0   K23   K7000   K1 ]
    ├──────────[TOP   K0   K24   K20000  K1 ]
    ├──────────[TOP   K1   K22   HOC     K1 ]
    │                                    K4
    └────────────────────────(T2           )
```

图 5.3-26　通道零点、增益调整的程序

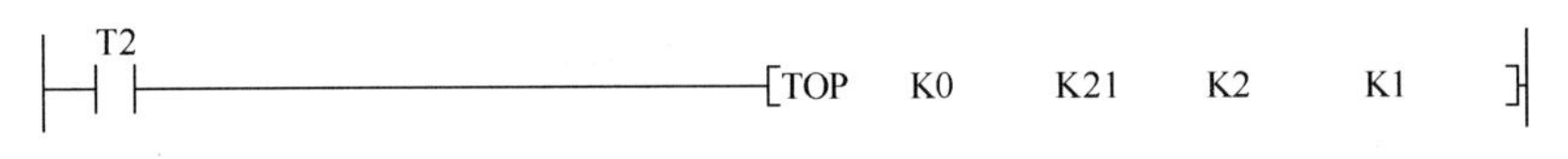

图 5.3-27　模块禁止调整程序

步骤八：判断转换是否输出

读 BFM#29 缓冲寄存器中的内容，如果无错，则执行后续程序，如图 5.3-28 所示。

```
T2
─┤├──────────[FROM   K0   K29   K4M10   K1 ]
```

图 5.3-28　判断转换是否输出程序

步骤九：输出转换结果

第八步检查无误后，则读取通道 CH1、CH2 的平均值送到 D0、D1 中，程序如图 5.3-29 所示。

```
T2     M10    M20
─┤├────┤/├────┤/├─┬──────[FROM   K0   K5   D0   K1 ]
                  └──────[FROM   K0   K6   D1   K1 ]
```

图 5.3-29　输出转换程序

步骤十：合并程序

根据以上步骤所编制的程序进行合并优化，得到完整的程序如图 5.3-30 所示。

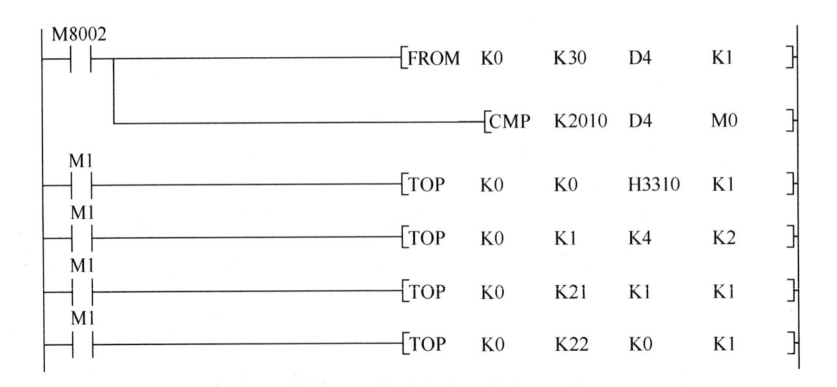

图 5.3-30　完整的梯形图程序

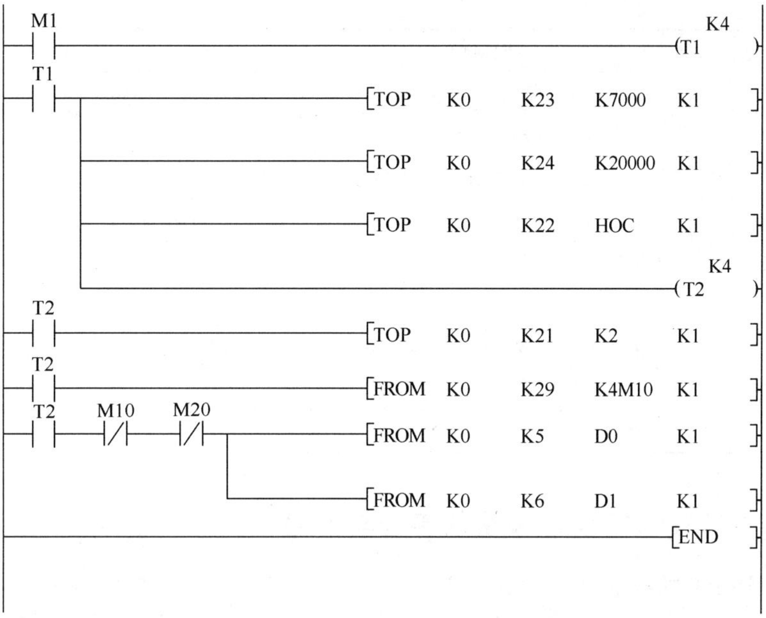

```
 M1                                                   K4
─┤ ├──────────────────────────────────────────────(T1      )
 T1
─┤ ├──┬──────────────────────[TOP   K0   K23   K7000   K1   ]
      ├──────────────────────[TOP   K0   K24   K20000  K1   ]
      ├──────────────────────[TOP   K0   K22   HOC     K1   ]
      │                                               K4
      └───────────────────────────────────────────(T2      )
 T2
─┤ ├─────────────────────────[TOP   K0   K21   K2      K1   ]
 T2
─┤ ├─────────────────────────[FROM  K0   K29   K4M10   K1   ]
 T2    M10     M20
─┤ ├───┤/├─────┤/├──┬────────[FROM  K0   K5    D0      K1   ]
                    └────────[FROM  K0   K6    D1      K1   ]
──────────────────────────────────────────────────[END      ]
```

图 5.3-30　完整的梯形图程序（续）

第四节　温度传感器用模拟量输入模块 FX2N-4AD-PT

一、FX2N-4AD-PT 温度模块介绍

温度控制是模拟量控制中应用比较多的物理量控制，为了方便温度传感器的接入，三菱公司专门开发了温度传感器用模拟量输入模块 FX2N-4AD-PT 和 FX2N-4AD-TC。它们可以直接外接热电阻和热电偶，而变送器和 A-D 转换均由模块自动完成。

FX2N-4AD-PT 是热电阻 PT100 传感器输入模拟量模块，FX2N-4AD-TC 是热电偶（K 型、J 型）传感器输入模拟量模块。下面主要介绍 FX2N-4AD-PT 温度模拟量模块。

1. FX2N-4AD-PT 功能

1）FX2N-4AD-PT 模拟量模块来自 4 个箔温度传感器（PTIOO，三线制）的输入信号放大，并将数据转换成 12 位的可读数据，存储到主处理单元中。

2）所有的数据传输和参数设置都以通过 FX2N-4AD-PT 的软件控制来调整。

3）温度模块有两种温度读取：摄氏温度和华氏温度，应用时需注意。

2. FX2N-4AD-PT 性能指标

FX2N-4AD-PT 性能指标见表 5.4-1。

表 5.4-1　FX2N-4AD-PT 性能指标

项　目	摄氏度/℃	华氏度/℉
模拟量输入信号	箔温度 PT100 传感器（100W），3 线，4 通道	
传感器电流	PT100 传感器 100W 时 1mA	

（续）

项　　目	摄氏度/℃	华氏度/℉
补偿范围	-100 ~ +600	-148 ~ +1112
数字输出	-1000 ~ +6000	-1480 ~ +11120
	12 转换（11 个数据位 +1 个符号位）	
最小分辨率	0.2 ~ 0.3	0.36 ~ 0.54
整体精度	满量程的 ±1%	
转换速度	15ms	
电源	主单元提供 5V/30mA 直流，外部提供 24V/50mA 直流	
占用 I/O 点数	占用 8 个点，可分配为输入或输出	
适用 PLC	FX1N，FX2N，FX2NC	

二、FX2N-4AD-PT 温度模块的接线与标定

FX2N-4AD-PT 的接线（见图 5.4-1）

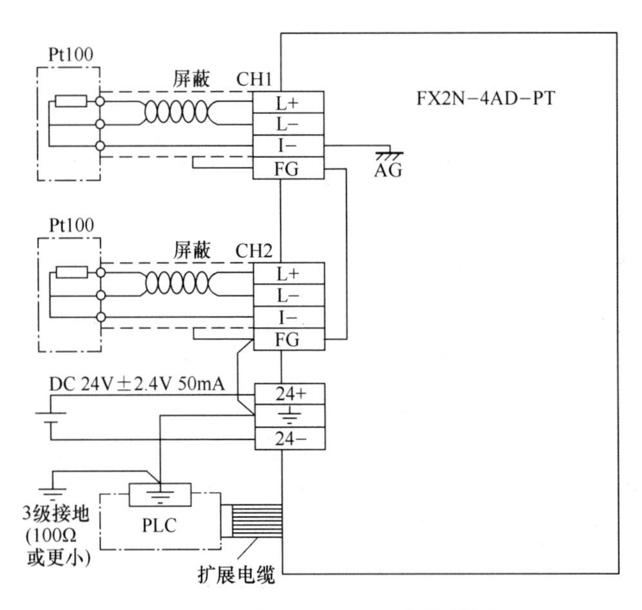

图 5.4-1　FX2N-4AD-PT 的接线图

接线说明：

1）FX2N-4AD-PT 应使用 PT100 传感器的电缆或双绞屏蔽电缆作为模拟输入电缆，并且和电源线或其他可能产生电气干扰的电线隔开。

2）可以采用压降补偿的方式来提高传感器的精度。如果存在电气干扰，将电缆屏蔽层与外壳地线端子（FG）连接到 FX2N-4AD-PT 的接地端和主单元的接地端。如可行的话，可在主单元使用 3 级接地。

3）FX2N-4AD-PT 可以使用可编程序控制器的外部或内部的 24V 电源。

FX2N-4AD-PT 有两种温度标定，如图 5.4-2 所示，一种是摄氏温度；另一种是华氏温

度，可以根据需要来选择。

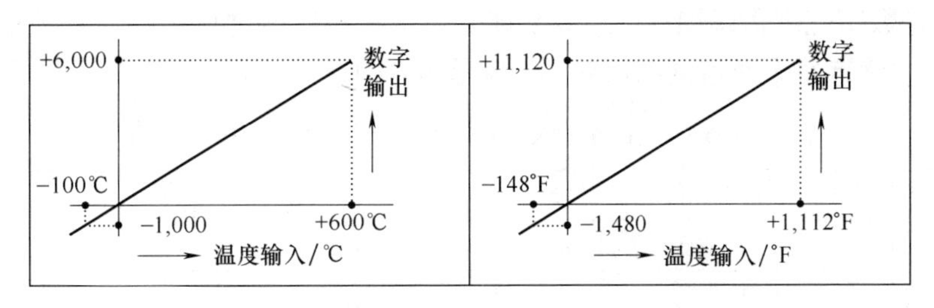

图 5.4-2 FX2N-4AD-PT 标定

三、缓冲寄存器 BFM 的功能分配

FX2N-4AD-PT 缓冲寄存器 BFM 各个单元的内容设置见表 5.4-2。

表 5.4-2 FX2N-4AD-PT 缓冲寄存器单元的内容设置

BFM	内 容
#1 ~ #4	将被平均的 CH1 ~ CH4 的平均温度可读值（1 ~ 4，096）默认值 = 8
#5 ~ #8	CH1 ~ CH4 在 0.1℃单位下的平均温度
#9 ~ #12	CH1 ~ CH4 在 0.1℃单位下的当前温度
#13 ~ #16	CH1 ~ CH4 在 0.1℉单位下的平均温度
#17 ~ #20	CH1 ~ CH4 在 0.1℉单位下的当前温度
#21 ~ #27	保留
#28	数字范围错误锁存
#29	错误状态
#30	识别号 K2040
#31	保留

FX2N-4DA-PT 模拟量的功能是通过 BMF 缓冲寄存器的各个单元内容来设置完成的，下面具体介绍一下各缓冲寄存器的功能。

1. BFM#1 ~ #4 采样字

CH1 ~ CH4 平均温度的采样次数被分配给 BFM#1 ~ #4。采样字只有 1 ~ 4096 的范围是有效的，溢出的值将被忽略，默认值为 8。

2. 温度读取缓冲寄存器

（1）平均值温度读取缓冲寄存器

BFM #5 ~ #8 为 CH1 ~ CH4 平均摄氏温度读取缓冲寄存器。

BFM#13 ~ #16 为 CH1 ~ CH4 平均华氏温度读取缓冲寄存器。

（2）当前值温度读取缓冲寄存器

BFM#9 ~ #12 为 CH1 ~ CH4 当前摄氏温度读出缓冲寄存器。这个数值以 0.1℃，分辨率为 0.2 ~ 0.3℃。

BFM#17 ~ #20 为 CH1 ~ CH4 当前华氏温度缓冲寄存器。这个数值以0.1℉为单位，分辨率为 0.36 ~ 0.54℉。

3. BFM#28 数字范围错误锁存缓冲寄存器

BFM#28 是数字范围错误锁存，主要功能是当测量温度值过高（断线）或过低时，能记录错误信息。它锁存每个通道的错误状态，见表 5.4-3。

表 5.4-3　FX2N-4AD-PT BFM#28 位信息

b8 ~ b15	b7	b6	b5	b4	b3	b2	b1	b0
未用	高	低	高	低	高	低	高	低
	CH4		CH3		CH2		CH1	

表 5.4-3 中，每个通道低位表示当测量温度下降，并低于最低可测量温度极限时，对应位为 ON；“高”表示当测量温度升高，并高于最高可测量温度极限或者热电偶断开时，对应位为 ON。

在测量中，如果出现错误，则在错误出现之前的温度数据被锁存。如果测量值返回到有效范围内，则温度数据返回正常运行，但错误状态仍然被锁存在 BFM#28 中。当错误消除后，可用 TO 指令向 BFM#28 写入 K0 或者关闭电源，以清除错误锁存。

4. 错误检查缓冲寄存器 BFM#29

FX2N-4AD-PT 温度模拟量输入模块专门设置了一个缓冲寄存器 BFM#29 来保护发生错误状态时的错误信息，供查错和保护用，其状态信息见表 5.4-4。

表 5.4-4　BFM#29 状态信息表

BFM#29 的位设备	开	关
b0：错误	如果 b1 ~ b3 中任何一个为 ON，出错通道的 A-D 转换停止	无错误
b1：保留	保留	保留
b2：电源故障	DC 24V 电源故障	电源正常
b3：硬件错误	A-D 转换器或其他硬件故障	硬件正常
b4 到 b9：保留	保留	保留
b10：数字范围错误	数字输出/模拟输入值超出指定范围	数字输出值正常
b11：平均错误	所选平均结果的数值超出可用范围参考 BFM #1 ~ #4	平均正常。（在 1 ~ 4096 之间）
b12 到 b15：保留	保留	保留

5. 模块识别缓冲存储器 BFM#30

FX2N-4AD-PT 的识别码为 K2040，它就存放在缓冲存储器 BFM#30 中。在传输/接收数据之前，可以使用 FROM 指令读出特殊功能模块的识别码，以确认正在对此特殊功能模块进行操作。

四、FX2N-4AD-PT 温度模块的检查与诊断

1. 初步检查

1）检查输入配线和/或扩展电缆是否正确连接到 FX2N-4AD-PT 模拟量模块上。

2）检查有无违背 FX2N 统配置规则。例如：特殊功能模块的数量不能超过 8 个，并且总的系统 I/O 点数不能超过 256 点。

3）确保应用中选择正确的输入模式和操作范围。

4）检查在 5V 或 24V 电源上有无过载。应注意：FX2N 主单元或者有源扩展单元的负载是根据所连接的扩展模块或特殊功能模块的数目而变化的。

5）设置 FX2N 主单元为 RUN 状态。

2. 错误诊断

如果特殊功能模块 FX2N-4AD-PT 不能正常运行，请检查下列项目。

1）检查电源 LED 指示灯的状态。如果点亮说明扩展电缆正确连接；否则应检查扩展电缆的连接情况。

2）检查外部配线。

3）检查“24V”LED 指示灯的状态（FX2N-4AD 的右上角）。

如果点亮，说明 FX2N-4AD-PT 正常，DC 24V 电源正常；否则，可能 24V DC 电源故障；如果电源正常则是 FX2N-4AD 故障。

4）检查“A-D”LED 指示灯的状态（FX2N-4AD 的右上角）。如果点亮说明 A-D 转换正常运行；如果灯熄火，则可能是 FX2N-4AD-PT 发生故障。

应用实例　FX2N-4AD-PT 温度模块的使用

控制要求：

1）FX2N-4AD-PT 模块占用特殊模块 2 的位置（即紧靠可编程控制器第三个模块）。

2）平均采样次数是 4。

3）输入通道 CH1 ~ CH4 以℃表示的平均温度值分别保存在数据寄存器 D0 ~ D3 中。

根据控制要求进行分析，编制其程序如图 5.4-3 所示。

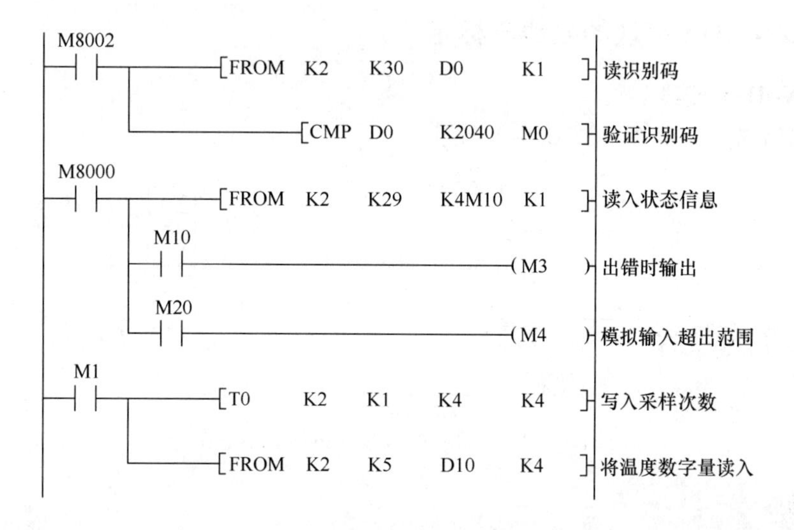

图 5.4-3　梯形图程序

第五节　模拟量输入输出模块 FX2N-4DA

一、FX2N-4DA

模拟量输出模块的作用和输入模块相反，它是将数字信息转化成 0～10V 或 4～20mA 时用的。三菱 FX2N-4DA 模块提供了 12 位高精度分辨率的数字输入，有 4 个模拟量输出通道。FX2N-4DA 模块适用于 FX1N、FX2N、FX2NC 等系列 PLC。

1. FX2N-4DA 的功能

1）输出的形式可为电压，也可为电流，其选择取决于接线不同。

2）电压输出时模拟输出通道输出信号为 DC －10～10V，DC 0～5V；电流输出时为 4～20mA 或 0～20mA。

2. FX2N-4DA 模块的性能指标（见表 5. 5-1）

表 5. 5-1　FX2N-4DA 模块的性能指标

项　　目	输出电压	输出电流
模拟量输出范围	DC －10～10V，DC 0～5V	0～20mA，4～20mA
数字输出	12 位	
分辨率	5mV	20μA
总体精度	满量程 1%	
转换速度	2. 1ms/通道	
电源规格	24V/200mA	
占用 I/O 点数	占用 8 个 I/O 点	
适用的 PLC	FX1N，FX2N，FX2NC	

二、FX2N-4DA 模块的接线与标定

1. FX2N-4DA 接线

FX2N-4DA 模块的接线如图 5. 5-1 所示。

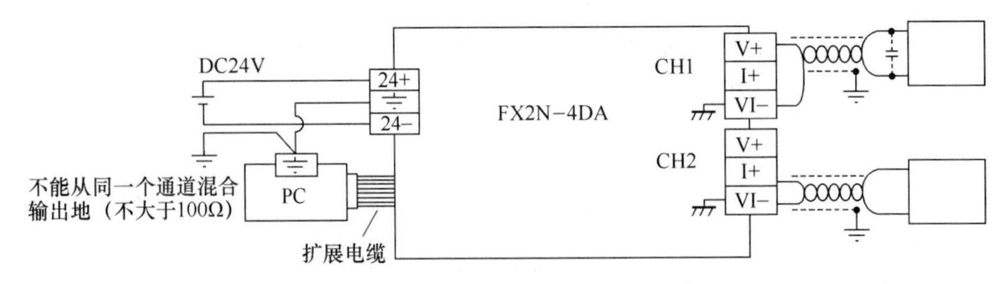

图 5. 5-1　FX2N-4DA 模块的接线示意图

接线说明：

1）对于模拟输出使用双绞屏蔽电缆。电缆应远离电源线或其他可能产生电气干扰的电线。

2）在输出电缆的负载端使用单点接地。

3）如果输出存在电气噪声或者电压波动，可以连接一个平滑电容器（0.1μF 到 0.47μF，耐压 25V）。

4）将 FX2N-4DA 的接地端和可编程序控制器 MPU 的接地端连接在一起。

5）将电压输出端子短路或者连接电流输出负载到电压输出端子可能会损坏 FX2N-4DA。

6）不要将任何单元连接到标有“.”未用端子。

2. FX2N-4DA 的标定

FX2N-4DA 有 3 种输出标定，如图 5.5-2 所示。

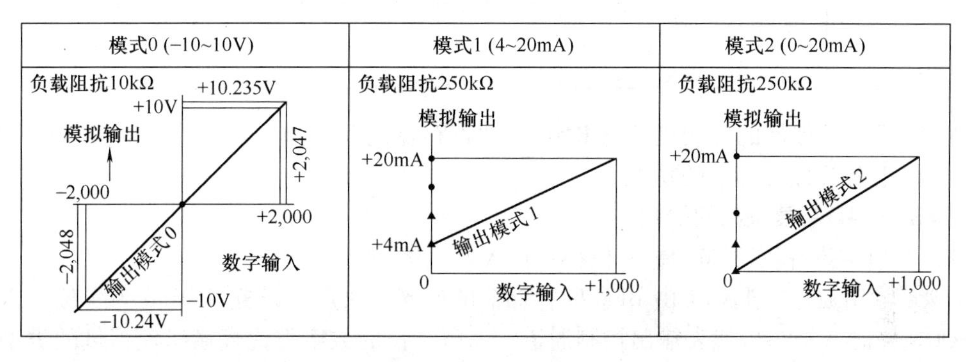

图 5.5-2　FX2N-4DA 的标定

三、缓冲寄存器 BFM 的功能分配

FX2N-4DA 的缓冲寄存器 BFM 进由 32 个 16 位的寄存器组成，编号为 BFM #0 ~ #31。通过 FROM/TO 指令来对 FX2N-4DA 的缓冲寄存器 BFM 进行操作的。各缓冲寄存器中的单元功能分配见表 5.5-2 所示。

表 5.5-2　缓冲存储器各单元的功能

<table>
<tr><th colspan="2">BFM</th><th colspan="2">说　明</th></tr>
<tr><td colspan="2">#0</td><td colspan="2">通道初始化，出厂值 H0000</td></tr>
<tr><td colspan="2">#1</td><td colspan="2">CH1 的输出数据（初始值：0）</td></tr>
<tr><td colspan="2">#2</td><td colspan="2">BFM#2：CH2 的输出数据（初始值：0）</td></tr>
<tr><td colspan="2">#3</td><td colspan="2">CH3 的输出数据（初始值：0）</td></tr>
<tr><td colspan="2">#4</td><td colspan="2">CH4 的输出数据（初始值：0）</td></tr>
<tr><td colspan="2">#5</td><td colspan="2">数据保持模式</td></tr>
<tr><td colspan="2">#6</td><td colspan="2">保留</td></tr>
<tr><td colspan="2">#7</td><td colspan="2">保留</td></tr>
<tr><td rowspan="10">W</td><td>#8（E）</td><td colspan="2">CH1、CH2 的偏移/增益设定命令，初始值 H0000</td></tr>
<tr><td>#9（E）</td><td colspan="2">CH3、CH4 的偏移/增益设定命令，初始值 H0000</td></tr>
<tr><td>#10</td><td>偏移数据　CH1 * 1</td><td rowspan="8">单位：mV 或 μA
初始偏移值：0　　输出
初始增益值：+5, 000 模式 0</td></tr>
<tr><td>#11</td><td>增益数据　CH1 * 2</td></tr>
<tr><td>#12</td><td>偏移数据　CH2 * 1</td></tr>
<tr><td>#13</td><td>增益数据　CH2 * 2</td></tr>
<tr><td>#14</td><td>偏移数据　CH3 * 1</td></tr>
<tr><td>#15</td><td>增益数据　CH3 * 2</td></tr>
<tr><td>#16</td><td>偏移数据　CH4 * 1</td></tr>
<tr><td>#17</td><td>增益数据　CH4 * 2</td></tr>
</table>

（续）

BFM		说　明
#18，#19		保留
W	#20（E）	初始化，初始值 = 0
	#21E	禁止调整 I/O 特性（初始值：1）
#22 ~ #28		保留
#29		错误状态
#30		K3020 识别码
#31		保留

FX2N-4DA 模拟量的功能是通过 BMF 缓冲寄存器的各个单元内容来设置完成的，下面具体介绍一下各缓冲寄存器的功能。

1. FX2N-4DA 模块的初始化

（1）通道字寄存器 BFM#0——模拟量输入通道选择

模拟量输出通道的选择是由 BFM#0 存储器的内容所决定，设置 BFM#0 为 4 位十六进制数 HOOOO 控制，每一位代表输出控制通道，而每一位的数字都代表输出模拟量的类型，如图 5.5-3 所示。图中数值 0 可设置成数字 0、1、2 和 3，具体所表示的输入模拟量含义是：数字“ 0”表示 DC －10 ~ +10V 模拟量输出；数字“1”表示 4 ~ 20mA 模拟量输出；数字“2”表示 0 ~ 20mA 模拟量输出。通常出厂时设置为 H0000，即所有均设置为通道 DC －10 ~ +10V 模拟量输出。模拟量通道没有关断输出，不需要时，输出通道设置为 0。

例如：试说明通道字 H0201 的含义，如图 5.5-4 所示。

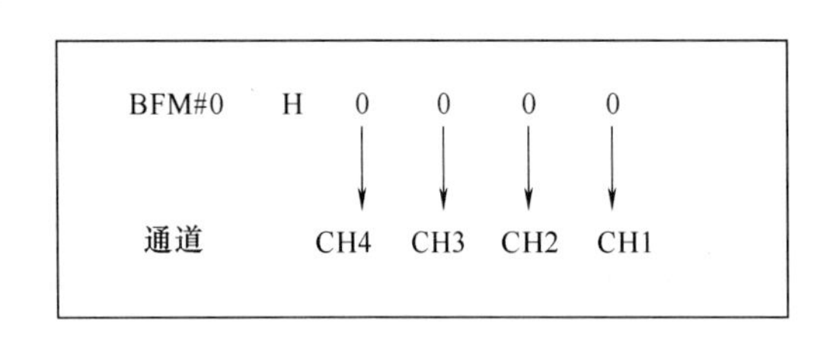

图 5.5-3　模拟量输出通道类型

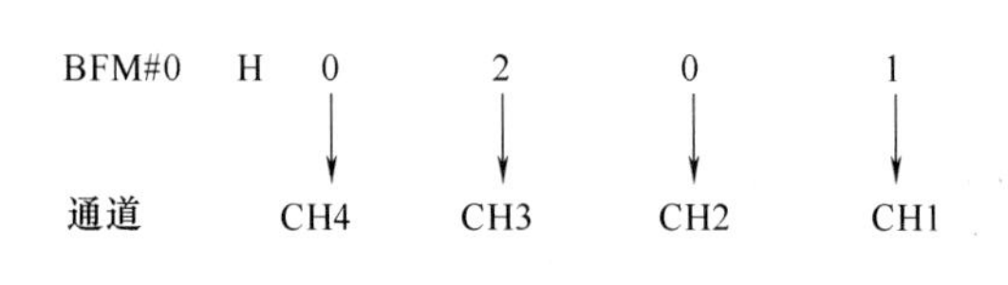

CH1=1：表示通道1设置为4~20mA输出

CH2=0：表示通道2设置为-10~10V输出

CH3=2：表示通道3设置为0~20mA输出

CH4=0：表示设置为-10~20V输出

图 5.5-4　通道字 H0201 的含义解释

（2）BFM#5 数据保持字

BFM#5 是用来决定当 PLC 处于停止（STOP）模式时，RUN 模式下的 CH1、CH2、CH3、CH4 的输出状态的最后值是保持输出还是回零。其值代表含义如下：

H　O　O　O　O　　　O = 0：保持输出
　CH4 CH3 CH2 CH1　　O = 1：复位到偏移值。

例：H0011…………CH1 和 CH2 = 偏移值　CH3 和 CH4 = 输出保持。

2. BFM#1 ~ BFM#4 数据输出寄存器

FX2N-4DA 的数据是通过写指令 TO 来写入的，在程序中设置写入数据缓冲寄存器中的指令程序，当执行写入程序时，输出缓冲寄存器接收从 PLC 送来的数据，并立即进行 D-A 转换，把数字量转换成相应的模拟量输出控制负载执行器等。

1）BFM#1 用来存放 CH1 的输出数字量。

2）BFM#2 用来存放 CH2 的输出数字量。

3）BFM#3 用来存放 CH3 的输出数字量。

4）BFM#4 用来存放 CH4 的输出数字量。

3. 错误检查缓冲寄存器 BFM#29

FX2N-4AD 模拟量输入模块专门设置了一个缓冲寄存器 BFM#29 来保护发生错误状态时的错误信息，供查错和保护用，其状态信息见表 5.5-3。

表 5.5-3　BFM#29 状态信息表

位	名　字	位设为“1”（打开）时的状态	位设为“0”（关闭）时的状态
b0	错误	b1 ~ b4 任何一位为 ON	错误无错
b1	O/G 错误	EEPROM 中的偏移/增益数据不正常或者发生设置错误	偏移/增益数据正常
b2	电源错误	DC 24V 电源故障	电源正常
b3	硬件错误	D-A 转换器故障或者其他硬件故障	没有硬件缺陷
b10	范围错误	数字输入或模拟输出值超出指定范围	输入或输出值在规定范围内
b12	G/O 调整禁止状态	BFM#21 没有设为“1”	可调整状态（BFM#21 = 1）

4. 模块识别缓冲寄存器 BFM#30

三菱 FX2N 系列的特殊模块的识别码是固化在 BFM#30 的缓冲寄存器中。FX2N -4DA 的识别码为 K3020，在使用时可在程序中设置一个识别码校对程序，对指令读/写模块进行确认。如果模块正确，则继续执行后续程序；如果不是，则通过显示报警，并停止执行后续程序。

5. 标定调整缓冲寄存器

（1）BFM#21 模块调整字

设置 BFM#21 = K1，允许调整；BFM#21 = K2，禁止调整。出厂值为 K1。

（2）BFM#8、BFM#9 通道调整字

FX2N-4DA 的调整通道字是由 BFM#8 和 BFM#9 的相应数据位决定的，如果要改变通道 CH1 ~ CH4 的偏移和增益值只有此命令输出后，当前值才会生效。其设置如图 5.5-5 所示。

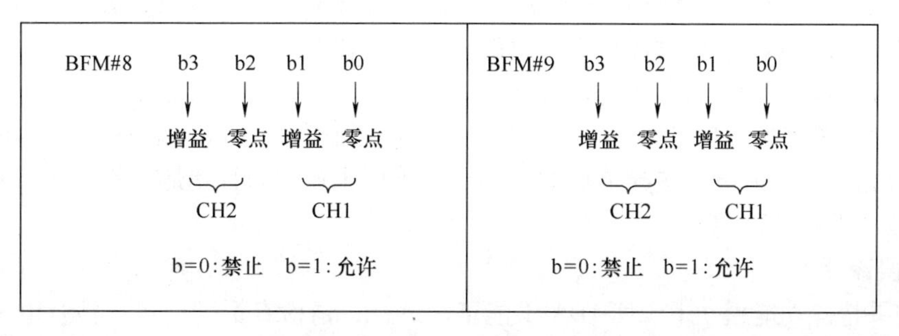

图 5.5-5　BFM#8、BFM#9 通道调整字

（3）BFM#10—BFM#17 零点与增益数据设置

FX2N-4DA 的4个通道的零点与增益调整值分别有 BFM#10 ~ BFM#17 共8个缓冲寄存器写入如图 5.5-6 所示，写入数据的单位是 mV 和 μA。出厂值所有零点都为 H000，所有增益都为 H5000。

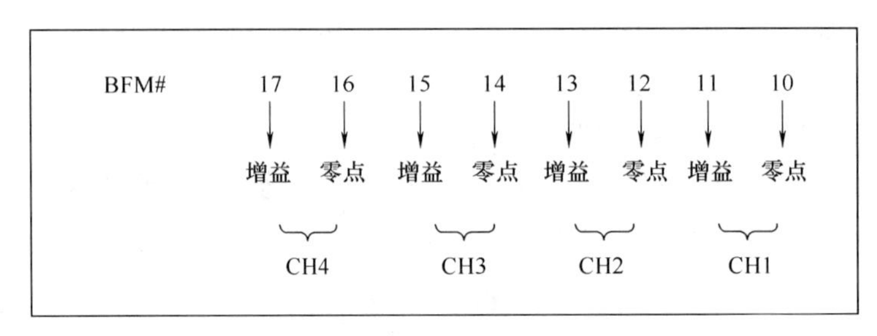

图 5.5-6　FX2N-4DA 零点增益数据调整

提示：

1）BFM#0、#5 和#21 的值保持在 FX2N-4DA 的 EEPROM 中。当使用增益/偏移设定命令 BFM#8、#9 时，BFM#10 ~ #17 的值将复制到 FX2N-4DA 的 EEPROM 中。同样，BFM#20 会导致 EEPROM 的复位。因此向内部 EEPROM 写入新值需要一定的时间，例如：BFM#10 ~ BFM#17 的指令之间大约需要3s 的延迟，因此，在向 BFM#10 ~ BFM#17 写入之前，必须使用延迟定时器。

2）EEPROM 的使用寿命大约是 10，000 次（改变），不要使用频繁修改这些 BFM 的程序。

6. BFM#20 复位缓冲寄存器

BFM#20 为复位缓冲寄存器，出厂值为 0。当 K1 写入到 BFM#20 时，恢复出厂值时，所有的值将被初始化。

四、FX2N-4DA 模块的检查与诊断

1. 初步检查

1）检查输入配线和/或扩展电缆是否正确连接到 FX2N-4DA 模拟特殊功能块上。

2）检查有无违背 FX2N 统配置规则。例如：特殊功能模块的数量不能超过 8 个，并且总的系统 I/O 点数不能超过 256 点。

3）确保应用中选择正确的输入模式和操作范围。

4）检查在 5V 或 24V 电源上有无过载。应注意：FX2N 主单元或者有源扩展单元的负载是根据所连接的扩展模块或特殊功能模块的数目而变化的。

5）设置 FX2N 主单元为 RUN 状态。

6）打开或关闭模拟信号的 24V DC 电源后，模拟输出将起伏大约 1s。这是由于 MPU 电源的延时或起动时刻的电压差异造成的。因此，确保采取预防性措施如图 5.5-7 所示，以避免输出的波动影响外部单元。

2. 错误诊断

1）如果特殊功能模块 FX2N-4DA 不能正常运行，请检查下列项目：检查电源 LED 指示灯的状态，如果指示灯亮说明扩展电缆正确连接；否则应检查扩展电缆的连接情况。

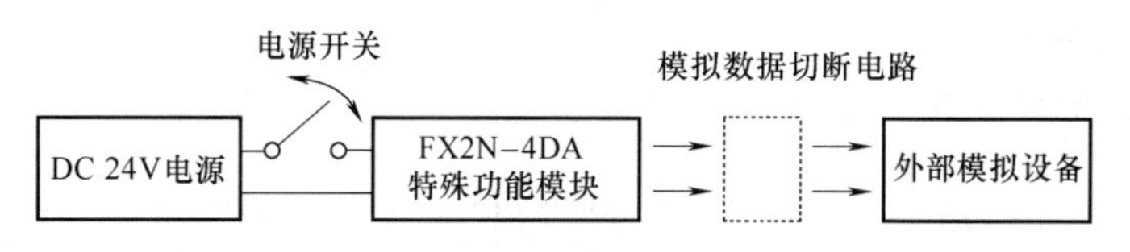

图 5.5-7 采取预防性措施示意图

2）检查外部配线情况。

3）检查“24V”LED 指示灯的状态（FX2N-4DA 的右上角），如果指示灯亮，说明 FX2N-4DA 正常，DC 24V 电源正常；否则，可能 2 是 DC 4V 电源故障，如果电源正常则是 FX2N-4DA 出现故障。

4）检查“D-A”LED 指示灯的状态（FX2N-4DA 的右上角），如果指示灯亮说明 D-A 转换正常运行；否则可能是环境条件不符合 FX2N-4DA，或者 FX2N-4DA 有故障。

应用实例 FX2N-4DA 模拟量输出模块的使用

控制要求如下：

1）FX2N-4DA 的模块位置编号为 1#。

2）4 个通道输出：CH1 和 CH2 做电压输出通道（－10～10V），CH3 做电流输出通道（4～20mA），CH4 做电流输出通道（0～20mA）。

3）当 PLC 停止时，输出继续保持。

根据控制要求分析可知，4 个通道的输出特性设置与出厂值一致，此时标定调整程序可省略，具体操作步骤如下：

步骤一：模块识别

根据控制要求可知，模块型号是 FX2N-4DA，其识别码为 K3020，安装位置编号为 0，其模块识别程序如图 5.5-8 所示。

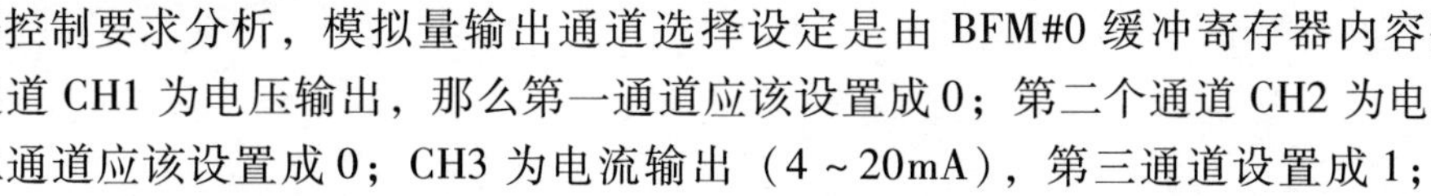

```
M8000
─┤ ├──┬─[FROM  K1  K30   D4   K1 ]   模块1# BFM#30数据（型号码）传到数据寄存器D4。
      └─[CMP  K3020   D4    M0 ]     当型号码设为K3020（FX2N-4AD），M1打开。
```

图 5.5-8 模块识别程序

步骤二：模拟量输出通道选择

根据控制要求分析，模拟量输出通道选择设定是由 BFM#0 缓冲寄存器内容决定的。第一个通道 CH1 为电压输出，那么第一通道应该设置成 0；第二个通道 CH2 为电压输出，那么第二通道应该设置成 0；CH3 为电流输出（4～20mA），第三通道设置成 1；CH4 为电流输出（0～20mA），第三通道设置成 2。因此，通道字是 H2100，程序如图 5.5-9 所示。

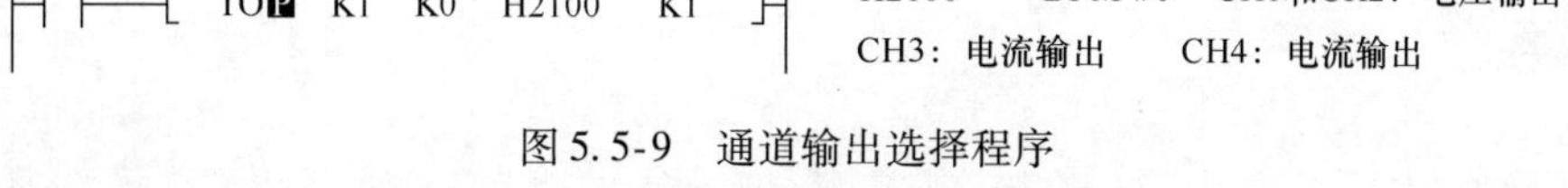

```
M1
─┤ ├───[ TOP  K1  K0  H2100  K1 ]   H2100 → BFM #0  CH1和CH2：电压输出
                                     CH3：电流输出   CH4：电流输出
```

图 5.5-9 通道输出选择程序

步骤三：输出保持

输出保持程序如图 5.5-10 所示。

```
M1
─┤ ├──[ TO  K1  K1  D0  K4 ]   D0→BFM #1(CH1输出) D1→BFM #2(CH2输出)
                                D2→BFM #3(CH3输出) D3→BFM #4(CH4输出)
```

图 5.5-10　通道输出保持程序

步骤四：判断转换是否输出

读 BFM#29 缓冲存储器中的内容，如果无错，则执行后续程序，程序如图 5.5-11 所示。

```
M1
─┤ ├──[ FROM  K1  K29  K4M10  K1 ]   BFM #29(b15~b0)→(M25~M10)
                                      读出状态数据
M10     M20
─┤/├────┤/├──────────────( M3 )
无错    输出数据不正常
```

图 5.5-11　判断转换是否输出程序

步骤五：合并程序

根据以上步骤所编制的程序进行合并优化，得到完整的程序如图 5.5-12 所示。

```
M8000
─┤ ├─┬─[ FROM  K1     K30  D4     K1 ]
     └─[ CMP   K3020       D4     M0 ]
M1
─┤ ├─┬─[ TOP   K1     K0   H2100  K1 ]
     ├─[ TO    K1     T1   D0     K4 ]
     └─[ FROM  K1     K29  K4M10  K1 ]

M10     M20
─┤/├────┤/├──────────────( M3 )
无错    输出数据不正常
```

图 5.5-12　完整的程序

第六章

PLC的通信控制

第一节　PLC通信的基本知识

PLC的通信就是指PLC与计算机、PLC与PLC、PLC与现场电气设备、PLC与远程I/O之间所进行的数据交换，常见的通信方式有并行和串行两种。

并行通信传输方式是指数据各位同时传送，所以传送的速度比较快。传送时可以用字并行传送或用字节并行传送，传送时用的数据线根数为字或字节的位数，因此缺点是用线比较多，传输的距离短，通常小于10m。

串行数据通信方式是一条信号线传送一种数据源，不同系统或计算机之间用几条信号线即可完成数据交换。其特点是传输的距离较长，但是传输速度较慢。

在进行数据通信时，需要有通信协议，即通信双方在数据传输控制中的一种规定，通信双方必须有规定的通信接口、通信格式、数据格式、同步方式、传输速率、纠错方式、控制字符等一系列的内容，通信双方必须同时遵守。一般通信协议应该包括两部分内容：一是硬件通信协议，即通信接口标准；二是软件通信协议。我们以串行数据通信为例来进行介绍。

一、硬件通信协议

串口是串行接口的简称，在PLC控制系统中，常采用的串口数据接口标准是RS-232和RS-485。

1. RS-232串行通信接口标准

RS-232C接口（又称EIA RS-232C），是目前最常用的一种串行通信接口。它是在1970年由美国电子工业协会（EIA）联合贝尔公司、调制解调器厂家及计算机终端生产厂家共同制定的用于串行通信的标准。它的全名是“数据终端设备（DTE）和数据通信设备（DCE）之间串行二进制数据交换接口技术标准”，它对连接电缆和机械要求、电气特性、信号功能及传送过程等做了具体的定义。目前，在PC机上的COM1、COM2接口都是RS-232接口。

（1）RS-232C的电气特性

RS-232C对电气特性、逻辑电平和各种信号线功能都做了规定。

在TXD和RXD上：逻辑1（MARK）= -3 ~ -15V；逻辑0（SPACE）=3 ~ 15V

在RTS、CTS、DSR、DTR和DCD等控制线上：信号有效（接通，ON状态，正电压）= 3 ~ 15V；信号无效（断开，OFF状态，负电压）= -3 ~ -15V。

以上规定说明了RS-323C标准对逻辑电平的定义。对于数据（信息码）：逻辑“1”（传号）的电平低于-3V，逻辑“0”（空号）的电平高于+3V。对于控制信号：接通状态

(ON) 即信号有效的电平高于 +3V，断开状态 (OFF) 即信号无效的电平低于 -3V，也就是当传输电平的绝对值大于3V 时，电路可以有效地检查出来，介于 -3 ~3V 之间的电压无意义，低于 -15V 或高于 +15V 的电压也认为无意义，因此，实际工作时，应保证电平在 ±(3 ~15) V之间。

(2) RS-232C 的物理接口 DB9 连接器

在计算机与终端通信中一般只使用 3 ~9 条引线。RS-232C 最常用的 9 条引线的 DB9 接口连接器，如图 6.1-1 所示，各引脚定义见表 6.1-1。

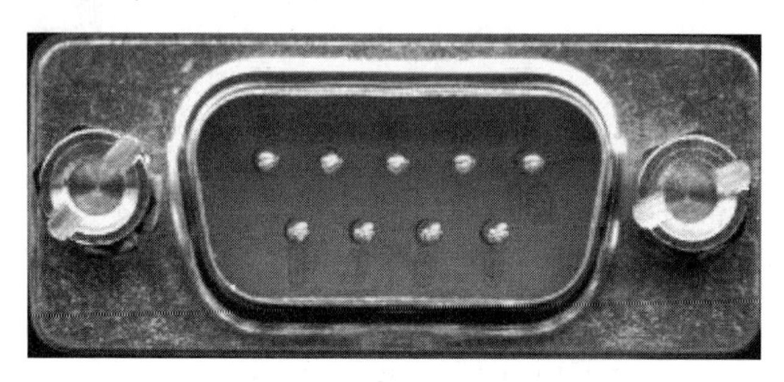

图 6.1-1　DB9 连接器示意图

表 6.1-1　RS-232C 接口引脚定义

DB9 引脚序号	信号名称	符号	流向	功能
3	发送数据	TXD	DTE→DCE	DTE 发送串行数据
2	接收数据	RXD	DTE←DCE	DTE 接收串行数据
7	请求发送	RTS	DTE→DCE	DTE 请求 DCE 将线路切换到发送方式
8	允许发送	CTS	DTE←DCE	DCE 告诉 DTE 线路已接通可以发送数据
6	数据设备准备好	DSR	DTE←DCE	DCE 准备好
5	信号地	GND		信号公共地
1	载波检测	DCD	DTE←DCE	表示 DCE 接收到远程载波
4	数据终端准备好	DTR	DTE→DCE	DTE 准备好
9	振铃指示	RI	DTE←DCE	表示 DCE 与线路接通，出现振铃

常见的 RS-232C 的接线标准是 3 条线，两根数据线和一根地线，即两个 RS-232C 设备的发送端 (TXD) 和接收端 (RXD) 及接地端 (GND)。这种方式分别将两端的 RS-232C 接口的 2—3，3—2，5 (7)—5 (7) 针脚连接起来。其中 2 是数据接收线 (RXD)，3 是数据发送线 (TXD)，5 (7) 是接地 (RND)，如图 6.1-2 所示。

(3) RS-232C 采用的电缆及长度

RS-232C 应采用屏蔽电缆。电缆长度：在通信速率低于 20kbit/s 时，RS-232C 所直接连接的最大物理距离为 15m；在 9600kbit/s 的时候可以达到 50m。因此 RS-232C 不能进行长距离

图 6.1-2　RS-232C 标准接线

传输。

（4）RS-232C 接口标准的不足

RS-232C 接口标准的不足之处，主要有以下 4 点。

1）接口的信号电平值较高，易损坏接口电路的芯片，又因为与 TTL 电平不兼容，故需使用电平转换电路方能与 TTL 电路连接。

2）传输速率较低，在异步传输时，波特率为 20kbit/s。

3）接口使用一根信号线和一根信号返回线而构成共地的传输形式，这种共地传输容易产生共模干扰，所以抗噪声干扰性弱。

4）传输距离有限，最大传输距离在 50m 左右。

2. RS-485 串行通信接口标准

针对 RS-232C 接口的不足，陆续出现了一些新的接口标准，RS-485 就是其中之一。

RS-485 串行通信接口标准的特点如下：

1）RS-485 的电气特性：逻辑“1”以两线间的电压差为 +（2 ~6）V 表示；逻辑“0”以两线间的电压差为 -（2 ~6）V 表示。接口信号电平比 RS-232C 降低了，就不易损坏接口电路的芯片，且该电平与 TTL 电平兼容，可方便与 TTL 电路连接。

2）RS-485 的数据最高传输速率为 10Mbit/s。

3）RS-485 接口是采用平衡驱动器和差分接收器的组合，抗共模干能力增强，即抗噪声干扰性好。

4）RS-485 接口的最大传输距离可达 3000m，另外 RS-232C 接口在总线上只允许连接 1 个收发器，即单站能力。而 RS-485 接口在总线上是允许连接多达 128 个收发器。即具有多站能力，这样用户可以利用单一的 RS-485 接口方便地建立起设备网络。

5）RS-485 接口组成的半双工网络，一般只需两根连线（一般叫 AB 线），所以 RS-485 接口均采用屏蔽双绞线传输。因此，RS-485 现已成为首选的串口通信接口标准。

3. RS-485 物理接口

RS-485 接口组成的半双工网络，一般只需两根连线，所以 RS-485 接口均采用屏蔽双绞线传输。RS-485 接口连接器采用 DB-9 的 9 芯插头座，与智能终端 RS-485 接口采用 DB-9（孔），与键盘连接的键盘接口 RS-485 采用 DB-9（针）。普通的 PC 不带 RS-485 接口，但是工业工控机基本都有此配置。在变频器、PLC 中有的直接用接线端子进行双绞线连接，还有的使用水晶头 J45 或 RJ11。

RS-485 端口接线有二线制和四线制两种方式，如图 6. 1-3、图 6. 1-4 所示。接线图中的电阻 R 为终端电阻，终端电阻接在传输总线的两端。RS-485 需要 2 个终端电阻，其阻值要求等于传输电缆的特性阻抗。在短距离传输时可不需接终端电阻，即一般在 300m 以下不需接终端电阻。

二、软件通信协议

习惯上将仅需要对传输的数据格式、传输速率等参数进行简单设定即可以实现数据交换的通信，称为“无协议通信”。而将需要安装的专用通信工具软件，通过工具软件中的程序对数据进行专门处理的通信，称为“专用协议通信”。

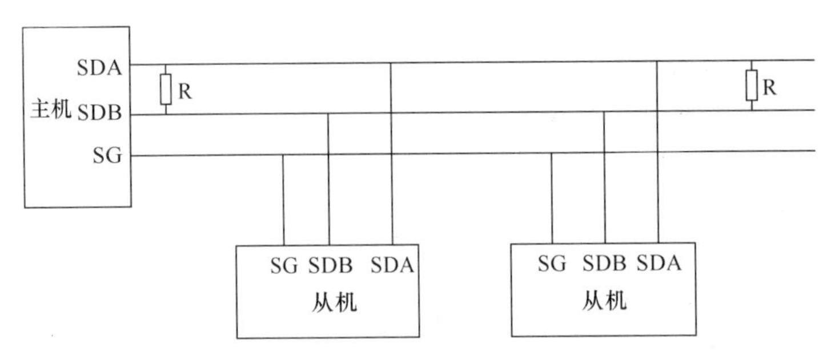

图 6.1-3　二线制接线图

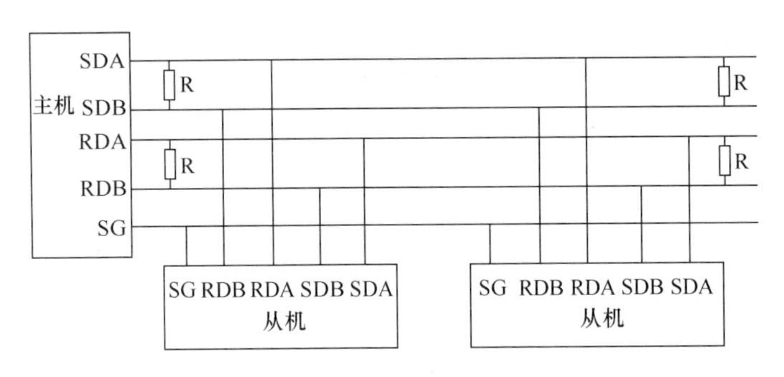

图 6.1-4　四线制接线图

1. 无协议通信

无协议通信是仅需要对数据格式、传输速率、起始/停止码等进行简单设定，PLC 与外部设备间进行直接数据发送与接收的通信方式。

无协议通信一般需要通过特殊的 PLC 应用指令进行。在数据传输过程中，可以通过应用指令的控制进行数据格式的转换，如 ASCII 码与 HEX（十六进制）的转换、帧格式的转换等。无协议通信的优点是外部设备不需要安装专用通信软件，因此，可以用于很多简单外设如打印机、条形码阅读器等的通信。

2. 专用协议通信

专用协议通信是指通过在外部设备上安装 PLC 专用通信工具软件，进行 PLC 与外部设备之间数据交换的通信方式。

专用协议通信的优点是可以直接使用外部设备进行 PLC 程序、PLC 的编程元件状态的读出、写入、编辑，特殊功能模块的缓冲寄存器读写等；还可以通过远程指令控制 PLC 的运行与停止，或进行 PLC 的运行状态监控等。但外部设备应保证能够安装，且必须安装 PLC 通信所需要专用的工具软件。一般而言，在安装了专用的工具软件后，外部设备可以自动创建通信应用程序，无须 PLC 编程即可直接进行通信。

3. 双向协议通信

双向协议通信是通过通信接口，使用 PLC 通信模块的信息格式与外部设备进行数据发送与接收的通信方式。双向协议通信一般只能用于 1:1 连接方式，并需要通过特殊的 PLC 应用指令进行。在数据传输过程中，可以通过应用指令的控制进行数据格式的转换，如 ASCII 码与 HEX（十六进制）的转换、帧格式的转换等。

双向协议通信数据在发送与接收时，一般需要进行“和”校验。双向协议通信的外部设备如果能够按照通信模块的信息格式发送/接收数据，则不需要安装专用通信软件。通信过程中，需要通过数据传送响应信息 ACK、NAK 等进行应答。

第二节　PLC 网络通信

PLC 的通信是实现工厂自动化的重要途径，是通过硬件和软件来实现的。硬件上有专门的通信接口和通信模块；软件上有现成的通信功能指令和上位通信程序。PLC 的通信包括 PLC 之间，PLC 与上位计算机和其他智能设备之间的通信。三菱公司 FX 系列可编程控制器支持 N: N 网络通信、并行链接通信、计算机链接、无协议通信和可选编程端口 5 种类型的通信。本节主要讲解通信模块和 PLC 与 PLC 之间的网络通信。

一、通信接口模块介绍

PLC 的通信模块主要是用来完成与别的 PLC、其他智能控制设备或计算机之间的通信。下面我们来简单地介绍 FX 系列通信用功能扩展板、适配器及通信模块。

1. 通信扩展板 FX2N-232-BD

如图 6.2-1 所示，FX2N-232-BD 是以 RS-232C 传输标准连接 PLC 与其他设备的接口板，如个人计算机、条码阅读器或打印机等。可安装在 FX2N 内部。其最大传输距离为 15m，最高波特率为 19200bit/s，利用专用软件可实现对 PLC 运行状态监控，也可方便的由个人计算机向 PLC 传送程序。

2. 通信接口模块 FX2N-232IF

如图 6.2-2 所示，FX2N-232IF 连接到 FX2N 系列 PLC 上，可实现与其他配有 RS-232C 接口的设备进行全双工串行通信。例如个人计算机、打印机、条形码读出器等。在 FX2N 系列上最多可连接 8 块 FX2N-232IF 模块。用 FROM/TO 指令收发数据，最大传输距离为 15m，最高波特率为 19200bit/s，占用 8 个 I/O 点。数据长度、串行通信波特率等都可由特殊数据寄存器设置。

图 6.2-1　FX2N-232-BD

图 6.2-2　FX2N-232IF

3. 通信扩展板 FX2N-485-BD

如图 6.2-3 所示，FX2N-485-BD 用于 RS-485 通信方式。它可以应用于无协议的数据传送。FX2N-485-BD 在原协议通信方式时，利用 RS 指令在个人计算机、条码阅读器、打印机之间进行数据传送。传送的最大传输距离为 50m，最高波特率也为 19200bit/s。每一台 FX2N 系列 PLC 可安装一块 FX2N-485-BD 通信板，可以实现两台 FX2N 系列 PLC 之间的并联通信。

4. 通信扩展板 FX2N-422-BD

如图 6.2-4 所示，FX2N-422-BD 应用于 RS-422 通信。可连接 FX2N 系列的 PLC 上，并作为编程或控制工具的一个端口。可用此接口在 PLC 上连接 PLC 的外部设备、数据存储单元和人机界面。利用 FX2N-422-BD 可连接两个数据存储单元（DU）或一个 DU 系列单元和一个编程工具，但一次只能连接一个编程工具。每一个基本单元只能连接一个 FX2N-422-BD，且不能与 FX2N-485-BD 或 FX2N-232-BD 一起使用。

图 6.2-3　FX2N-485-BD

图 6.2-4　FX2N-422-BD

二、PLC 网络的 1:1 通信方式

PLC 网络的 1:1 通信（并行链接通信）是两台 PLC 之间直接通信，类似于计算机通信中的“点对点通信”。如图 6.2-5 所示是两台 FX2N 主单元用两块 FX2N-485-BD 模块连接的通信配置图。两台 PLC 之间通信，是利用通信参数设置主、从及通信方式。主站是对网络中其他设备发出初始化请求。从站只能响应主站的请求，不能发出初始化请求。这种通信方式，主站和从站是同时工作的，两个 PLC 都需要编写程序，数据的传送是通过 100 个继电器和 10 个 D 寄存器来完成。

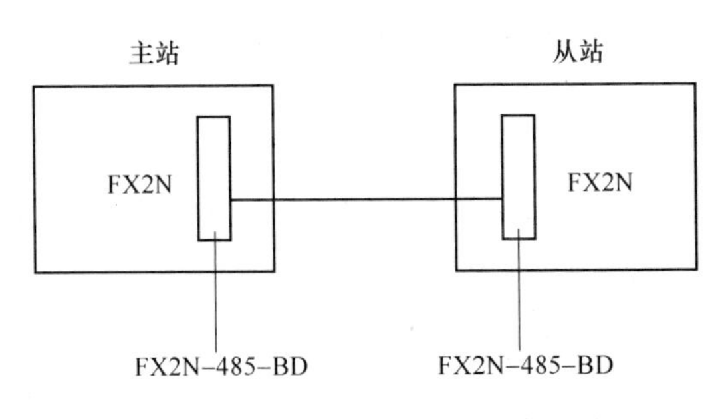

图 6.2-5　PLC 网络的 1:1 通信方式

三、PLC 的 *N*:*N* 网络通信

N:*N* 通信方式又称为令牌总线通信方式，是采用令牌总线存取控制技术，在总线结构上的 PLC 子网上有 *N* 个站，它们地位平等没有主站与从站之分，也可以说 *N* 个站都是主站，所以称之为 *N*:*N* 通信方式。如图 6.2-6 所示是 PLC 的 *N*:*N* 网络通信系统配置。

N:*N* 通信方式在物理总线上组成一个逻辑环，让一个令牌在逻辑环中按一定方向依次流动，获得令牌的站就取得了总线使用权，令牌总线存取控制方式限定每个站的令牌有时间，保证在令牌循环一周时每个站都有机会获得总线使用权，并提供优先级服务。取得令牌的站采用什么样的数据传送数据方式对实时性影响非常明显。如果采用无应答数据传送方式，取得令牌的站可以立即向目的站发送数据，发送结束，通信过程也就完成了。如果采用有应答数据传送方式，取得令牌的站向目的站发送完数据后并不算通信完成，必须等目的站获得令牌并把响应帧发给发送站后，整个通信过程结束。这样一来响应明显增长，而使实时

性下降。

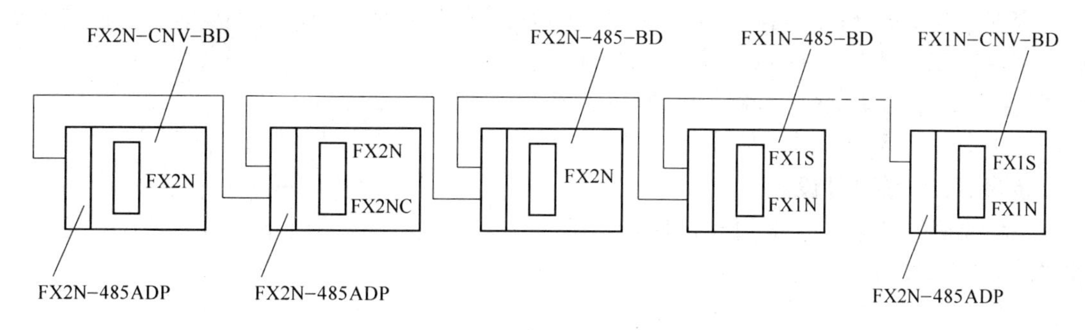

图 6.2-6　*N*: *N* 网络通信系统配置

四、PLC 与控制设备之间的通信方式

PLC 与控制设备之间通信方式实际是 1: *N* 的主从总线通信式，这是在 PLC 通信网络上采用的一种通信方式。在总线结构的 PLC 子网上有 *N* 个站，其中只有一个主站，其他皆是从站，把 PLC 作为主站，其余的设备可为从站，如图6.2-7 所示。主站与任一从站可实现单向或双向数据传送，从站与从站之间不能互相通信，如果有从站之间的数据传送则通过主站中转。主站编写通信程序，可对从站进行读写控制，控制从站的运行和修改从站的参数，也可以读取从站参数及运行状态作为监控与显示信息显示在触摸屏或文本控制器上。从站只设定相关的通信协议参数。

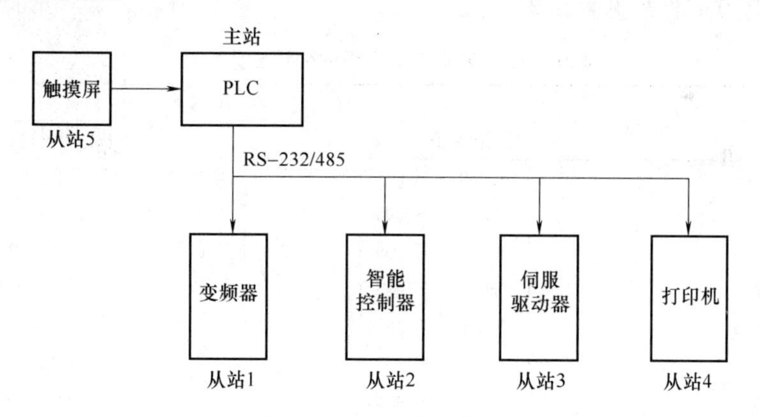

图 6.2-7　1: *N* 的主从总线通信式

应用实例 1　PLC 的 1:1 网络通信控制

由两台 FX2N PLC 组成的 1: 1 通信控制系统中，控制要求如下：

1）主站点的输入 X000 ~ X007 的 ON/OFF 状态输出到从站点的 Y000 ~ Y007。

2）当主站点的计算结果（D0 + D2）大于 100 时，从站点 Y010 导通。

3）从站点的 M0 ~ M7 的 ON/OFF 状态输出到主站点的 Y000 ~ Y007。

4）从站点中 D10 的值被用来设置主站点中的定时器。

具体操作步骤：

步骤一：硬件配置

根据控制要求分析，当两个 FX 系列的可编程序控制器的主单元分别安装一块通信模块后，用单根双绞线连接即可，图 6.2-8 为两台 FX2N 主单元用两块 FX2N-485-BD 模块连接通信配置图。

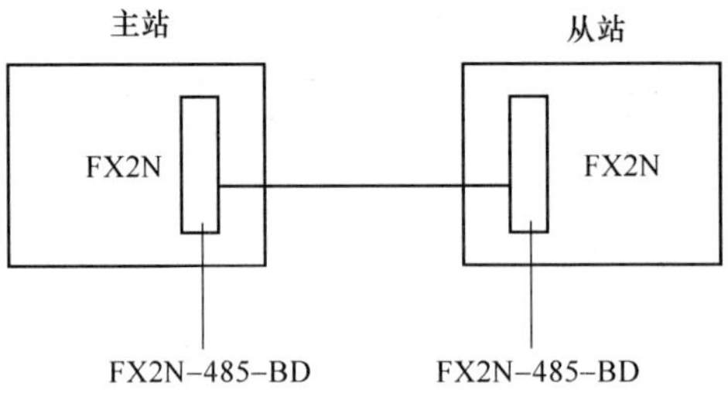

图 6.2-8　1:1 通信连接图

步骤二：系统软件设计

PLC 通信的基本思想是构建硬件连接网络，通过编写梯形图程序，读取各站点 PLC 的公用软元件数据即可。

1. 相关标志和数据寄存器

对于 FX1N/FX2N/FX2NC 型号的可编程序控制器，使用 *N*: *N* 网络通信辅助继电器。其中 M8038 用来设置网络参数，M8183 在主站点通信错误时为 ON，M8184 ~ M8190 在从站点产生错误时为 ON（第 1 个从站点 M8184，第 7 个从站点 M8190），M8191 在与其他站点通信时为 ON。

数据寄存器 D8176 设置站点号，0 为主站点，1 ~7 为从站点号。D8177 设定从站点的总数，设定值 1 为 1 个从站点，2 为两个从站点。D8178 设定刷新范围，0 为模式 0（默认值），1 为模式 1，2 为模式 2。D8179 主站设定通信重试次数，设定值为 0 ~ 10。D8180 设定主站点和从站点间通信驻留时间，设定值为 5 ~255，对应时间为 50 ~2550ms。

在下面的通信程序中采用通信模式 1，此处给出模式 1 情况下（FX1N/FX2N/FX2NC），各站点中的公用软元件号见表 6.2-1。

表 6.2-1　模式 1 情况下的公用软元件号

站点号	软元件号	
	位软元件（M）32 点	字软元件（D）4 点
第 0 号	M1000 ~ M1031	D0 ~ D3
第 1 号	M1064 ~ M1095	D10 ~ D13
第 2 号	M1128 ~ M1159	D20 ~ D23
第 3 号	M1192 ~ M1223	D30 ~ D33
第 4 号	M1256 ~ M1287	D40 ~ D43
第 5 号	M1320 ~ M1351	D50 ~ D53
第 6 号	M1384 ~ M1415	D60 ~ D63
第 7 号	M1448 ~ M1479	D70 ~ D73

2. 通信程序编制

编程时设定主站和从站，应用特殊继电器在两台可编程序控制器间进行自动的数据传送，很容易实现数据通信连接。主站和从站的设定由 M8070 和 M8071 设定，另外并行连接有一般和高速两种模式，由 M8162 的接通与断开来设定。

该配置选用一般模式（特殊辅助继电器 M8162 为 OFF）时，主从站的设定和通信用辅助继电器和数据寄存器如图 6.2-9 所示。

（1）根据控制要求主站点梯形图（见图 6.2-10）。

（2）从站点梯形图（见图 6.2-11）。

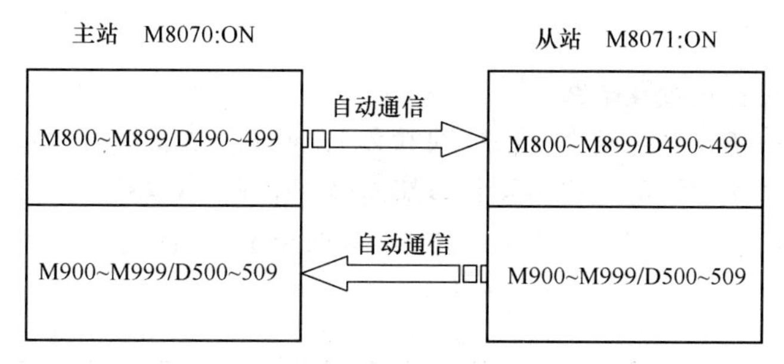

图 6.2-9　一般模式下的通信连接

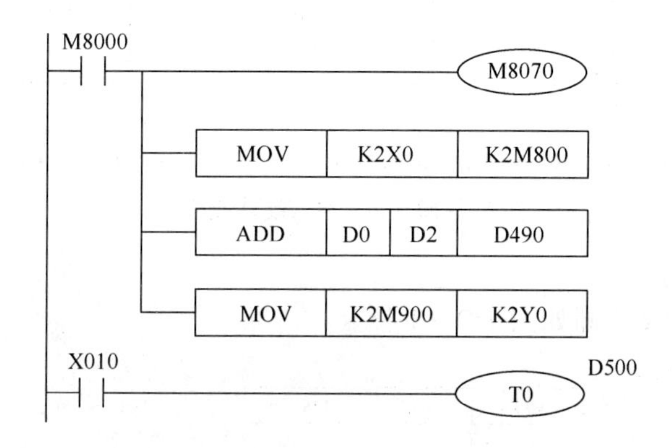

图 6.2-10　1:1 通信主站点梯形图

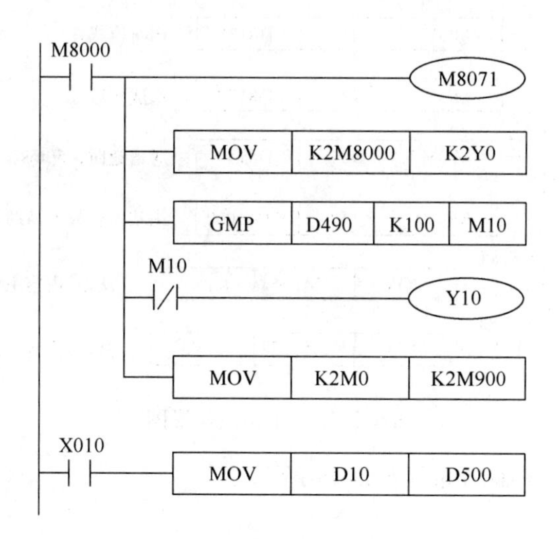

图 6.2-11　1:1 通信从站点梯形图

应用实例 2　PLC 的 1:2 网络通信控制

由三台 PLC 相互通信的控制系统，其控制要求如下：

1） 主站点的输入点 X000 ~ X003 输出到从站点 1 和 2 的输出点 Y010 ~ Y013。

2） 从站点 1 的输入点 X000 ~ X003 输出到主站点和从站点 2 的输出点 Y014 ~ Y017。

3） 从站点 2 的输入点 X000 ~ X003 输出到主站点和从站点 1 的输出点 Y020 ~ Y023。

具体操作步骤：

步骤一：网络硬件配置及电路

根据控制要求分析，系统硬件结构如图 6.2-12 所示，该系统有 3 个站点，其中一个主站，两个从站，每个站点的可编程序控制器都连接一个 FX2N-485-BD 通信板，通信板之间用单根双绞连接。刷新范围选择模式 1，重试次数选择 3，通信超时选 50ms。

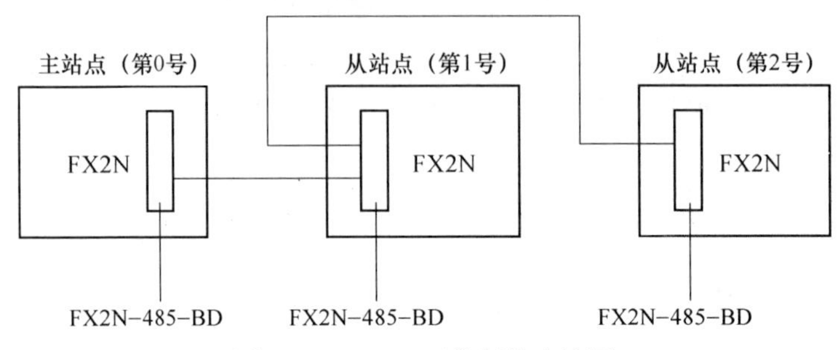

图 6.2-12　1∶2 通信硬件连接图

步骤二：通信程序

1）主站点的梯形图编制如图 6.2-13 所示。

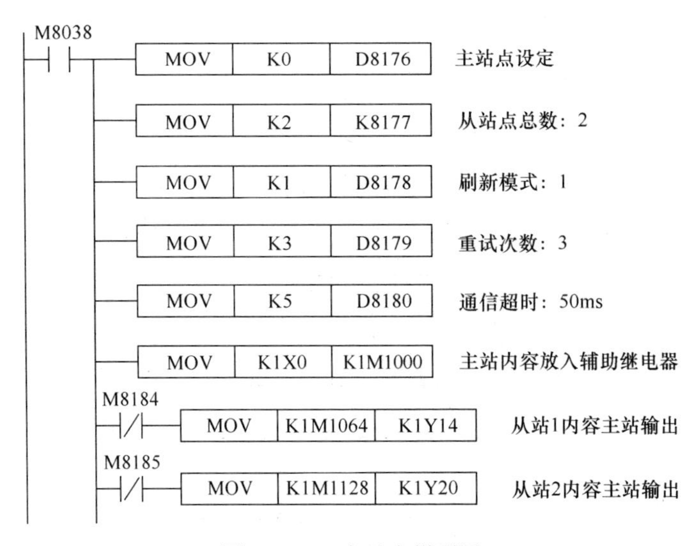

图 6.2-13　主站点梯形图

2）从站点 1 的梯形图编制如图 6.2-14 所示。

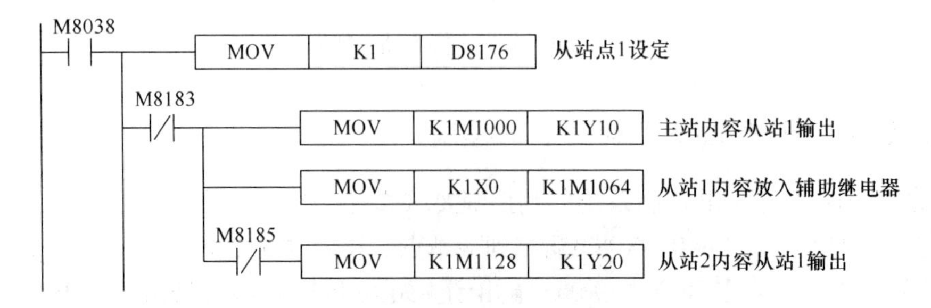

图 6.2-14　从站点 1 梯形图

3）从站点 2 的梯形图编制如图 6.2-15 所示。

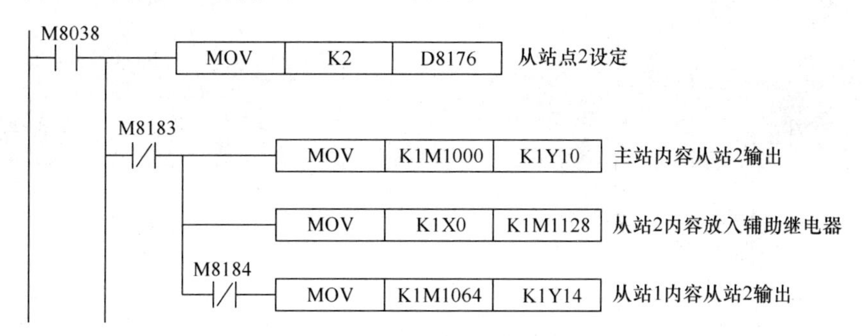

图 6.2-15　从站点 2 梯形图

附　录

FX 系列 PLC 功能指令表

分类	编号	助记符	指令名称	适用机型				
				FX0N	FX1S	FX1N	FX2N	FX2NC
程序流向控制指令	0	CJ	条件跳转	√	√	√	√	√
	1	CALL	子程序调用	×	√	√	√	√
	2	SERT	子程序返回	×	√	√	√	√
	3	IRET	中断返回	√	√	√	√	√
	4	EI	允许中断	√	√	√	√	√
	5	DI	禁止中断	√	√	√	√	√
	6	FEND	主程序结束	√	√	√	√	√
	7	WDT	警戒时钟	√	√	√	√	√
	8	FOR	循环开始	√	√	√	√	√
	9	NEXT	循环结束	√	√	√	√	√
数据比较及传送指令	10	CMP	比较	√	√	√	√	√
	11	ZCP	区间比较	√	√	√	√	√
	12	MOV	传送	√	√	√	√	√
	13	SMOV	移位传送	×	×	×	√	√
	14	CML	取反传送	×	×	×	√	√
	15	BMOV	块传送	√	√	√	√	√
	16	FMOV	多点传送	×	×	×	√	√
	17	XCH	数据交换	×	×	×	√	√
	18	BCD	BCD 码转换	√	√	√	√	√
	19	BIN	二进制码转换	√	√	√	√	√
四则运算及逻辑运算指令	20	ADD	二进制加法	√	√	√	√	√
	21	SUB	二进制减法	√	√	√	√	√
	22	MUL	二进制乘法	√	√	√	√	√
	23	DIV	二进制除法	√	√	√	√	√
	24	INC	二进制加 1	√	√	√	√	√
	25	DEC	二进制减 1	√	√	√	√	√
	26	WAND	逻辑与	√	√	√	√	√
	27	WOR	逻辑或	√	√	√	√	√
	28	WXOR	异或	√	√	√	√	√
	29	NEG	求补	×	×	×	√	√

（续）

分类	编号	助记符	指令名称	适用机型				
				FX0N	FX1S	FX1N	FX2N	FX2NC
循环及移位指令	30	ROR	循环右移	×	×	×	√	√
	31	ROL	循环左移	×	×	×	√	√
	32	RCR	带进位循环右移	×	×	×	√	√
	33	RCL	带进位循环左移	×	×	×	√	√
	34	SFTR	位右移	√	√	√	√	√
	35	SFTL	位左移	√	√	√	√	√
	36	WSFR	字右移	×	×	×	√	√
	37	WSFL	字左移	×	×	×	√	√
	38	SFWR	先进先出（FIFO）写入	×	√	√	√	√
	39	SFRD	先进先出（FIFO）读出	×	√	√	√	√
数据处理指令	40	ZRST	成批复位	√	√	√	√	√
	41	DECO	解码	√	√	√	√	√
	42	ENCO	编码	√	√	√	√	√
	43	SUM	置 1 位数总和	×	×	×	√	√
	44	BON	置 1 位数判别	×	×	×	√	√
	45	MEAN	平均值	×	×	×	√	√
	46	ANS	信号报警器置位	×	×	×	√	√
	47	ANR	信号报警器复位	×	×	×	√	√
	48	XCH	二进制平方根	×	×	×	√	√
	49	FTL	二进制整数转换为二进制浮点	×	×	×	√	√
高速处理指令	50	REF	I/O 刷新	√	√	√	√	√
	51	REFF	输入滤波时间常数调整	×	×	×	√	√
	52	MTR	矩阵输入	×	√	√	√	√
	53	HSCS	高速计数器置位	√	√	√	√	√
	54	HSCR	高速计数器复位	√	√	√	√	√
	55	HSZ	高速计数区间比较	×	×	×	√	√
	56	SPD	速度检测	×	√	√	√	√
	57	PLSY	脉冲输出	√	√	√	√	√
	58	PWM	脉宽调制	√	√	√	√	√
	59	PLSR	可调脉冲输出	×	√	√	√	√
方便指令	60	IST	状态初始化	√	√	√	√	√
	61	SER	数据检索	×	×	×	√	√
	62	ABSD	绝对值式凸轮顺控	×	√	√	√	√
	63	INCD	增量式凸轮顺控	×	√	√	√	√
	64	TTMR	示教定时器	×	×	×	√	√
	65	STMR	特殊定时器	×	×	×	√	√
	66	ALT	交替输出	√	√	√	√	√
	67	RAMP	谐波信号输出	√	√	√	√	√
	68	ROTC	旋转工作台	×	×	×	√	√
	69	SOTR	数据整理排列	×	×	×	√	√

（续）

分类	编号	助记符	指令名称	适用机型				
				FX0N	FX1S	FX1N	FX2N	FX2NC
外部I/O设备指令	70	TKY	十键输入	×	×	×	√	√
	71	HKY	十六键输入	√	√	√	√	√
	72	DSW	数字开关	×	√	√	√	√
	73	SEGD	七段译码	×	×	×	√	√
	74	SEGL	带锁存七段译码显示	×	√	√	√	√
	75	ARWS	方向开关	×	×	×	√	√
	76	ASC	ASCII 码转换	×	×	×	√	√
	77	PR	ASCII 码打印输出	×	×	×	√	√
	78	FROM	读特殊功能模块	√	√	√	√	√
	79	TO	写特殊功能模块	√	√	√	√	√
外部(SER)设备指令	80	RS	串行数据传送	×	√	√	√	√
	81	PRUN	并行数据传送	×	√	√	√	√
	82	ASCI	十六进制转换为 ASCII 码	×	√	√	√	√
	83	HEX	ASCII 码转换为十六进制	×	√	√	√	√
	84	CCD	校验码	×	√	√	√	√
	85	VRRD	模拟量读出	×	√	√	√	√
	86	VRSC	模拟量开关设定	×	√	√	√	√
	87							
	88	PID	PID 运算	×	√	√	√	√
	89							
浮点运算指令	110	ECMP	二进制浮点比较指令	×	×	×	√	√
	111	EZCP	二进制浮点区间比较指令	×	×	×	√	√
	118	EBCD	二进制浮点转换为十进制浮点	×	×	×	√	√
	119	EBIN	十进制浮点转换为二进制浮点	×	×	×	√	√
	120	EADD	二进制浮点加法	×	×	×	√	√
	121	ESUB	二进制浮点减法	×	×	×	√	√
	122	EMUL	二进制浮点乘法	×	×	×	√	√
	123	EDIV	二进制浮点除法	×	×	×	√	√
	127	ESQR	二进制浮点开方	×	×	×	√	√
	129	INT	二进制浮点转换为二进制整数	×	×	×	√	√
浮点运算指令	130	SIN	浮点 SIN 运算	×	×	×	√	√
	131	COS	浮点 COS 运算	×	×	×	√	√
	132	TAN	浮点 TAN 运算	×	×	×	√	√
	147	SWAP	高低位变换	×	×	×	√	√
点位控制指令	155	ABS	当前绝对位值读取	×	√	√	×	×
	156	ZRN	回原点	×	√	√	×	×
	157	PLSV	变速脉冲输出	×	√	√	×	×
	158	DRVI	增量驱动	×	√	√	×	×
	159	DRVA	绝对位置驱动	×	√	√	×	×

（续）

分类	编号	助记符	指令名称	适用机型				
				FX0N	FX1S	FX1N	FX2N	FX2NC
时钟运算指令	160	TCMP	时钟数据比较	×	√	√	√	√
	161	TZCP	时钟数据区间比较	×	√	√	√	√
	162	TADD	时钟数据加法	×	√	√	√	√
	163	TSUB	时钟数据减法	×	√	√	√	√
	166	TRD	时钟数据读出	×	√	√	√	√
	167	TWR	时钟数据写入	×	√	√	√	√
	169	HOUR	计时仪	×	√	√	×	×
格雷码指令	170	GRY	格雷码变换	×	×	×	√	√
	171	GBIN	格雷码逆变换	×	×	×	√	√
	176	RD3A	模拟块读出	×	×	√	×	×
	177	WR3A	模拟块写入	×	×	√	×	×
触点比较指令	224	LD =	[S1] = [S2]	×	√	√	√	√
	225	LD >	[S1] > [S2]	×	√	√	√	√
	226	LD <	[S1] < [S2]	×	√	√	√	√
	228	LD< >	[S1] ≠ [S2]	×	√	√	√	√
	229	LD≤	[S1] ≤ [S2]	×	√	√	√	√
	230	LD≥	[S1] ≥ [S2]	×	√	√	√	√
	232	AND =	[S1] = [S2]	×	√	√	√	√
	233	AND >	[S1] > [S2]	×	√	√	√	√
	234	AND <	[S1] < [S2]	×	√	√	√	√
	236	AND < >	[S1] ≠ [S2]	×	√	√	√	√
	237	AND≤	[S1] ≤ [S2]	×	√	√	√	√
	238	AND≥	[S1] ≥ [S2]	×	√	√	√	√
	240	OR	[S1] = [S2]	×	√	√	√	√
	241	OR >	[S1] > [S2]	×	√	√	√	√
	242	OR <	[S1] < [S2]	×	√	√	√	√
	244	OR < >	[S1] ≠ [S2]	×	√	√	√	√
	245	OR≤	[S1] ≤ [S2]	×	√	√	√	√
	246	OR≥	[S1] ≥ [S2]	×	√	√	√	√

分类	FNC NO.	指令助记符	功能说明	对应不同型号的 PLC				
				FX0S	FX0N	FX1S	FX1N	FX2N FX2NC
程序流程	00	CJ	条件跳转	P	P	P	P	P
	01	CALL	子程序调用	Î	Î	P	P	P
	02	SRET	子程序返回	Î	Î	P	P	P
	03	IRET	中断返回	P	P	P	P	P
	04	EI	开中断	P	P	P	P	P
	05	DI	关中断	P	P	P	P	P
	06	FEND	主程序结束	P	P	P	P	P
	07	WDT	监视定时器刷新	P	P	P	P	P
	08	FOR	循环的起点与次数	P	P	P	P	P
	09	NEXT	循环的终点	P	P	P	P	P

（续）

分　类	FNC NO.	指令助记符	功 能 说 明	对应不同型号的 PLC				
				FX0S	FX0N	FX1S	FX1N	FX2N FX2NC
传送与比较	10	CMP	比较	P	P	P	P	P
	11	ZCP	区间比较	P	P	P	P	P
	12	MOV	传送	P	P	P	P	P
	13	SMOV	位传送	Î	Î	Î	Î	P
	14	CML	取反传送	Î	Î	Î	Î	P
	15	BMOV	成批传送	Î	P	P	P	P
	16	FMOV	多点传送	Î	Î	Î	Î	P
	17	XCH	交换	Î	Î	Î	Î	P
	18	BCD	二进制转换成 BCD 码	P	P	P	P	P
	19	BIN	BCD 码转换成二进制	P	P	P	P	P
算术与逻辑运算	20	ADD	二进制加法运算	P	P	P	P	P
	21	SUB	二进制减法运算	P	P	P	P	P
	22	MUL	二进制乘法运算	P	P	P	P	P
	23	DIV	二进制除法运算	P	P	P	P	P
	24	INC	二进制加 1 运算	P	P	P	P	P
	25	DEC	二进制减 1 运算	P	P	P	P	P
	26	WAND	字逻辑与	P	P	P	P	P
	27	WOR	字逻辑或	P	P	P	P	P
	28	WXOR	字逻辑异或	P	P	P	P	P
	29	NEG	求二进制补码	Î	Î	Î	Î	P
循环与移位	30	ROR	循环右移	Î	Î	Î	Î	P
	31	ROL	循环左移	Î	Î	Î	Î	P
	32	RCR	带进位右移	Î	Î	Î	Î	P
	33	RCL	带进位左移	Î	Î	Î	Î	P
	34	SFTR	位右移	P	P	P	P	P
	35	SFTL	位左移	P	P	P	P	P
	36	WSFR	字右移	Î	Î	Î	Î	P
	37	WSFL	字左移	Î	Î	Î	Î	P
	38	SFWR	FIFO（先入先出）写入	Î	Î	P	P	P
	39	SFRD	FIFO（先入先出）读出	Î	Î	P	P	P
数据处理	40	ZRST	区间复位	P	P	P	P	P
	41	DECO	解码	P	P	P	P	P
	42	ENCO	编码	P	P	P	P	P
	43	SUM	统计 ON 位数	Î	Î	Î	Î	P
	44	BON	查询位某状态	Î	Î	Î	Î	P
	45	MEAN	求平均值	Î	Î	Î	Î	P
	46	ANS	报警器置位	Î	Î	Î	Î	P
	47	ANR	报警器复位	Î	Î	Î	Î	P
	48	SQR	求平方根	Î	Î	Î	Î	P
	49	FLT	整数与浮点数转换	Î	Î	Î	Î	P

（续）

分　类	FNC NO.	指令助记符	功 能 说 明	对应不同型号的 PLC				
				FX0S	FX0N	FX1S	FX1N	FX2N FX2NC
高速处理	50	REF	输入输出刷新	P	P	P	P	P
	51	REFF	输入滤波时间调整	Î	Î	Î	Î	P
	52	MTR	矩阵输入	Î	Î	P	P	P
	53	HSCS	比较置位（高速计数用）	Î	P	P	P	P
	54	HSCR	比较复位（高速计数用）	Î	P	P	P	P
	55	HSZ	区间比较（高速计数用）	Î	Î	Î	Î	P
	56	SPD	脉冲密度	Î	Î	P	P	P
	57	PLSY	指定频率脉冲输出	P	P	P	P	P
	58	PWM	脉宽调制输出	P	P	P	P	P
	59	PLSR	带加减速脉冲输出	Î	Î	P	P	P
方便指令	60	IST	状态初始化	P	P	P	P	P
	61	SER	数据查找	Î	Î	Î	Î	P
	62	ABSD	凸轮控制（绝对式）	Î	Î	P	P	P
	63	INCD	凸轮控制（增量式）	Î	Î	P	P	P
	64	TTMR	示教定时器	Î	Î	Î	Î	P
	65	STMR	特殊定时器	Î	Î	Î	Î	P
	66	ALT	交替输出	P	P	P	P	P
	67	RAMP	斜波信号	P	P	P	P	P
	68	ROTC	旋转工作台控制	Î	Î	Î	Î	P
	69	SORT	列表数据排序	Î	Î	Î	Î	P
外部 I/O 设备	70	TKY	10 键输入	Î	Î	Î	Î	P
	71	HKY	16 键输入	Î	Î	Î	Î	P
	72	DSW	BCD 数字开关输入	Î	Î	P	P	P
	73	SEGD	七段码译码	Î	Î	Î	Î	P
	74	SEGL	七段码分时显示	Î	Î	P	P	P
	75	ARWS	方向开关	Î	Î	Î	Î	P
	76	ASC	ASCI 码转换	Î	Î	Î	Î	P
	77	PR	ASCI 码打印输出	Î	Î	Î	Î	P
	78	FROM	BFM 读出	Î	P	Î	P	P
	79	TO	BFM 写入	Î	P	Î	P	P
外围设备	80	RS	串行数据传送	Î	P	P	P	P
	81	PRUN	八进制位传送（#）	Î	Î	P	P	P
	82	ASCI	16 进制数转换成 ASCI 码	Î	P	P	P	P
	83	HEX	ASCI 码转换成 16 进制数	Î	P	P	P	P
	84	CCD	校验	Î	P	P	P	P
	85	VRRD	电位器变量输入	Î	Î	P	P	P
	86	VRSC	电位器变量区间	Î	Î	P	P	P
	87	—	—					
	88	PID	PID 运算	Î	Î	P	P	P
	89	—	—					

（续）

分 类	FNC NO.	指令助记符	功 能 说 明	对应不同型号的 PLC				
				FX0S	FX0N	FX1S	FX1N	FX2N FX2NC
浮点数运算	110	ECMP	二进制浮点数比较	Î	Î	Î	Î	P
	111	EZCP	二进制浮点数区间比较	Î	Î	Î	Î	P
	118	EBCD	二进制浮点数→十进制浮点数	Î	Î	Î	Î	P
	119	EBIN	十进制浮点数→二进制浮点数	Î	Î	Î	Î	P
	120	EADD	二进制浮点数加法	Î	Î	Î	Î	P
	121	EUSB	二进制浮点数减法	Î	Î	Î	Î	P
	122	EMUL	二进制浮点数乘法	Î	Î	Î	Î	P
	123	EDIV	二进制浮点数除法	Î	Î	Î	Î	P
	127	ESQR	二进制浮点数开平方	Î	Î	Î	Î	P
	129	INT	二进制浮点数→二进制整数	Î	Î	Î	Î	P
	130	SIN	二进制浮点数 Sin 运算	Î	Î	Î	Î	P
	131	COS	二进制浮点数 Cos 运算	Î	Î	Î	Î	P
	132	TAN	二进制浮点数 Tan 运算	Î	Î	Î	Î	P
定位	147	SWAP	高低字节交换	Î	Î	Î	Î	P
	155	ABS	ABS 当前值读取	Î	Î	P	P	Î
	156	ZRN	原点回归	Î	Î	P	P	Î
	157	PLSY	可变速的脉冲输出	Î	Î	P	P	Î
	158	DRVI	相对位置控制	Î	Î	P	P	Î
	159	DRVA	绝对位置控制	Î	Î	P	P	Î
时钟运算	160	TCMP	时钟数据比较	Î	Î	P	P	P
	161	TZCP	时钟数据区间比较	Î	Î	P	P	P
	162	TADD	时钟数据加法	Î	Î	P	P	P
	163	TSUB	时钟数据减法	Î	Î	P	P	P
	166	TRD	时钟数据读出	Î	Î	P	P	P
	167	TWR	时钟数据写入	Î	Î	P	P	P
	169	HOUR	计时仪	Î	Î	P	P	
外围设备	170	GRY	二进制数→格雷码	Î	Î	Î	Î	P
	171	GBIN	格雷码→二进制数	Î	Î	Î	Î	P
	176	RD3A	模拟量模块（FX0N-3A）读出	Î	P	Î	P	Î
	177	WR3A	模拟量模块（FX0N-3A）写入	Î	P	Î	P	Î

（续）

分　类	FNC NO.	指令助记符	功 能 说 明	对应不同型号的 PLC				
				FX0S	FX0N	FX1S	FX1N	FX2N FX2NC
触点比较	224	LD =	(S1) = (S2) 时起始触点接通	Î	Î	P	P	P
	225	LD >	(S1) > (S2) 时起始触点接通	Î	Î	P	P	P
	226	LD <	(S1) < (S2) 时起始触点接通	Î	Î	P	P	P
	228	LD < >	(S1) < > (S2) 时起始触点接通	Î	Î	P	P	P
	229	LD≤	(S1) ≤ (S2) 时起始触点接通	Î	Î	P	P	P
	230	LD≥	(S1) ≥ (S2) 时起始触点接通	Î	Î	P	P	P
	232	AND =	(S1) = (S2) 时串联触点接通	Î	Î	P	P	P
	233	AND >	(S1) > (S2) 时串联触点接通	Î	Î	P	P	P
	234	AND <	(S1) < (S2) 时串联触点接通	Î	Î	P	P	P
	236	AND < >	(S1) < > (S2) 时串联触点接通	Î	Î	P	P	P
	237	AND≤	(S1) ≤ (S2) 时串联触点接通	Î	Î	P	P	P
	238	AND≥	(S1) ≥ (S2) 时串联触点接通	Î	Î	P	P	P
	240	OR =	(S1) = (S2) 时并联触点接通	Î	Î	P	P	P
	241	OR >	(S1) > (S2) 时并联触点接通	Î	Î	P	P	P
	242	OR <	(S1) < (S2) 时并联触点接通	Î	Î	P	P	P
	244	OR < >	(S1) < > (S2) 时并联触点接通	Î	Î	P	P	P
	245	OR≤	(S1) ≤ (S2) 时并联触点接通	Î	Î	P	P	P
	246	OR≥	(S1) ≥ (S2) 时并联触点接通	Î	Î	P	P	P